“十二五”职业教育国家规划教材

C语言程序设计实例教程

第3版

主　编　李　红　陆建友

参　编　王　强　陈志辉　白巧花

机械工业出版社

本书从实例出发引出各章节的知识点，主要介绍了 C 语言编程的基础知识和操作方法，帮助学生掌握使用 Win-TC 进行程序设计的方法。本书共分 10 章，内容主要涵盖了 C 语言基础知识、流程控制结构、数组、函数、指针、结构体、共用体、位运算、文件这几方面的知识。

本书以职业能力的培养为出发点，突出“以学生为中心”的教育理念，遵循“实例举例—知识点梳理—课堂精练—课后习题”的模式，重在全面培养学生的多元能力。本书还注重对上机调试程序能力的培养，结合企业软件开发时使用的一些底层函数讲解，各实例基本都配有课堂精练程序，各章设有实训和练习题（第 10 章除外），以达到巩固所学知识的目的。

本书适合作为高等职业院校“C 语言程序设计”课程的教材，也可以作为 C 语言培训机构的培训教材以及 C 语言初学者的自学教材。

本书配有微课视频，读者扫码即可观看；还配有授课电子课件、源代码、习题库及答案等教学资源，需要的教师可登录 www.cmpedu.com 免费注册，审核通过后下载，或联系编辑索取（微信：13261377872，电话：010-88379739）。

图书在版编目（CIP）数据

C 语言程序设计实例教程 / 李红，陆建友主编. —3 版. —北京：机械工业出版社，2021.7（2025.1 重印）

“十二五”职业教育国家规划教材

ISBN 978-7-111-68597-5

I. ①C… II. ①李… ②陆… III. ①C 语言-程序设计-高等职业教育-教材 IV. ①TP312.8

中国版本图书馆 CIP 数据核字（2021）第 129071 号

机械工业出版社（北京市百万庄大街 22 号 邮政编码 100037）

策划编辑：王海霞　　责任编辑：王海霞　李文轶

责任校对：张艳霞　　责任印制：李　昂

天津嘉恒印务有限公司印刷

2025 年 1 月第 3 版 • 第 11 次印刷

184mm×260mm • 15.5 印张 • 384 千字

标准书号：ISBN 978-7-111-68597-5

定价：59.00 元

电话服务

客服电话：010-88361066

010-88379833

010-68326294

网络服务

机　工　官　网：www.cmpbook.com

机　工　官　博：weibo.com/cmp1952

金　　书　　网：www.golden-book.com

机工教育服务网：www.cmpedu.com

关于“十四五”职业教育
国家规划教材的出版说明

为贯彻落实《中共中央关于认真学习宣传贯彻党的二十大精神的决定》《习近平新时代中国特色社会主义思想进课程教材指南》《职业院校教材管理办法》等文件精神，机械工业出版社与教材编写团队一道，认真执行思政内容进教材、进课堂、进头脑要求，尊重教育规律，遵循学科特点，对教材内容进行了更新，着力落实以下要求：

1. 提升教材铸魂育人功能，培育、践行社会主义核心价值观，教育引导学生树立共产主义远大理想和中国特色社会主义共同理想，坚定“四个自信”，厚植爱国主义情怀，把爱国情、强国志、报国行自觉融入建设社会主义现代化强国、实现中华民族伟大复兴的奋斗之中。同时，弘扬中华优秀传统文化，深入开展宪法法治教育。

2. 注重科学思维方法训练和科学伦理教育，培养学生探索未知、追求真理、勇攀科学高峰的责任感和使命感；强化学生工程伦理教育，培养学生精益求精的大国工匠精神，激发学生科技报国的家国情怀和使命担当。加快构建中国特色哲学社会科学学科体系、学术体系、话语体系。帮助学生了解相关专业和行业领域的国家战略、法律法规和相关政策，引导学生深入社会实践、关注现实问题，培育学生经世济民、诚信服务、德法兼修的职业素养。

3. 教育引导学生深刻理解并自觉实践各行业的职业精神、职业规范，增强职业责任感，培养遵纪守法、爱岗敬业、无私奉献、诚实守信、公道办事、开拓创新的职业品格和行为习惯。

在此基础上，及时更新教材知识内容，体现产业发展的新技术、新工艺、新规范、新标准。加强教材数字化建设，丰富配套资源，形成可听、可视、可练、可互动的融媒体教材。

教材建设需要各方的共同努力，也欢迎相关教材使用院校的师生及时反馈意见和建议，我们将认真组织力量进行研究，在后续重印及再版时吸纳改进，不断推动高质量教材出版。

机械工业出版社

Preface

前言

C 语言兼具高级语言和低级语言的特点，所以既适合开发系统软件，也适合开发应用软件。其语法灵活、书写格式自由、易学易用，深受广大程序设计人员的青睐。

党的二十大报告指出，教育是国之大计、党之大计。培养什么人、怎样培养人、为谁培养人是教育的根本问题。育人的根本在于立德。全面贯彻党的教育方针，落实立德树人根本任务，培养德智体美劳全面发展的社会主义建设者和接班人。本书从高职高专教学的实际情况出发，围绕全国计算机等级考试知识点来确定章节内容。在实例选取上，做到让复杂问题简单化，让简单问题实用化，旨在培养学生的程序设计思维和编写与调试程序的能力，重在学生职业能力的培养，突出“以学生为中心”的教育理念。全书遵循“实例举例—知识点梳理—课堂精练—课后习题”的模式，充分培养学生的创新能力、实践能力和自学能力。

在时间安排上，建议采用课堂讲授、上机实践、课后练习相结合的方式，讲授时间约占 50%，上机学习与练习时间约占 50%。由于本书的编者都是高等职业院校的一线教师，均长期从事 C 语言课程的教学工作与科研工作，不仅具有深厚的 C 语言的专业功底，而且对高职高专学生的特点、认知能力、学习情况等方面都有充分了解与深入调研。本书定位在职业能力的培养，力求做到“深入浅出，突出实用”。

本书结合企业一些工程应用实例展开，最后一章通过学生成绩管理系统和电子时钟两个综合应用实例，按项目实训目的、系统功能描述、系统总体设计、程序实现几个步骤展开，充分培养学生的工程实践能力。

本书配有与教学配套的微课视频、习题库及答案、课程标准、教学设计方案、教案首页、源代码、电子课件、在线课程教学资源。

本书由李红、陆建友担任主编。其中，第 1、2 章由北京信息职业技术学院白巧花编写，第 3、4 章由北京中博汇信科技有限公司陆建友编写，第 5~8 章由北京信息职业技术学院李红编写，第 9 章由北京辉恒宇技术开发有限公司陈志辉编写，第 10 章由吉林电子信息职业技术学院王强编写，全书由李红统稿。

由于编写时间紧，编者水平有限，书中难免有疏漏。在教材使用过程中，遇书中不妥之处，敬请广大读者批评指正。

编　者

目 录 Contents

第 1 章　C 语言概述与程序逻辑

1.1 C 语言概述

学习目标

1）了解 C 语言的发展历史。
2）掌握 C 语言程序的基本构成及结构特点。
3）了解 C 语言程序的编译与执行过程。
4）熟悉 Dev-C++的运行环境。

实例 1　C 语言简介——简单的 C 语言应用程序

实例任务

输出一个表达式“1+1”的结果，然后再输出一个字符串“Hello World!”，输出一串汉字“北京欢迎您!”。程序的运行结果如图 1-1 所示。

图 1-1　程序运行结果

程序代码

```
#include "stdio.h"
/*当引用一些输入输出函数时，要在程序开始引用此文件*/
main()              /*C 语言程序的主函数，程序从这里开始执行*/
{
    int i;          /*变量声明*/
    i=1+1;          /*执行语句，为变量赋值*/
    printf("1+1=%d\n",i);
    /*输出 1+1 的结果 2,"\n"表示输出时将插入点光标移到下一行起始位置*/
    printf("Hello World!\n");
    /*输出字符串：Hello World!*/
    printf("北京欢迎您!\n");
    /*输出一串汉字：北京欢迎您!*/
```

```
    getchar();
    /*Dev-C++环境下，输出时使用此语句显示输出框*/
}
```

相关知识

1. C语言的发展历程

上面的程序中，main、print、include等都是熟知的英文单词，而计算机不能识别这些单词。实际上，在C语言产生之前，人们编写系统软件主要使用汇编语言。由于用汇编语言编写的程序依赖于计算机硬件，其可读性和可移植性都比较差；而一般高级语言又不具备低级语言能够直观地对硬件实现控制和操作、程序执行速度快的特点。在这种情况下，人们迫切需要一种既有一般高级语言特性又有低级语言特性的语言，于是C语言便应运而生了。

C语言的产生和发展与UNIX操作系统有很大的关系，其发展历程简述如下。

1972—1973年，美国贝尔实验室的D.M.Ritchie在B语言的基础上设计出了C语言。当时的C语言只是为描述和实现UNIX操作系统的一种工作语言，且只在贝尔实验室内部使用。

1973年，K.Thompson和D.M.Ritchie两人合作，将UNIX操作系统90%以上的代码用C语言改写，即UNIX第5版。

1975年，UNIX第6版公布后，C语言突出的优点引起人们普遍关注。

1977年，出现了可移植的C语言。

1978年，UNIX第7版公布，K.Thompson和D.M.Ritchie以该版C编译程序为基础，合著*The C Programming Language*一书。该书所介绍的C语言，是后来广泛使用的C语言版本的基础，因而被称为标准C语言。

1983年，美国国家标准化协会（ANSI）根据C语言问世以来的各种版本，对C语言进行发展和扩充，并制定了新的标准，称为ANSI C。

1990年，国际标准化组织（ISO）制定了ISO C标准。

1972年以来，C语言几经修改和发展，出现了多个版本。C语言是国际上广泛流行的计算机高级语言，既可用来写系统软件，也可用来写应用软件。目前在计算机上广泛使用的版本有多个，各有特点，但它们一般都是以ANSI C为基础的，其中比较常用的版本有Microsoft C、Quick C、Turbo C、Win-TC、C-Free、Dev-C++等。

2. C语言程序的构成

C语言应用程序是由函数构成的，以main()函数作为入口开始执行应用程序。main()是C程序的入口函数，每个C程序都必须有main()函数，且每个C程序只能有一个main()函数。

{}括起来的部分称为函数体，函数体是函数的执行部分。函数体中，每条以分号“;”结尾的元素，称为语句。C语言的语句必须以分号结尾，可以一行写一条，可以一行写多条，一个单独的“;”可以自成一条语句。

程序中的第一行语句：#include "stdio.h"或#include <stdio.h>，用于告诉编译器在本程序中包含标准输入/输出库的信息。函数体中的printf函数是一个用于打印输出的库函数，后面小括号中的内容为这个函数的参数。

函数体中，语句“int i;”定义变量 i。变量是内存中用于存放数据的元素，必须先定义，后引用。

程序中，“/*…*/”符号中的内容是某语句或某段程序的注释，为非执行语句，起到帮助读者理解程序的作用。

3．程序的执行方式

计算机只能识别机器语言（即二进制代码），如 11011010。但用二进制代码编程难以记忆、检错，故只能用高级语言编程。所以，计算机须完成一个翻译过程，即将高级语言源程序翻译成机器代码，如图 1-2 所示。

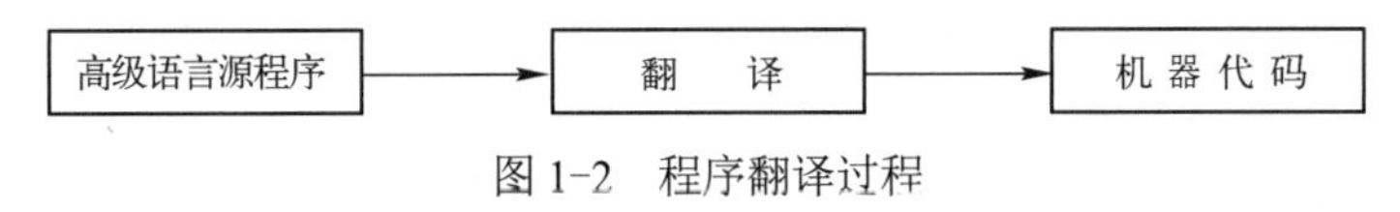

图 1-2　程序翻译过程

一般，编写完的程序分为以下 3 种。第一种是汇编程序，其语言源程序代码与机器指令一一对应。第二种是编译程序，是按某种约定将源代码翻译为目标代码，通过连接程序将目标程序与所调用的标准函数库连接为一体，然后执行程序，如常用的 Pascal、C 语言等。第三种是解释程序，与编译程序思想相似，但是一条一条地翻译，译出一句执行一句，如早期的BASIC 语言。

对于编译程序，编译执行是在编写完程序后，通过特别的工具软件将源程序编译成目标程序进而转换成机器代码（即可执行程序），然后直接交给操作系统执行，也就是说，程序是作为一个整体来运行的。这类程序的优点是执行速度比较快，还有编译连接之后可以独立在操作系统上运行，不需要其他应用程序的支持；缺点是不利于调试，每次修改之后都要执行编译连接等步骤才能看到其执行结果。此外，有些集成开发环境与操作系统之间存在一定的依赖性，不同操作系统需要的编译器可能不相同，因此，在一个系统上编译的程序在另一个系统上并不一定能够运行。

C 语言的编译执行过程如图 1-3 所示。

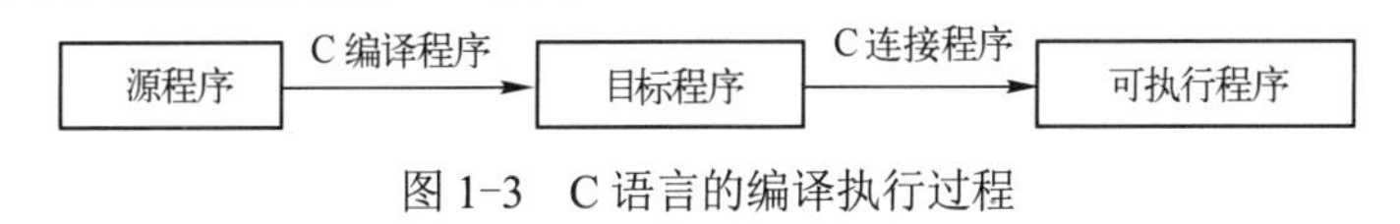

图 1-3　C 语言的编译执行过程

4．C 语言的特点

C 语言具有以下几个特点。

1）语言简洁，使用方便灵活。C 语言的关键字少，ANSI C 标准总共只有 32 个关键字、9 种控制语句，压缩了一切不必要的成分。C 语言的书写形式比较自由，表示方法简洁。

2）可移植性好。相对于硬件依赖性很强的汇编语言而言，C 语言通过编译来得到可执行代码。统计资料表明：C 语言编译程序中 80%的代码是公共的，故稍加修改即可用于其他的计算机。

3）表达能力强。表达方式灵活，可以进行结构化程序设计。

4）能直接操作计算机硬件。当今应用广泛的嵌入式技术和单片机技术中控制硬件的代码，很多都是由 C 语言开发的。

5）生成的目标代码质量高。C 语言生成的代码仅比汇编语言效率低 10%～20%，是其他高级语言无法匹敌的。

5．C语言程序结构的特点

由以上实例程序可以看出，C语言程序的结构有以下几个特点。

1）C语言程序是由若干函数构成的，每个程序都必须有一个主函数，且main后的小括号不能省略。

2）C语言程序的函数体是用{ }括起来的多条语句，且函数体中每条语句均以分号结束。

3）C语言程序的书写格式自由。一行可以写多条语句，一条语句也可以写在多行上。

4）C语言程序可以用/*…*/来对语句进行注释。

实例2

实例2　C语言环境使用介绍——用“*”输出字母A形

实例任务

用“*”符号组成笔画，输出字母“A”的形状。程序运行结果如图1-4所示。

程序代码

```
#include "stdio.h"
main()
{
    printf("     *\n");
    printf("    * *\n");
    printf("   *   *\n");
    printf("  * * * *\n");
    printf(" *       *\n");
    printf("*         *\n");
    getchar();
}
```

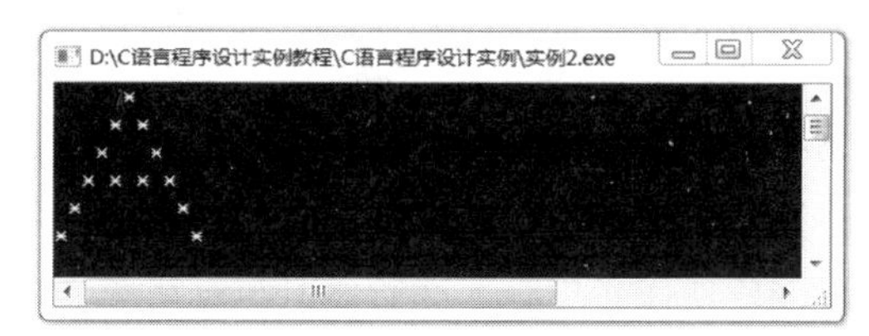

图1-4　程序运行结果

相关知识

1．Dev-C++简介

Dev-C++是一个C&C++的开发工具，它是一款自由的软件，遵守GPL（General Public License，通用公共许可证）协议。它集合了GCC、MinGW32等众多自由软件，也是不断升级的免费软件。它的开发环境包括多页面窗口、工程编辑器及调试器等；在工程编辑器中集合了编辑器、编译器、连接程序和执行程序；为减少编辑错误，提供了高亮语法显示；有完善的调试功能，能满足不同层次的用户需求，但它难以胜任规模较大的软件项目。由于Dev-C++具有完善的调试功能并支持中文输出，因此本书选用Dev-C++为开发工具。

2．显示运行结果

在使用Turbo C时，可以通过一步操作查看程序的运行结果，但在Dev-C++中编写程序后，用户找不到运行结果窗口。如果要查看结果，则需要在程序中进行代码操作，分为以下 3 种情况。

- 在主函数最后添加语句“getch();”，它只适用于 C 程序。
- 在主函数最后添加语句“getchar();”，它适用于 C/C++程序。
- 在主函数最后添加语句“system("pause");”，它适用于 C/C++程序。

3．创建并运行 C 程序

打开 Dev-C++，选择“文件”→“新建”→“源代码”菜单命令或按〈Ctrl+N〉组合键，可新建程序，此时光标位于窗口代码编辑区，如图 1-5 所示。

从图 1-5 中的光标处开始添加代码，如图 1-6 所示。

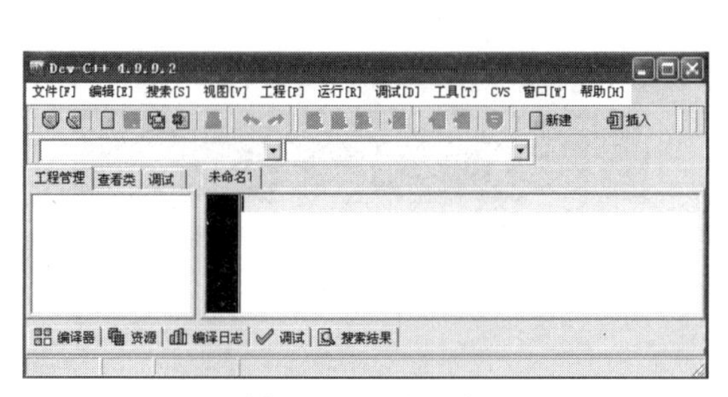

图 1-5　新建程序

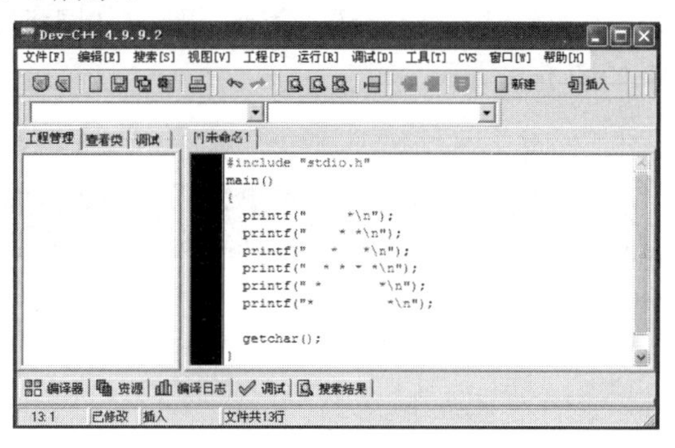

图 1-6　添加代码

选择“运行”→“编译”菜单命令或按〈Ctrl+F9〉组合键进行编译，然后选择“运行”→“运行”菜单命令或按〈Ctrl+F10〉组合键运行并查看结果。也可以一步完成，选择“运行”→“编译运行”菜单命令或按〈F9〉键完成编译运行。在编译时如果文件尚未保存，系统会弹出“保存文件”对话框，此时输入文件名后，在“保存类型”下拉列表框中选择“C source files（*.c）”类型，如图 1-7 所示。

如果选择了“运行”命令或按〈F9〉键，则可以看到如图 1-4 所示的运行结果。如果程序运行过程中陷入死循环，则可以按〈Ctrl+C〉组合键结束程序的运行。

图 1-7　“保存文件”对话框

课堂精练

1）新建一个 C 语言程序，保存并运行之，程序运行结果如图 1-8 所示。

程序代码如下。

```
#include "stdio.h"
main()
{   printf("学习无难事，只怕有心人。");
    getchar();
}
```

2）新建一个 C 语言程序，要求从键盘输入两个变量的值，求和并输出。程序的运行结果如图 1-9 所示。

图 1-8　程序运行结果（1）

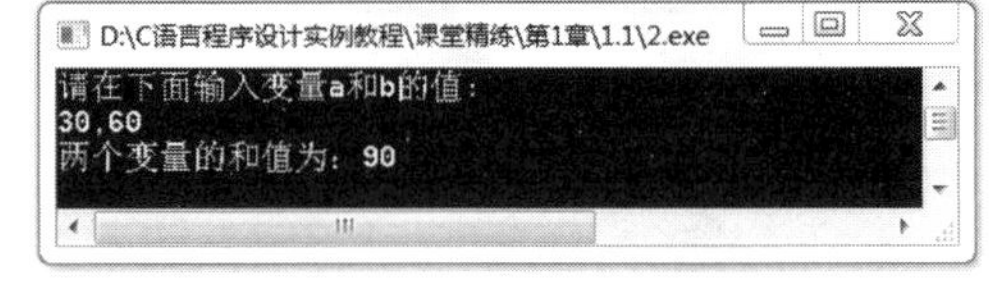

图 1-9　程序运行结果（2）

程序代码如下。

```
#include "stdio.h"
main()
{   int a,b,sum; /*定义三个变量*/
    printf("请在下面输入变量 a 和 b 的值:\n");
    /*输出一行提示信息，\n 表示将光标输出到下一行*/
    scanf("%d,%d",&a,&b);/*从键盘输入两个变量的值*/
    getchar();
    sum=a+b;/*将 a 与 b 的和值存放到变量 sum 中*/
    printf("两个变量的和值为: %d",sum);/*输出 sum 的值*/
    getchar();
}
```

1.2 程序和程序逻辑

学习目标

1）掌握算法与程序的概念。

2）了解算法的基本描述方法。

实例 3　程序与算法的概念——梵塔推理

实例任务

将 1 号柱上大小不等的三个物体移动到 3 号柱上，顺序必须与 1 号柱顺序一致。要求每次只移动一个物体，而且每根柱上小块物体必须置于大块物体之上。其移动过程如图 1-10 所示。

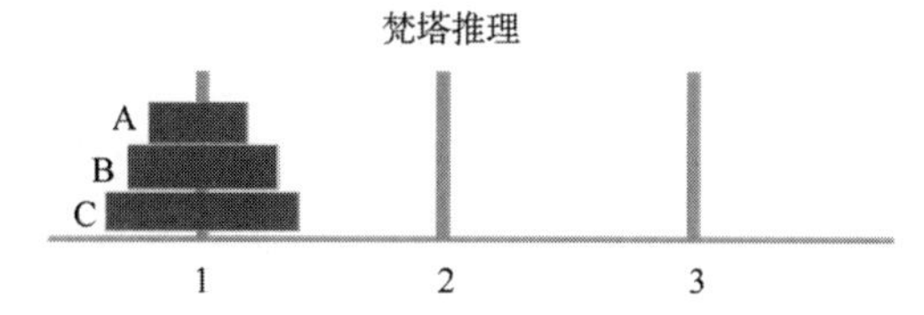

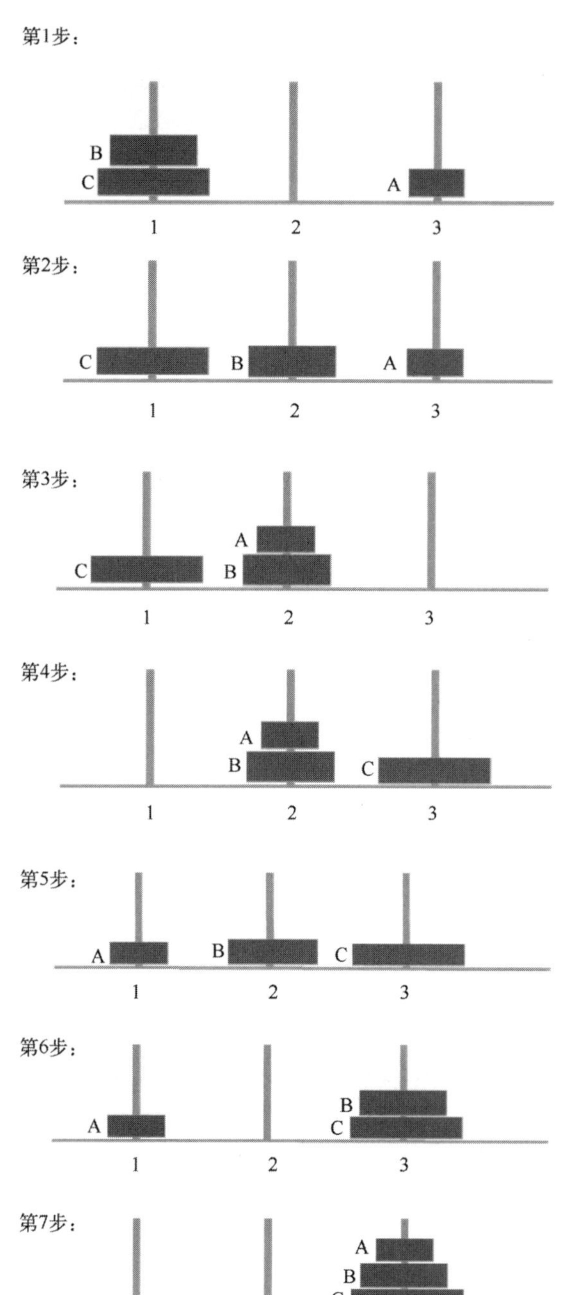

图 1-10　梵塔推理移动过程图

相关知识

1. 程序

程序包括两部分，一是对数据的描述，即数据结构；二是对操作的描述，即操作步骤，也称为算法，它指明了解决某一具体问题的方法和步骤。因此，计算机科学家 Nikiklaus Wirth 提出了如下公式：

数据结构+算法=程序

就算法而言，大致可分为两大类：一类是数值运算算法，用于求解数值；另一类是非数值运算算法，用于分析推理和逻辑推理。如实例中的梵塔推理并非求解一定的数值，而只是完成一定的推理操作。

2. 算法的自然语言描述

实例为梵塔推理难题的解题步骤，也是人逻辑思维的基本方法。计算机的算法思想与此类似，只是表示方法不同而已。

用计算机解此题的难点在于，如何用数据结构表示每块物体的所在位置，以及如何描述某一物体由 1 号柱移动到 2 号柱这一动作，这也是算法设计的关键所在。梵塔推理可以用自然语言表示如下:

将 A 由 1 号柱移到 3 号柱　mov(A: 1,3)
将 B 由 1 号柱移到 2 号柱　mov(B: 1,2)
将 A 由 3 号柱移到 2 号柱　mov(A: 3,2)
将 C 由 1 号柱移到 3 号柱　mov(C: 1,3)
将 A 由 2 号柱移到 1 号柱　mov(A: 2,1)
将 B 由 2 号柱移到 3 号柱　mov(B: 2,3)
将 A 由 1 号柱移到 3 号柱　mov(A: 1,3)

实例 4　算法图形描述——求 *n*!

实例任务

数学上，阶乘 $n!=1\times2\times3\times\cdots\times n$。现要求输入 n 的值，求出 $n!$的值。程序的运行结果如图 1-11 所示。

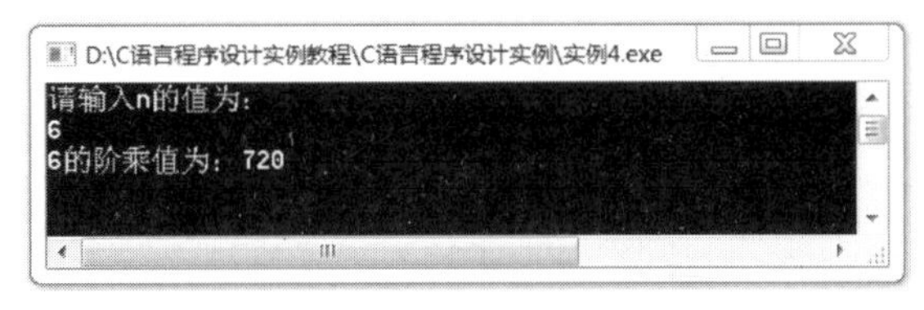

图 1-11　程序运行结果

程序代码

```
#include "stdio.h"
main()
```

```
{   int n,sum,i;
    printf("请输入 n 的值为: \n");
    scanf("%d",&n);
    getchar();
    sum=1;i=1;
    while(i<=n)/*引用 while 循环*/
    {   sum=i*sum;/*将 i 的值乘入 sum 值*/
        i=i+1;/*i 记录 n 的值从 1 至 n 的变化过程*/
    }
    printf("%d 的阶乘值为: %d",n,sum);
    getchar();
}
```

相关知识

1．N-S 图

流程图除用自然语言描述外，还可以使用图形来描述，常用的流程图有传统流程图和 N-S 图。N-S 图又称为结构化盒图，它使用一种方框来描述程序的基本结构。本实例程序可绘制成如图 1-12 所示的 N-S 图。

2．传统流程图

传统流程图是通过指定的几何图形框和箭头线来描述各个环节的操作和执行的过程。这种描述方法比较直观，而且程序走向清晰，非常易于读者理解，易于编写 C 语言代码。但如果程序比较复杂，则使用传统流程图描述比较烦冗，不易理解。本实例程序可绘制成如图 1-13 所示的传统流程图。

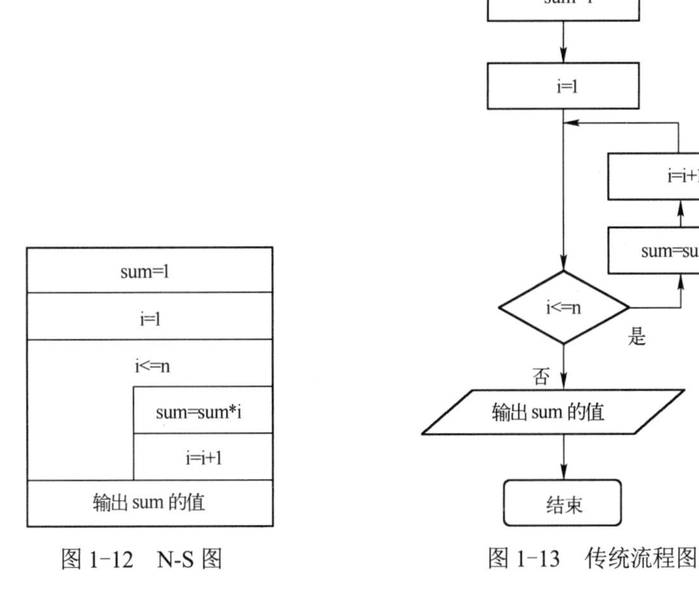

图 1-12　N-S 图　　图 1-13　传统流程图

在传统流程图中，长方形框表示执行一定的操作，如赋值或计算等；菱形框表示条件判断；椭圆矩形框表示程序的开始与结束；平行四边形表示输入输出数据；箭头表示程序语句的执行方向。

课堂精练

1）用 N-S 图描述 1+2+3+…+10 的值的算法。请将图 1-14 中的空缺语句补充完整。

2）用传统流程图描述 1+2+3+…+10 的值的算法。请将图 1-15 中的空缺语句补充完整。

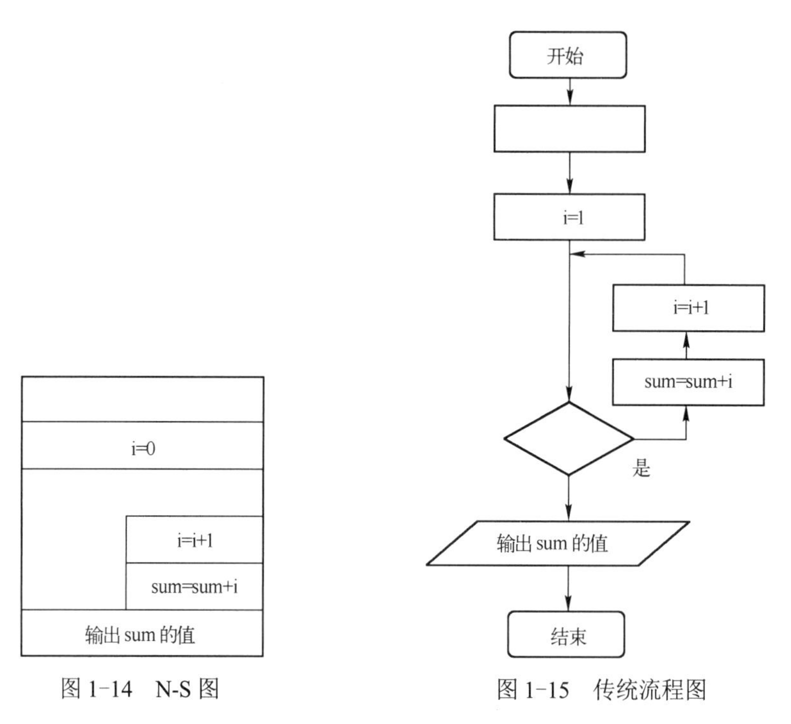

图 1-14 N-S 图　　图 1-15 传统流程图

1.3 课后习题

1.3.1 实训

一、实训目的

1. 进行简单程序的编写。
2. 进一步熟悉 C 语言的编程环境。
3. 进一步巩固 C 语言程序的建立、编译和执行过程。

二、实训内容

1. 编程输出一行汉字“我坚信：我一定能学好 C 语言！”。

2. 用自然语言、N-S 图、传统流程图 3 种方法来描述求 $1+2+3+\cdots+n$ 的值的算法。

1.3.2 练习题

一、选择题

1. 下列有关 C 语言的说法正确的是____________。
   （A）机器语言　（B）只适合于编写应用软件
   （C）高级语言　（D）只适合于编写系统软件
2. 下列说法中，不属于良好程序设计风格要求的是____________。
   （A）程序中要有必要的注释　（B）程序应简单、可读性好
   （C）程序的效率第一，清晰第二　（D）输入数据前要有提示信息
3. 用 C 语言编写的代码是____________。
   （A）经过编译解释才能执行　（B）可以立即执行
   （C）是一个源程序　（D）经过编译立刻执行
4. 下列语句说法正确的是____________。
   （A）语句必须从第一行开始书写　（B）一条语句只能写在同一行上
   （C）一条语句可以书写在多行上　（D）一条语句不得多于 80 个字符
5. 一个程序总是从____________开始执行。
   （A）第一个函数　（B）main()
   （C）程序的第一行　（D）第一条执行语句
6. 下面关于 C 语言特点的说法不正确的是____________。
   （A）C 语言是一种结构化、模块化的程序设计语言
   （B）C 语言程序的可移植性较差
   （C）C 语言兼有高级语言和低级语言的双重特点
   （D）C 语言既可以用来编写应用程序，又可以用来编写系统软件
7. 下列各项不是 C 语言特点的是____________。
   （A）C 语言程序由一个或多个函数组成
   （B）C 语言程序可以由一个或多个文件组成
   （C）C 语言程序中有且只有一个 main()函数
   （D）C 语言程序执行时，通常是从程序中的第一个函数开始执行的
8. 以下对 C 语言的描述正确的是____________。
   （A）C 语言源程序中可以有重名的函数
   （B）C 语言源程序中要求每行只能书写一条语句
   （C）在 C 语言程序中 main()函数的位置是固定的
   （D）注释可以出现在 C 语言源程序中的任何位置
9. 下列说法中，错误的是____________。
   （A）主函数只能调用用户函数或系统函数，用户函数可以相互调用
   （B）每个语句必须独占一行，语句的最后可以是一个分号

（C）每个函数都有一个函数头和一个函数体，主函数也不例外

（D）程序是由若干个函数组成的，但是必须有且只能有一个主函数

10．在 C 语言中，对于 main()函数的位置要求说法正确的是____________。

（A）必须在最开始

（B）必须在系统调用的库函数的后面

（C）可以任意

（D）必须在最后

11．一个 C 语言程序的执行是从____________。

（A）本程序的 main()函数开始，到本程序的最后一个函数结束

（B）本程序的第一个函数开始，到本程序的最后一个函数结束

（C）本程序的 main()函数开始，到 main()函数结束

（D）本程序的第一个函数开始，到本程序的 main()函数结束

二、填空题

1．C 程序是由__________构成的，这里面有且只有一个_______函数，该函数名为___________。

2．C 语言源程序文件的后缀名是___________，经过编译连接后，生成的文件的后缀是_____________。

3．C 语言程序的执行，总是起始于____________。

4．C 语言中函数体以__________开始，以____________结束。

5．C 程序注释是由__________和__________所界定的文字信息构成的。

第 2 章 C 语言基础知识

2.1 常量和变量

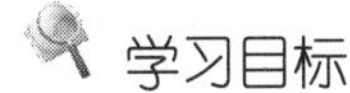

学习目标

1）掌握常用标识符的命名规则。

2）掌握常量和变量的定义与引用方法。

实例 5 常量和变量——输出常量与变量的值

实例任务

定义不同类型的几个变量，然后对应输出相应的常量值和变量值。程序的运行结果如图 2-1 所示。

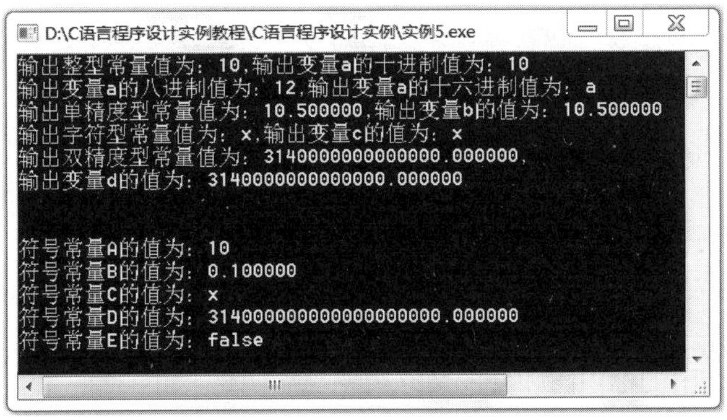

```
D:\C语言程序设计实例教程\C语言程序设计实例\实例5.exe
输出整型常量值为: 10,输出变量a的十进制值为: 10
输出变量a的八进制值为: 12,输出变量a的十六进制值为: a
输出单精度型常量值为: 10.500000,输出变量b的值为: 10.500000
输出字符型常量值为: x,输出变量c的值为: x
输出双精度型常量值为: 314000000000000.000000,
输出变量d的值为: 314000000000000.000000


符号常量A的值为: 10
符号常量B的值为: 0.100000
符号常量C的值为: x
符号常量D的值为: 314000000000000000000.000000
符号常量E的值为: false
```

图 2-1 程序运行结果

程序代码

```
#include "stdio.h"
#define A   10          /*定义一个整型常量 A*/
#define B   0.1         /*定义一个单精度型常量 B*/
#define C   'x'         /*定义一个字符型常量 C*/
#define D   3.14E20     /*定义一个双精度型常量 D*/
#define E   "false"     /*定义一个字符串常量 E*/
main()
{   int a=10;                /*定义整型变量，同时为变量赋初值*/
```

```
    float b;                    /*先定义单精度型变量，再赋初值*/
    b=10.5;
    char c='x';                 /*定义字符型变量，同时赋初值*/
    double d=3.14e15;           /*定义双精度型变量*/
    /*输出常量和变量值*/
    printf("输出整型常量值为：%d,输出变量 a 的十进制值为：%d\n",10,a);
    printf("输出变量 a 的八进制值为：%o,输出变量 a 的十六进制值为：%x\n",a,a);
    printf("输出单精度型常量值为：%f,输出变量 b 的值为：%f\n",10.5,b);
    printf("输出字符型常量值为：%c,输出变量 c 的值为：%c\n",'x',c);
    printf("输出双精度型常量值为：%lf,\n 输出变量 d 的值为：%lf\n\n\n",3.14e15,d);
    /*输出符号常量的值*/
    printf("符号常量 A 的值为：%d\n",A);
    printf("符号常量 B 的值为：%f\n",B);
    printf("符号常量 C 的值为：%c\n",C);
    printf("符号常量 D 的值为：%lf\n",D);
    printf("符号常量 E 的值为：%s\n",E);
    getchar();
}
```

相关知识

1. 标识符

标识符用来标识变量名、符号常量名、函数名、数组名、文件名、类名、对象名等，其基本构成元素源自字符集。C 语言的字符集包括英文字母、数字字符和一些特殊字符。用这些基本元素单位命名标识符时，一定要遵循以下 4 条原则。

1）必须由字母（a～z，A～Z）或下画线（_）开头。

2）由字母、数字或下画线组成，长度不超过 32 个字符。

3）标识符中的大小写字母有区别。

4）不能与关键字同名。

下面这些是不合法的标识符和变量名：

M.d.，int，y 123，#33，3d64

2. 常量

常量是数据在内存中的一种表示形式，在程序运行过程中值永远保持不变。常用的常量类型有 5 种，包括整型常量、实型常量、字符型常量、字符串常量和符号常量。

整型常量就是整数，常用的表示形式有十进制，如 10、30 等。八进制常量表示形式以 0 开头，如 013、012 等。十六进制常量表示形式以 0x 或 0X 开头，如 0x13、0X12 等。

实型常量就是指带小数点的数，包括指数，如 3.14、-1.2、1.2e6、10.5E8 等。其中，1.2e6 表示数学上的 1.2×10^6，10.5E8 表示数学上的 10.5×10^8。

字符型常量是单引号引起来的单个字符，这些字符为 ASCII 字符，各有其对应的 ASCII 码值。字符型常量包括一些转义字符。转义字符及其输出结果的对照关系如表 2-1 所示。

表 2-1　转义字符及其输出结果

转 义 字 符	输 出 结 果	转 义 字 符	输 出 结 果
\n	换行	\a	报警（铃声）
\t	水平制表符	\\	反斜线
\v	垂直制表符	\?	问号
\b	退回一格	\'	单引号
\r	退格	\"	双引号
\f	换页符	\0	空字符
\ooo	八进制数	\xhhh	十六进制

字符串常量是用双引号引起来的 0 个或多个字符。字符串常量形式给出的是字符串在存储空间中的起始地址。如“Hello World!”就是一个字符串常量。

符号常量是指以标识符来代替一个值，这个标识符的值在程序运行过程中不能再改变。它在编译预处理阶段使用#define 来进行定义，也就是在程序的开头定义。常量名的类型由所给的常量值的类型来定，不需要再单独指明。符号常量的定义形式为：

```
#define 常量名　常量值
```

如实例中的定义语句“#define　C　'x'”定义了一个符号常量，常量名为 C。

3. 变量

变量是指在程序运行过程中其值可以被改变的量，C 语言变量遵循先定义后引用的原则。变量的定义形式为：

```
数据类型　<变量名列表>
```

变量在定义时，可以先定义，后赋值，也可以在定义的同时赋初值。如下列变量定义语句都是合法的：

```
int a=10;              /*定义整型变量，同时为变量赋初值*/
float b;               /*先定义单精度型变量，再赋初值*/
b=10.5;
char c='x';            /*定义字符型变量，同时赋初值*/
double d=3.14e15;      /*定义双精度型变量*/
```

变量定义很灵活，允许在定义的同时对部分变量赋初值，如下列定义语句都是合法的：

```
int  a，b，c=6;
```

但不允许同时对几个变量赋同一个值，如下列定义语句是错误的：

```
int  a=b=c=13; /*这是错误的语句*/
```

课堂精练

1）已知频率求波长。光的速度为 3×10^8m/s，已知频率为 50Hz，求此频率光波的波长。程序运行结果如图 2-2 所示。

根据程序运行结果，请将下面的程序补充完整并调试。

```
#include  "stdio.h"
main()
{    ______________________________
    float f=50.0;
    x=c/f;
    printf("此光波的波长为：%.2lf 米",x);
    getchar();
}
```

2）摄氏温度和华氏温度的转换。已知摄氏温度与华氏温度的转换公式为：C=5(F-32)/9，输入摄氏温度的值，请输出华氏温度的值。程序运行结果如图 2-3 所示。

图 2-2 程序运行结果（1）

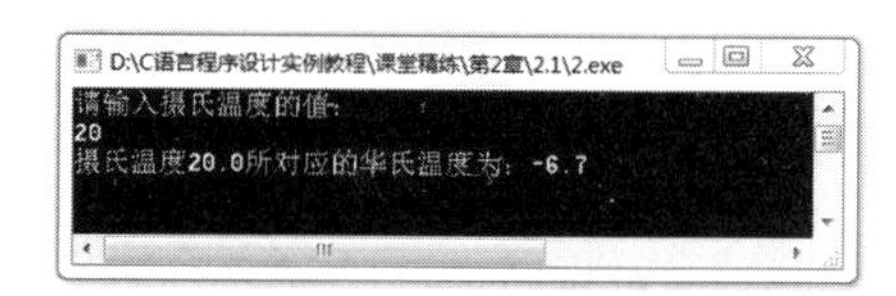

图 2-3 程序运行结果（2）

根据程序运行结果，请将下面的程序补充完整并调试。

```
#include  "stdio.h"
main()
{    float F,C;    /*F 为摄氏温度，C 为华氏温度*/
    printf("请输入摄氏温度的值：\n");
    ______________________________
    getchar();
    C=5*(F-32)/9;
    printf("摄氏温度%.1f 所对应的华氏温度为：%.1f",F,C);
    getchar();
}
```

2.2 数据类型

学习目标

实例 6

1）掌握几种常用的数据类型。
2）理解不同数据类型间的转换。

实例 6　基本数据类型——输出不同数据类型的值

实例任务

定义不同类型的变量，并进行一定的简单运算，要求输出不同类型表达式的值。程序运行结果如图 2-4 所示。

```
D:\C语言程序设计实例教程\C语言程序设计实例\实例6.exe
int:32767,  32768
long:2147483647,  -2147483648
unsigned:65535,  65536

123   83   291
173   123   443
7b   53   123

5.40+2.20=7.60
5.40/2.20=2.454545

ch1=a,ch2=b
ch1=97,ch2=98

a,97
b,98
C language
```

图 2-4　程序运行结果

程序代码

```
#include "stdio.h"
main()
{   int a=32767,b=1;                    /*定义 a，b 为整型变量*/
    long c=2147483647,d=1;              /*定义 c，d 为长整型变量*/
    unsigned e=65535,f=1;               /*定义 e，f 为无符号整型变量*/
    int x=123,y=0123,z=0x123;           /*定义整型变量，并赋不同进制的值*/
    float m=5.4,n=2.2,sum,sep;          /*定义单精度型变量*/
    char ch1='a',ch2='b';               /*定义字符型变量*/
    char c1='A',c2='B';
    char *p="C language";               /*定义指向字符串的指针变量*/

    printf("int:%d,  %d\n",a,a+b);
    printf("long:%ld,  %ld\n",c,c+d);
    printf("unsigned:%u,  %u\n\n",e,e+f);

    printf("%d   %d   %d\n",x,y,z);/*十进制格式输出*/
    printf("%o   %o   %o\n",x,y,z);/*八进制格式输出*/
    printf("%x   %x   %x\n\n",x,y,z); /*十六进制格式输出*/

    sum=m+n;
    sep=m/n;
    printf("%.2f+%.2f=%.2f\n",m,n,sum);
    printf("%.2f/%.2f=%f\n\n",m,n,sep);

    printf("ch1=%c,ch2=%c\n",ch1,ch2);
    printf("ch1=%d,ch2=%d\n\n",ch1,ch2);

    c1=c1+32;
    c2=c2+32;
    printf("%c,%d\n",c1,c1);
    printf("%c,%d\n",c2,c2);

    printf("%s\n",p);
    getchar();
}
```

相关知识

1. 整型数据

根据占用内存字节数的不同，整型变量又分为以下4类。

1）基本整型（类型关键字为 int）。

2）短整型（类型关键字为 short [int]）。

3）长整型（类型关键字为 long [int]）。

4）无符号整型。无符号整型又分为无符号基本整型（unsigned int 或 unsigned）、无符号短整型（unsigned short）和无符号长整型（unsigned long）3种，只能用来存储无符号整数。

整型数据或变量占用的内存字节数随系统而异。在16位操作系统中，一般用2字节表示一个int型变量，且long型（4字节）≥int型（2字节）≥short型（2字节）。显然，不同类型的整型变量，其值域不同。有符号整型变量的值域为-2^{15}～$(2^{15}-1)$；无符号整型变量的值域为0～$(2^{16}-1)$。不同整型数据类型的字节长度和取值范围如表2-2所示。

表2-2 整型数据类型的字节长度和取值范围

数据类型	字节长度	取值范围	
int	2	−32 768～32 767	即-2^{15}～$(2^{15}-1)$
short	2	−32 768～32 767	即-2^{15}～$(2^{15}-1)$
long	4	−2 147 483 648～2 147 483 647	即-2^{31}～$(2^{31}-1)$
unsigned int	2	0～65 535	即0～$(2^{16}-1)$
unsigned short	2	0～65 535	即0～$(2^{16}-1)$
unsigned long	4	0～4 294 967 295	即0～$(2^{32}-1)$

2. 实型数据

C语言的实型变量，分为以下两种。

1）单精度型：类型关键字为 float，一般占4字节，提供7位有效数字。

2）双精度型：类型关键字为 double，一般占8个字节，提供15～16位有效数字。

实型常量即实数，在C语言中又称为浮点数，其值有以下两种表达形式。

1）十进制形式：如3.14、10.5等。

2）指数形式：它由字母e或E连接两边的数字，如2.3e−7代表2.3×10^{-7}。e的两边必须有数值，且e后的指数部分必须是整型数，6.1e、.e+5、e−3、1.3e4.8都是非法的。

3. 字符型数据

字符型数据是用一对单引号括起来的单个字符，如'A'、'+'、'5'等。另外，转义字符也属于字符型数据。转义字符在上一节已经介绍过。

字符变量的类型关键字为 char，一般占用1字节内存单元。字符变量通常也分为两类：一般字符类型（char）和无符号字符类型（unsigned char）。字符型数据的字节长度和取值范围见表2-3。

表 2-3 字符型数据的字节长度和取值范围

数据类型	字节长度	取值范围
char	1	−128～127 的整常数
unsigned char	1	0～255 的整常数

对于字符型数据，既可以字符形式输出，也可以整数形式输出。实例中，输出变量 c1、c2 的值，读者可以对比一下两种格式。

4. 字符串数据

字符串常量是用一对双引号括起来的若干字符序列。字符串中字符的个数称为字符串长度。长度为 0 的字符串（即一个字符都没有的字符串）称为空串。

C 语言规定，在存储字符串常量时，由系统在字符串的末尾自动加'\0'作为字符串的结束标志。如果有一个字符串为"CHINA"，则它在内存中的实际存储为 6 个字符，最后一个字符'\0'是系统自动加上的，它占用 6 字节而非 5 字节内存空间。

对于字符型指针变量可按下列形式定义：

```
char  *p="C language";
```

实例 7

语句中符号*是指针运算符，表示 p 为指针变量，整个语句表示指针 p 指向这个字符串。printf()函数中，可以用%s 格式控制符进行字符串输出。

实例 7 不同数据类型间的转换——不同类型数据身份的转换

实例任务

定义一些不同类型的变量，进行简单运算，并根据不同要求将运算结果强制类型转换。程序运行结果如图 2-5 所示。

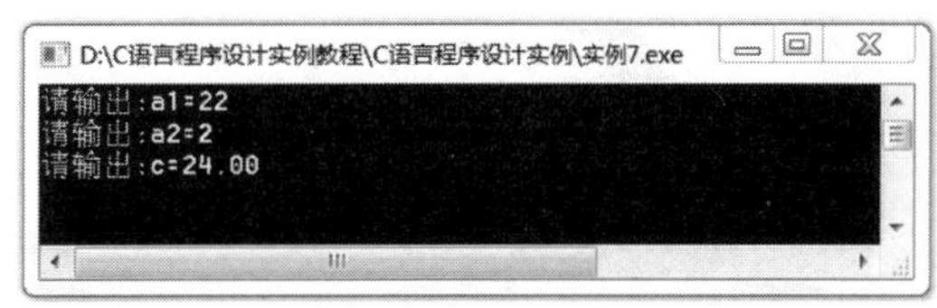

图 2-5 程序运行结果

程序代码

```
#include "stdio.h"
main()
{   int a1,a2;
    float b1,b2,c;
    b1=15.5;b2=6.6;
    a1=(int)(b1+b2);
    a2=(int)b1/(int)b2;
    c=(float)(a1+a2);
    printf("请输出:a1=%d\n",a1);
    printf("请输出:a2=%d\n",a2);
    printf("请输出:c=%.2f\n",c);
    getchar();
}
```

相关知识

1. 数据类型的自动转换

不同类型数据间进行混合运算时，要先将数据类型转换成一致后才能进行相应的运算，这种转换是自动完成的，称为数据类型的自动转换。数据类型的自动转换遵循如下原则。

1）若参与运算量的类型不同，则先转换成同一数据类型再进行运算。

2）转换按数据长度增加的方向进行，以保证精度不降低。如 int 型和 long 型量运算时，先把 int 型的量转成 long 型再进行运算。

3）所有的浮点运算都是以双精度进行的，即使是仅含单精度（float）量运算的表达式，也要先转换成 double 型，再进行运算。

4）char 型量和 short 型量参与运算时，必须先将其转换成 int 型。

5）在赋值运算中，赋值号两边量的数据类型不同时，赋值号右边量的数据类型将转换为赋值号左边量的类型。如果赋值号右边量的数据类型长度比左边长，将丢失一部分数据，这样会降低精度，丢失的部分按四舍五入向前舍入。

2. 数据类型的强制转换

数据类型的强制转换是根据程序的需要通过类型说明符来完成的，其形式如下：

(类型说明符) (表达式)

其功能是把表达式的运算结果强制转换成类型说明符所表示的数据类型。如实例中的(int)b1 把 b1 转换为整型，(float)(a1+a2)把 a1+a2 的结果转换为单精度型并赋值给变量 c。

在强制类型转换时，一定要注意类型说明符和表达式都必须加括号（单个变量可以不加括号），如把(float)(a1+a2)写成(float)a1+a2，就变成把 a1 转换成 float 型之后再与 a2 相加了。

课堂精练

1）定义两个字符型变量，输出相应的字符及对应的 ASCII 值。程序运行结果如图 2-6 所示。

根据以上程序运行结果，请将下面的程序补充完整并调试。

```
#include "stdio.h"
main()
{   char c1,c2;
    c1='a';
    c2='b';
    printf("%c %c\n",c1,c2);
    ________________________________
    getchar();
}
```

2）定义不同类型的变量，然后进行输出。程序运行结果如图 2-7 所示。

根据程序的运行结果，请将下面的程序补充完整并调试。

```
main()
{   int a,b;   unsigned c,d;
    _________________________________
```

```
    a=100; b=100; e=50000; f=32767;
    c=a; d=b;
    printf("%d,%d\n",a,b);
    printf("%u,%u\n",a,b);
    printf("%u,%u\n",c,d);
    c=a=e;   d=b=f;
    printf("%d,%d\n",a,b);    printf("%u,%u\n",c,d);
    getchar();
}
```

图 2-6　程序运行结果（1）

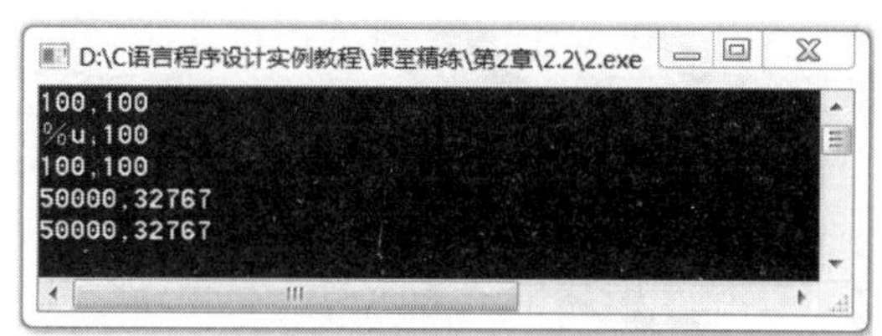

图 2-7　程序运行结果（2）

2.3 常用的运算符和表达式

学习目标

1）掌握几种常用运算符。
2）掌握由运算符和数据构成的表达式的运算过程。
3）熟练掌握常用运算符的优先级别关系。

实例 8　运算符及表达式——输出各表达式的结果

实例任务

定义一些变量，并用运算符构成各种不同类型的表达式，输出各个表达式的值。程序运行结果如图 2-8 所示。

```
D:\C语言程序设计实例教程\C语言程序设计实例\实例8.exe
输出:x1+x2=55
输出:x1-x2=9
输出:x1*x2=736
输出x1/x2=1
输出y1/y2=1.39

自加自减运算各表达式输出的结果:
11
10
10
11
-10
-11

复合运算各表达式输出的结果:
a1+4=24
a2-4=16
a3*4=80
a4/4=5
a5=0
a6/4.0=5.000000
24, 16, 80, 5, 0, 20

逗号运算表达式输出的结果:
m=6,n=10
```

图 2-8　程序运行结果

程序代码

```
#include "stdio.h"
main()
{  int x1=32,x2=23;
   float y1=32.0,y2=23.0;
   int i=10;
   int a1,a2,a3,a4,a5,a6;
   int b1=2,b2=4,b3=6,m,n;
   a1=a2=a3=a4=a5=a6=20;
   printf("加减乘除运算各表达式输出的结果：\n");
   printf("输出:x1+x2=%d\n",x1+x2);
   printf("输出:x1-x2=%d\n",x1-x2);
   printf("输出:x1*x2=%d\n",x1*x2);
   printf("输出 x1/x2=%d\n",x1/x2);
   printf("输出 y1/y2=%.2f\n\n",y1/y2); /*注意观察和上一条语句输出结果有何异同*/
   printf("自加自减运算各表达式输出的结果：\n");
   printf("%d\n",++i);/*i 自加 1 后输出 i 的值*/
   printf("%d\n",--i);/*i 自减 1 后输出 i 的值*/
   printf("%d\n",i++);/*i 的值先输出，然后 i 自加 1*/
   printf("%d\n",i--);/*先输出 i 的值，然后 i 自减 1*/
   printf("%d\n",-i++);/*从右向左结合，先输出 i 的值取反，然后 i 自身加 1*/
   printf("%d\n\n",-i--);/*从右向左结合，先输出 i 的值取反，然后 i 自身减 1*/
   printf("复合运算各表达式输出的结果：\n");
   printf("a1+4=%d\n",a1+=4);
   printf("a2-4=%d\n",a2-=4);
   printf("a3*4=%d\n",a3*=4);
   printf("a4/4=%d\n",a4/=4);
   printf("a5%4=%d\n",a5%=4);
   printf("a6/4.0=%f\n",a6/4.0);
   printf("%d,  %d,  %d,  %d,  %d,  %d\n\n",a1,a2,a3,a4,a5,a6);
   printf("逗号运算表达式输出的结果：\n");
   m=b1+b2,n=b2+b3;
   /*依次执行各个子表达式，最后一个表达式的值为该整个表达式的值*/
   printf("m=%d,n=%d",m,n);
   getchar();
}
```

相关知识

1. 算术运算符和算术运算表达式

常用的算术运算符有以下几种。

1）加法运算符“+”：双目运算符，即应有两个量参与加法运算。如 x1+x1，4+8 等，它具有右结合性。

2）减法运算符“-”：双目运算符。但“-”也可作为负值运算符，此时为单目运算，如-x，-5 等，它具有左结合性。

3）乘法运算符“*”：双目运算符，如表达式 x1*x2，它具有左结合性。

4）除法运算符“/”：双目运算符，具有左结合性。参与运算量均为整型时，结果为两数整除的商，为整型，舍去小数。如果运算量中有一个是实型，则结果为双精度实型，运算结果为数学上相除的实型结果。

5）取余运算符（求模运算符）“%”：双目运算符，具有左结合性。要求参与运算的量均为整型。求余运算的结果等于两数整除后的余数。

由算术运算符和数据一起构成的式子，是算术表达式。数学上的一些表达式，在 C 语言中书写时要符合一定的书写规范。例如：$\frac{1}{2}\sqrt{|x|}$ 要写成表达式 sqrt(abs(x))/2。

2．自增自减运算

自增 1 运算符记为“++”，其功能是使变量的值自增 1。自减 1 运算符记为“--”，其功能是使变量的值自减 1。自增 1 运算符和自减 1 运算符均为单目运算，都具有右结合性。它们有以下几种形式。

1）++i。i 自增 1 后再参与其他运算。

2）--i。i 自减 1 后再参与其他运算。

3）i++。i 参与运算后，i 的值再自增 1。

4）i--。i 参与运算后，i 的值再自减 1。

但是++和--仅能用于变量，不能用于常量或表达式。如(i+j)--或 6++、(-i)++、(-i)--是不合法的。

如果 i 的原值为 5，那么-i--就应相当于-(i--)，整个表达式的输出结果为-5，i 的值再自减 1 为 4。

当遇到如 a+++b 这样的表达式时，C 编译处理原则是尽可能多地（自左而右）将若干个字符组成一个运算符，因此 a+++b 等价于(a++)+b。

3．赋值运算符与赋值运算表达式

赋值运算符号为“=”，它的作用是将一个数据或表达式的值赋给一个变量。由“=”连接的式子称为赋值表达式，其一般形式为：

变量=表达式

需要说明的是，有时“=”两侧的数据类型不一致，在赋值时要进行数据类型转换。具体处理过程如下。

1）将实型值赋予整型变量时，舍去小数部分。

2）将整型值赋予实型变量时，数值不变，但将以浮点形式存放，即增加小数部分（小数部分的值为 0）。

3）将字符型值赋予整型变量时，由于字符型数据长度为 1 字节，而整型数据长度为 2 字节，故将字符的 ASCII 码值放到整型变量的低八位中，高八位为 0。

4）将整型值赋予字符型变量时，只把低八位赋予字符型变量。

4. 复合赋值运算符

在赋值符“=”之前加上其他双目运算符可构成复合赋值运算符。如+=、-=、*=、/=、%=、<<=、>>=、&=、^=、|=，如 a1+=4 等价于 a1=a1+4。

赋值运算符都是自右向左执行的。C 采用复合赋值运算符，一是为了简化程序，使程序精炼，二是为了提高编译效率。

5. 逗号运算符

C 语言提供一种用逗号运算符“,”连接起来的式子，称为逗号表达式。它的构成形式为：

表达式 1，表达式 2，…，表达式 n

执行时，按表达式 1、表达式 2、……、表达式 n 的顺序依次运算，最后的表达式 n 的值即为整个逗号表达式的值。例如，逗号表达式“a = 3 * 5, a * 4”的值为 60。即先求解 $a = 3 \times 5$，得 a=15；再求 $a \times 4 = 60$。

实例 9

实例 9 关系运算符、逻辑运算符和表达式——关系运算和逻辑运算的结果

实例任务

定义变量，并对其进行关系运算和逻辑运算，输出运算结果。程序运行结果如图 2-9 所示。

```
D:\C语言程序设计实例教程\C语言程序设计实例\实例9.exe
输出表达式a>b的结果为: 0
输出表达式a>=b的结果为: 0
输出表达式a<b的结果为: 1
输出表达式a!=b的结果为: 1
输出表达式a==b的结果为: 0

输出表达式(a>b)&&(b>c)的结果为: 0
输出表达式(a>b)||(b>c)的结果为: 1
输出表达式!(b>c)的结果为: 0
```

图 2-9 程序运行结果

程序代码

```c
#include "stdio.h"
main()
{   int a=0,b=1,c=-15;
    /*关系运算表达式*/
    printf("输出表达式 a>b 的结果为: %d\n",a>b);/*大于运算*/
    printf("输出表达式 a>=b 的结果为: %d\n",a>=b);/*大于等于运算*/
    printf("输出表达式 a<b 的结果为: %d\n",a<b);/*小于运算*/
    printf("输出表达式 a!=b 的结果为: %d\n",a!=b);/*不等于运算*/
    printf("输出表达式 a==b 的结果为: %d\n\n",a==b);/*等于运算*/
    /*逻辑运算表达式*/
    printf("输出表达式(a>b)&&(b>c)的结果为: %d\n",(a>b)&&(b>c)); /*与运算*/
    printf("输出表达式(a>b)||(b>c)的结果为: %d\n",(a>b)||(b>c)); /*或运算*/
    printf("输出表达式!(b>c)的结果为: %d\n",!(b>c)); /*非运算*/
    getchar();
}
```

相关知识

1. 关系运算符和关系运算表达式

关系运算符又称为比较运算符，其作用是对操作数进行比较运算，以判断给定的两个操

作数之间是否符合给定的关系。如符合，结果为 1；如不符合，结果为 0。

由关系运算符连接起来的式子，称为关系表达式。在程序设计过程中，关系表达式主要用在程序的判断语句中。C 语言中的 6 种关系运算符及其运算规则如表 2-4 所示。

表 2-4　关系运算符及其运算规则

关系运算符	功 能 说 明	运算规则（假设 a=0，b=1）
>	大于	a>b 的结果为 0
>=	大于等于	a>=b 的结果为 0
<	小于	a<b 的结果为 1
<=	小于等于	a<=b 的结果为 1
!=	不等于	a!=b 的结果为 1
= =	等于	a= =b 的结果为 0

2. 逻辑运算符及逻辑运算表达式

关系运算只能对单一条件进行判断，如 a>b 等。如果要在一条语句中对多个条件进行判断，就需要用逻辑运算。常用的逻辑运算有与、或、非，对应的运算符号是&&、||、!。其中非运算为单目运算符，用于对符号后的值进行取反操作。

由逻辑运算符连接起来的式子称为逻辑运算表达式。它的运算结果为真时，值为 1；运算结果为假时，值为 0。C 语言中，常用的 3 种逻辑运算符及其运算规则和优先级如表 2-5 所示。

表 2-5　逻辑运算符及其运算规则和优先级

关系运算符	功 能 说 明	运算规则（假设 a=0，b=1，c=-15）	优 先 级
&&	逻辑与	(a>b)&&(b>c)的结果为 0	中
||	逻辑或	(a>b)||(b>c)的结果为 1	低
!	逻辑非	!(b>c)的结果为 0	高

实例 10　运算符的优先级——复杂表达式的运算结果

实例任务

定义 3 个变量，然后组合成复杂表达式，要求输出各表达式的值。程序运行结果如图 2-10 所示。

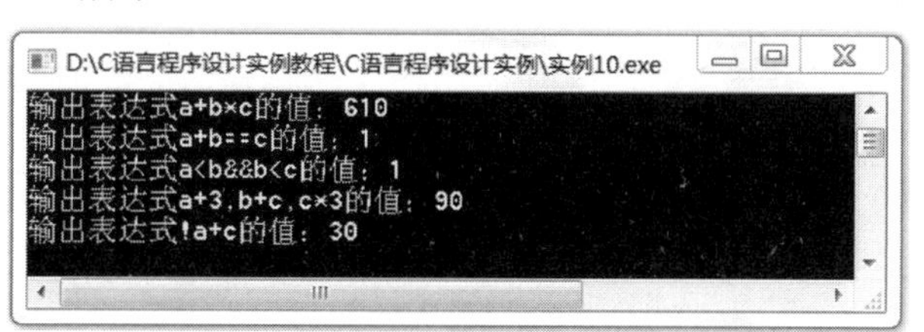

图 2-10　程序运行结果

程序代码

```
#include  "stdio.h"
main()
{   int  a=10,b=20,c=30;
    printf("输出表达式 a+b*c 的值: %d\n",a+b*c);  /*乘除取余运算优先于加减运算*/
    printf("输出表达式 a+b==c 的值: %d\n",a+b==c);   /*算术运算优先于关系运算*/
    printf("输出表达式 a<b&&b<c 的值: %d\n",a<b&&b<c);
    /*关系运算优先于逻辑运算（除非运算外）*/
    printf("输出表达式 a+3,b+c,c*3 的值: %d\n",(a+3,b+c,c*3)); /*逗号运算符级别
                                                                最低*/
    printf("输出表达式!a+c 的值: %d\n",!a+c); /*逻辑非运算优先于基本算术运算*/
    getchar();
}
```

相关知识

1．运算符的优先级与结合性

C 语言规定了运算符的优先级和结合性。优先级是指当一个表达式中有多个运算符并存时，并非从左至右依次执行，而是按各运算符的优先级的顺序执行。

所谓结合性是指当一个操作数两侧的运算符具有相同的优先级时，该操作数是先与左边的运算符结合，还是先与右边的运算符结合。自左至右的结合方向，称为左结合性。反之，称为右结合性。结合性是 C 语言的独有概念。除单目运算符、赋值运算符和条件运算符（在第 3 章中学习）是右结合性外，其他运算符都是左结合性。

2．常用运行符的分类及结合性

C 语言的运算符比较丰富，常用运算符的优先级和结合性如表 2-6 所示。

表 2-6　常用运算符的优先级和结合性

运　算　符	分　类	结　合　性	优　先　级
() [] →.		从左至右	高
! ~ ++ -- - (type) * & sizeof	单目运算符	从右至左	↓
* / % + - << >> < <= > >= == != & | && ||	双目运算符	从左至右	↓
? :	条件运算符	从右至左	↓
= += -= *= /= %= >>= <<= &= ^= |=	赋值运算符	从右至左	低
,	逗号运算符	从左至右	

课堂精练

1）定义变量，要求输出一些表达式的结果。程序运行结果如图 2-11 所示。

根据程序运行结果，请将下面的程序补充完整并调试。

```
#include "stdio.h"
main()
{   int x=1,y,z;
    x*=3+2;
    printf("输出 x 的值为: %d\n",x);
    ____=y=z=5;
    printf("输出 x 的值为: %d\n",x);
    x=y*=z;
    printf("输出 x 的值为: %d\n",x);
    getchar();
}
```

2）定义变量，并进行自加和自减运算。程序运行结果如图 2-12 所示。

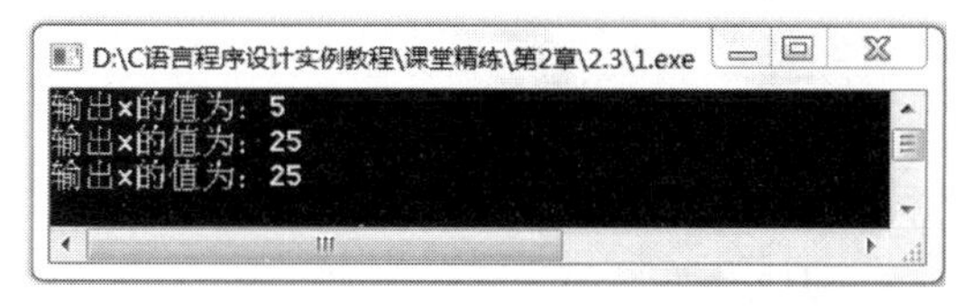

图 2-11　程序运行结果（1）

图 2-12　程序运行结果（2）

根据程序运行结果，请将下面的程序补充完整并调试。

```
#include "stdio.h"
main()
{   ________________________________
    int m=0,n=0;
    i=10;  j=20;
    m+=i++;    n-=--j;
    printf("i=%d,j=%d,m=%d,n=%d",i,j,m,n);
    getchar();
}
```

2.4 课后习题

2.4.1 实训

一、实训目的

1. 进一步掌握数据类型的分类及不同数据类型间的转换。
2. 进一步熟悉常用的运算符和表达式的运算过程。
3. 进一步练习运算符的优先级和结合性。

二、实训内容

1. 定义一个双精度型的变量，分别将其转换为整型、长整型和单精度型输出。
2. 利用关系运算和逻辑运算表达式，分析闰年的计算方法。

2.4.2 练习题

一、选择题

1. C 语言中的标识符只能由字母、数字和下画线 3 种字符组成，且第一个字符________。

（A）必须是字母
（B）必须是下画线
（C）必须是字母或下画线
（D）可以是字母、下画线和数字中的任一字符

2. 下列说法中错误的是________。

（A）用户所定义的标识符允许使用关键字
（B）用户所定义的标识符必须以字母或下画线开头
（C）用户所定义的标识符应尽量做到“见名知意”
（D）用户所定义的标识符中，大小写字母代表不同的标识

3. 在 C 语言中，下列各项属于合法的字符常量的是________。

（A）'\084'　　（B）"a"
（C）'ab'　　（D）'\0'

4. 在 C 语言中，下列各项属于合法的实型变量的是________。

（A）.e2　　（B）1.5E0.5
（C）1.3145e2　　（D）e3

5. 语句 printf ("%c,%d",'b', 'b');的输出结果是________。

（A）b,98　　（B）b 98　　（C）98,b　　（D）98 b

6. 在 C 语言中，下列变量定义中合法的是________。

（A）short _a=1-.1e-1　　（B）double b=1+5e2.5
（C）long do = 0xfdaL;　　（D）float 2_and=1-e-3;

7. 算术运算符、赋值运算符和关系运算符的优先级按从高到低依次是________。

（A）算术运算符、赋值运算符、关系运算符
（B）算术运算符、关系运算符、赋值运算符
（C）关系运算符、赋值运算符、算术运算符
（D）关系运算符、算术运算符、赋值运算符

8. 逻辑运算符中，优先级按高到低的依次是________。

（A）&& ! ||　　（B）|| && !　　（C）&& || !　　（D）! && ||

9. 以下符合 C 语言语法的赋值表达式是________。

（A）d=9+e+f=d+9　　（B）d=(9+e，f=d+9)
（C）d=9+e，e++，d+9　　（D）d=9+e++=d+9

10. 数学中的式子 x≥y≥z，在 C 语言中的表达式为________。

（A）(x>=y)&&(y>=z)　　（B）(x>=y)and(y>=z)
（C）(x>=y>=z)　　（D）(x>=y)&(y>=z)

11．在 C 语言中，若定义 x 和 y 为 double 类型，则表达式 x=1,y=x+3/2 的值是________。

（A）1　　（B）2　　（C）2.0　　（D）2.5

12．设 a=12，则表达式 a+=a-=a*=a 的值是________。

（A）12　　（B）144　　（C）0　　（D）132

13．设整型变量 i 和 j 值均为 4，则语句 j=i++,j++,++i 执行后，i 和 j 的值分别是________。

（A）3，3　　（B）6，5　　（C）4，5　　（D）6，6

14．设有语句 int i ; char c ; float f ;，以下结果为整型的表达式是________。

（A）i + f　　（B）i * c

（C）c + f　　（D）i + c + f

15．设有语句 int n ; float f=13.8;，执行 n=((int)f)%3 后，n 的值是________。

（A）1　　（B）4　　（C）4.333333　　（D）4.6

16．设 a=1，b=2，c=3，d=4，则执行表达式 a<b？a:c<d？a:d 后，结果是________。

（A）4　　（B）3　　（C）2　　（D）1

17．为表示“a 和 b 都不等于 0”，应使用的 C 语言表达式是________。

（A）(a!=0)||(b!=0)　　（B）a || b

（C）a && b　　（D）!(a=0)&&(b!=0)

18．执行下列程序段时输出结果是________。

```
int x=13,y=3;
printf("%d",x%=(y/=2));
```

（A）3　　（B）2　　（C）1　　（D）0

19．执行下列程序段时输出结果是________。

```
#include <stdio.h>
main()
{
    int x=0245;
    printf("%d",--x);
}
```

（A）244　　（B）164　　（C）245　　（D）247

20．执行下列程序段时输出结果是________。

```
#include <stdio.h>
main()
{
    int x=6,y;
    y=2+(x+=x++,x+8,++x);
    printf("%d",y);
}
```

（A）13　　（B）14　　（C）15　　（D）16

二、填空题

1．C 语言的基本数据类型分为__________、__________和__________。

2．C 语言的标识符只能由__________、__________和__________ 3 种字符组成，而且第一个字符必须为__________。

3．C 语言中，用关键字__________定义基本整型变量，用关键字__________定义单精度实型变量，用关键字__________定义字符型变量。

4．C 语言中字符变量在内存中占________个字节。

5．字符变量使用一对__________界定单个字符，而字符串常量使用一对__________来界定若干个字符的序列。

6．运算符%，||，<<，<=，*= 中，优先级最高的是__________，最低的是__________。

7．表达式 a=5*3,a*9 的值是__________，表达式 5.8–5/2+2.2+9%5 的值是__________。

8．表达式 5%(−3)的值是__________，表达式−5 % 3 的值是__________。

9．设 a 为 int 型变量，则运算表达式 a=36/5 % 3 后，a 的值为__________。

10．设有语句 x=5.6,y=4.6,b=12;，则表达式 x+b%4*(int)(x+y)%3/5 的值为__________。

11．设 x，y，z 均为 int 型变量，请用 C 语言描述下列命题：

① x 和 y 中有一个小于 z __________________________。

② y 是偶数__________________________。

③ 3 个数中有两个为非负数 __________________________。

第3章 流程控制结构

3.1 顺序结构程序设计

学习目标

1）掌握程序的几种基本结构。
2）掌握顺序结构程序设计的程序模式。
3）掌握字符型输入输出函数。
4）掌握常用的格式输入输出函数。
5）掌握头文件在编写程序时的作用。
6）掌握复合语句和空语句的格式及作用。

实例 11　字符型数据的输入和输出——输入与输出几个字符

实例任务

输入几个字符然后将其输出。程序运行结果如图 3-1 所示。

```
D:\C语言程序设计实例教程\C语言程序设计实例\实例11.exe
请输入字符:
i
n
t
int
```

图 3-1　程序运行结果

程序代码

```
#include "stdio.h"
main()
{
    /*声明变量*/
    char a,b,c;
    /*使用 getchar()函数接受用户输入的值*/
    printf("请输入字符：\n");
    fflush(stdin);
    a=getchar();
    fflush(stdin);
```

```
    b=getchar();
    fflush(stdin);
    c=getchar();
    /*使用 putchar()函数输出这几个字符，并输出一个换行符*/
    putchar(a);
    putchar(b);
    putchar(c);
    putchar('\n');
    getchar();
}
```

相关知识

1．程序的几种基本结构

C语言中，常用的流程控制结构分为顺序结构、选择结构和循环结构。由这3种结构可组成各种复杂的程序。顺序结构是3种结构中最简单、最常见的程序结构。3种流程控制结构使用特定的流程控制语句，从而实现程序的各种结构方式。C语言中常用的控制语句有if语句、switch语句、do while语句、while语句、for语句、continue语句、break语句等。

2．顺序结构的执行过程

所谓“程序结构”，即指程序中语句的执行顺序。程序设计者要把事情交给计算机去做，都是写出一条条语句并顺序执行，这是顺序结构。本例中的程序运行就是顺序执行每条语句。

3．getchar()函数

getchar()函数是一个没有参数的函数，它从标准输入（键盘）读取一个字符，返回该字符的编码值。当使用此函数时，按下的键将自动回显到屏幕上。使用 getchar()函数时，任何键都是有效的返回值。调用没有参数的函数时应在函数名后写一对空括号。下面的代码演示了 getchar()函数的用法：

```
char c;
fflush(stdin);
c=getchar();
```

getchar()函数只能接收单个字符，输入数字也按字符处理。当输入多于一个字符时，只接收第一个字符。使用 getchar()函数时需要注意这一点。

函数 fflush()用于清空输入缓冲区。stdin 是标准的输入，即键盘输入。分配给键盘的缓冲区需要清空，以便存储新数据。有时，键盘缓冲区中保留着旧信息，如果不清空，在接收字符时会将旧信息返回，这样就可能引发错误。

4．putchar()函数

putchar()函数对应于 getchar()函数，它把一个字符送到标准输出。例如：

```
putchar('o');
putchar('k');
```

两个字符'o'和'k'将被送到标准输出。标准输出的默认连接通常是计算机显示器，因此执行这两条语句的效果使字符在计算机屏幕上显示出来。实例中创建了 3 个变量 a、b 和 c， getchar()函数将用户输入的字符存储在这些变量中。每个 getchar()前都使用一个 fflush()函数清空缓冲区。在该程序中，如果不使用 fflush()，也不会出现问题。随着每个 getchar()函数的执行，输入的字符就显示在屏幕上。最后一行输出结果将显示前面输入的所有字符。此输出结果表明，使用 putchar()函数后，所有字符将显示在同一行上，最后换行（输出一个换行符），程序随即结束。

课堂精练

1）从键盘输入 3 个数，并计算它们的和值。程序运行结果如图 3-2 所示。

图 3-2　程序运行结果（1）

根据程序运行结果，请将下面的程序补充完整并调试。

```
#include "stdio.h"
main()
{   int  a1,a2,a3;/*定义 3 个整型变量*/
    scanf("%d,%d,%d",&a1,&a2,&a3); /*从键盘上输入 3 个变量的值*/
    printf("a1+a2+a3=%d",__________________________); /*输出 3 个数的和值*/
    getchar();
}
```

2）从键盘输入 2 个整数，计算两数整除所得的余数。程序运行结果如图 3-3 所示。

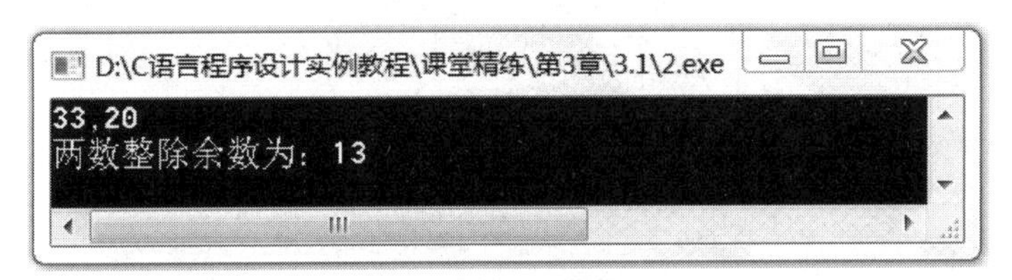

图 3-3　程序运行结果（2）

根据程序运行结果，请将下面的程序补充完整并调试。

```
#include "stdio.h"
main()
{   int a1,a2; /*定义两个整型变量*/
    scanf("%d,%d",&a1,&a2);  /*从键盘上输入两个变量的值*/
    printf("两数整除余数为：%d",_____________);/*输出两数整除所得的余数*/
    getchar();
}
```

3）从键盘输入一个大写字母，输出该字母的小写。程序运行结果如图 3-4 所示。

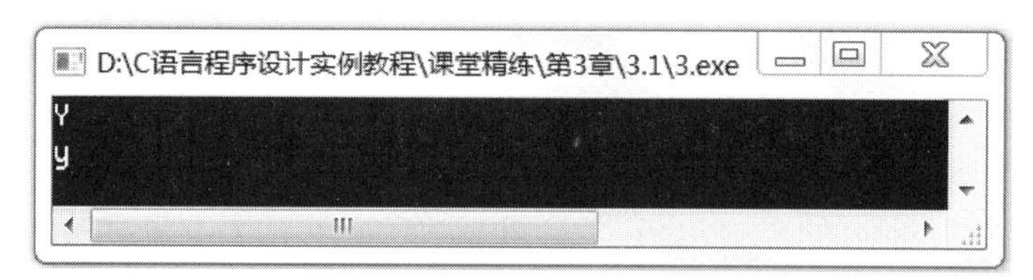

图 3-4　程序运行结果（3）

根据程序运行结果，请将下面的程序补充完整并调试。

```
#include  "stdio.h"
main()
{   char  c;  /*定义字符型变量*/
    c=getchar();  /*从键盘上输入字符变量的值*/
    ________________;  /*将字符转换成对应的小写字母*/
    putchar(c); /*输出这个小写字母*/
    getchar();
}
```

实例 12　格式化数据的输入和输出——互换两个变量的值

实例任务

接收两个整数，分别保存在两个变量中，通过第三个变量将这两个变量的值互换。程序运行结果如图 3-5 所示。

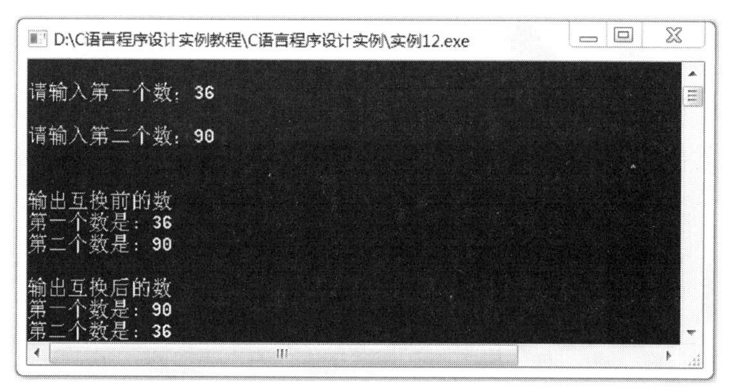

图 3-5　程序运行结果

程序代码

```
#include "stdio.h"
main()
{    int x,y,z;
     printf("\n 请输入第一个数：");
     scanf("  %d",&x);
     printf("\n 请输入第二个数：");
     scanf("  %d",&y);
```

```
    /*显示互换前的数*/
    printf("\n\n 输出互换前的数");
    printf("\n 第一个数是: %d",x);
    printf("\n 第二个数是: %d",y);
    /*互换这两个数*/
    z=x;   x=y;   y=z;
    /*显示互换后的数*/
    printf("\n\n 输出互换后的数");
    printf("\n 第一个数是: %d",x);
    printf("\n 第二个数是: %d",y);
    getchar();
}
```

相关知识

1. 头文件 stdio.h

C 语言的格式输入函数 scanf()和格式输出函数 printf()都在头文件 stdio.h 里。因此，编程中使用它们时，在程序的开始处应该书写一条包含命令：

```
#include  "stdio.h"
```

或

```
#include  <stdio.h>
```

2. 格式输出函数 printf()

格式输出函数 printf()的功能是按指定的格式将数据在标准设备上进行输出。其一般格式为：

```
printf(格式控制参数,输出项表列):
```

其中输出项表列由各输出项组成，各输出项之间用逗号分隔开。输出项可以是合法的变量、常量或表达式。

格式控制参数是由双引号括起来的字符串，它是由格式描述符和普通字符组成的。普通字符将被原样输出。格式描述符以%开头，以一个格式字符结束，作用是将输出数据按指定的格式输出。常用的格式描述符包括以下几种类型。

- %d：以十进制形式输出带符号的整数。
- %o：以八进制无符号形式输出整数。
- %x：以十六进制无符号形式输出整数。
- %c：用于输出单个字符。
- %f：以十进制形式输出实型数据。
- %s：用于输出字符串。

在 printf()函数中的一个格式描述符对应一个输出数据，也就是说，必须在输出项表列中有一个变量与之相对应，且类型要前后一致。

说明：

1）在%与格式字符间插入整数来指定输出宽度。

- %md：表明所输出的数据占 *m* 个字符的宽度，如果实际输出数据的字符数大于 *m*，则按实际的位数输出，否则在输出数据的左端补空格。
- %mc：表明输出的字符占 *m* 个字符的宽度，如果 *m* 大于 1，则左端补空格。
- %ms：表明输出 *m* 个字符的字符串。如果实际长度大于 *m*，则按原样输出字符串，否则左端补空格。
- %m.nf：表明输出数据的总宽度为 *m*（包括整数位数、小数点和小数位数），*n* 为小数位数。如果输出的数据的总长度小于 *m*，则在输出数据的左端补空格。对于小数部分，若 *n* 小于实际输出的小数位数，则对第 *n*+1 位进行四舍五入。

格式控制符与输出结果之间的关系如表 3-1 所示（其中␣表示空格）。

表 3-1 格式控制符与输出结果之间的关系

输 出 语 句	输 出 结 果
printf("%d",123);	123
printf("%5d",123);	␣␣123
printf("%f",123.45);	123.450000
printf("%12f",123.45);	␣␣123.450000
printf("%9.3f",123.45);	␣␣123.450
printf("%9.0f",123);	␣␣␣␣␣␣123
printf("%5c",'c');	␣␣␣␣c
printf("%5s", "abc");	␣␣abc

2）若需在输出的数值型数据前带正负号，可以通过在%与格式字符间加一个“+”来实现。例如：

```
printf("%+d,%+d",1,-1);
```

语句的输出结果为：+1，-1。

3）如需在输出数据前加前导 0，可以通过在%与指定输出宽度的整数间加一个“0”来实现。例如：

```
printf("%05d",123);
```

则输出结果为：00122。

4）在格式控制字符串中，如果两个%连用，则输出一个%。例如：

```
printf("%%%d",10);
```

语句的输出结果为：%10。

3. 格式输入函数 scanf( )

格式输入函数 scanf ()的功能是按指定的格式从键盘上输入数据。其一般格式为：

```
scanf(格式控制参数,地址项表列);
```

其中，地址项表列是由接收数据的变量的地址组成，求地址运算符为&，如&a，&b，&c。

格式控制参数是由双引号括起来的字符串，里边有格式描述符和输入数据分隔符。常用的格式描述符与 printf ()函数的格式描述符相同。

在 scanf ()函数中的一个格式描述符对应一个输入数据，也就是说，必须在地址项表列中有一个变量与之相对应，且类型要前后一致。

1）如果输入数值型数据，数据间要用空格、〈Tab〉键或〈Enter〉键（即回车键）分隔。例如：

```
scanf("%d%d",&a,&b);
```

对应此语句，可输入 13　789↙（↙表示回车）。

2）如果在各格式描述符间有分隔符，则在输入数据时，要输入相同的字符作为分隔符。例如：

```
scanf("%d,%d",&a,&b);
```

对应此语句，要求输入数据间用“,”分隔。可输入：13,789↙。

3）如果要输入多个字符数据，则不需要在各字符间输入分隔符。例如：

```
scanf("%c%c",&a,&b);
```

对应此语句，可输入：AB↙。则对应 a 输入字符 A，对应 b 输入字符 B。

4）当交叉输入数值数据和字符数据时，如果字符数据在前，则字符数据和数值数据间要有空格；如果数值数据在前，则数值数据和字符数据间不要有空格。例如：

```
scanf("%d%c%d%c",&a1,&c1,&a2,&c2);
```

对应此语句，必须输入：20A　30B↙。

```
scanf("%c%d%c%d",&c1,&a1,&c2,&a2);
```

对应此语句，可以输入：A　20B　30↙。

4．复合语句

在 C 语言程序中，可以用一对花括号把若干条语句括起来使其形成一个整体，这个整体就被称为复合语句。从语法上讲，复合语句相当于一条语句。复合语句的一般格式是：

```
{   语句1;
    语句2;
    …
    语句n;   }
```

要注意，复合语句中可以出现变量说明，复合语句中的最后一条语句的语句结束符（分号）不能省略，否则会造成语法错误。另外，标识复合语句结束的右花括号的后面不能有语句结束符（分号）。

5．空语句

在 C 语言中，称仅由一个分号组成的语句为空语句，即：

编译程序在遇到空语句时，不会为其产生任何指令代码。这就是说，空语句不执行任何操作。因此，空语句只是 C 语言语法上的一个概念，它起到一条语句的作用，仅此而已。

课堂精练

1）输入圆的半径，求其周长和面积。程序运行结果如图 3-6 所示。

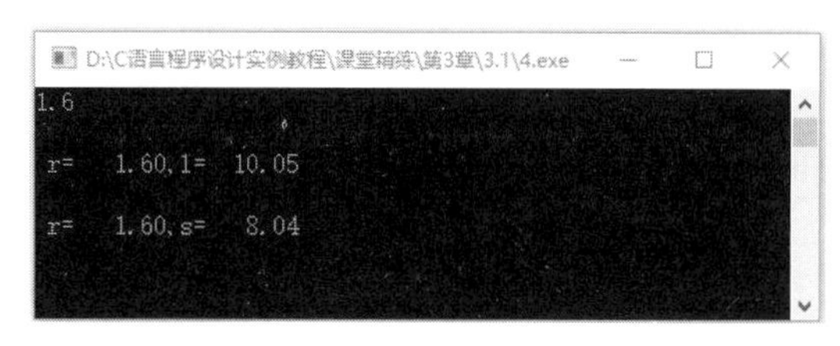

图 3-6 程序运行结果（1）

根据程序运行结果，请将下面的程序补充完整并调试。

```
#include "stdio.h"
#define PI 3.14159          /*定义字符常量 PI，且值为 3.14159*/
main()
{   float r,l,s;            /*定义 3 个实型变量 r、l、s*/
    ________________________________
    getchar();
    l=2*PI*r;                              /*计算周长并赋值给 l*/
    s=PI*r*r;                              /*计算面积并赋值给 s*/
    printf("\n r=%7.2f,l=%7.2f\n",r,l);  /*输入周长，数据共占 7 个字符宽，2 位
                                              小数*/
    printf("\n r=%7.2f,s=%7.2f\n",r,s);  /*输入面积，数据共占 7 个字符宽*/
    getchar();
}
```

2）复合语句和空语句的使用。程序运行结果如图 3-7 所示。

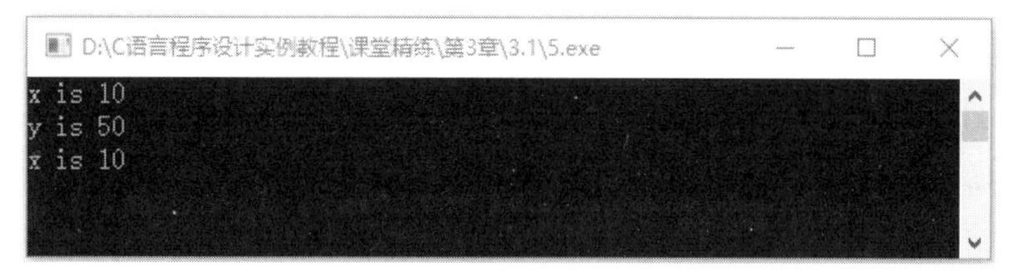

图 3-7 程序运行结果（2）

根据程序运行结果，请将下面的程序补充完整并调试。

```
#include "stdio.h"
main()
{   int x=10;
    ;                                     /*空语句*/
    printf("x is %d\n",x);
    {   /*复合语句开始*/
        int y=50;
        printf("y is %d\n",y);
        ____________________________         /*空语句*/
```

```
    }                                          /*复合语句结束*/
    printf("x is %d\n",x);
    getchar();
}
```

3.2 选择结构程序设计

学习目标

1）掌握 if 语句的语句格式与应用。
2）掌握复合 if 语句的语句格式与应用。
3）掌握条件运算符的用法。
4）掌握 switch 语句的语句格式与应用。
5）掌握 switch 语句中 break 语句的用法。

实例 13　if 语句——根据条件确定公司是否已经为司机投保

实例任务

如果司机满足下列条件之一，则公司为他们投保。这 3 个条件是：①司机已婚；②司机为 30 岁以上的未婚男性；③司机为 25 岁以上的未婚女性。如果以上条件一个也不满足，则公司不为司机投保。请编写一个程序，根据用户输入的司机的婚姻状态、性别和年龄，判断该司机是否已投保。程序运行结果如图 3-8 所示。

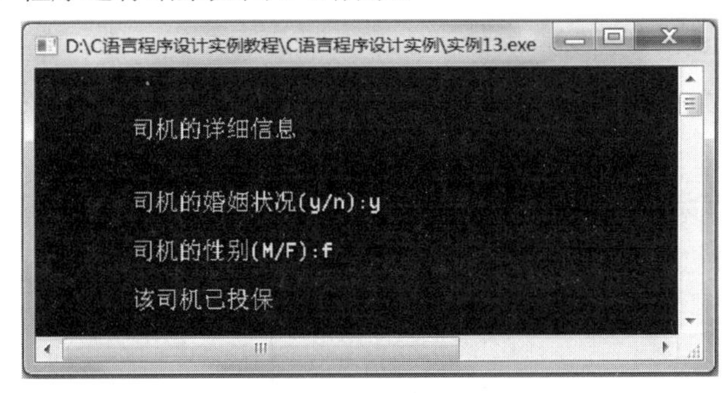

图 3-8　程序运行结果

程序代码

```
#include "stdio.h"
main()
{   char gender,ms;
    int age;
    /*接收司机的详细信息*/
    printf("\n\n\t 司机的详细信息\n\n");
    printf("\n\t 司机的婚姻状况(y/n):");
```

```
    scanf("\n%c",&ms);
    printf("\n\t 司机的性别(M/F):");
    scanf("%d",&age);
    /* 多重 if 结构 */
    if (ms=='Y'||ms=='y') /*检查司机的婚姻状况*/
          printf("\n\t 该司机已投保\n");
    else if((gender=='M'||gender=='m')&&(age>30))
          /*如果未婚，检查是否 30 岁以上的男性 */
          printf("\n\t 该司机已投保\n");
    else if((gender=='F'||gender=='f')&&(age>25))
          /* 检查是否 25 岁以上的女性*/
          printf("\n\t 该司机已投保\n");
    else
          printf("\n\t 该司机未投保\n");
    getchar();
}
```

相关知识

1. 选择结构程序设计

选择结构又称分支结构，有二分支结构或多分支结构。选择结构根据条件判断结果，选择执行不同的程序分支。选择结构是程序的基本结构之一，几乎所有程序都包含选择结构。C 语言中可以用两种控制语句来实现程序的分支控制，即 if 语句和 switch 语句，它们均可构成选择结构。

2. 单分支选择 if 语句

单分支选择 if 语句的形式为：

```
if(表达式)    语句;
```

该语句执行过程为先判断表达式的值，如果表达式的值为真，则执行后面的语句，否则什么也不做。

3. 双分支选择 if 语句

双分支选择 if 语句的形式为：

```
if(表达式)    语句 1;
else  语句 2;
```

该语句的执行过程为先判断表达式的值，如果表达式的值为真，执行语句 1，否则执行语句 2。

4. 多分支选择 if 语句

多分支选择 if 语句的形式为：

```
if(表达式 1)    语句体 1;
else  if(表达式 2)  语句体 2;
else  if(表达式 3)   语句体 3;
  …
```

```
else if(表达式n) 语句体n;
else  语句体n+1;
```

该语句的执行过程为依次判断各表达式的值，当某个表达式的值为真时，执行其对应的语句体，然后跳到整个 if 语句之外继续执行程序；如果所有的表达式的值均为假，则执行语句体 n+1，然后继续执行后续程序。

实际上，多分支选择 if 语句是双分支选择 if 语句的嵌套形式，即可写成：

```
if(表达式1)        语句体1;
else{if(表达式2)        语句体2;
else{if(表达式3)        语句体3;
…
else{if (表达式n)        语句体n;
else 语句体n+1;}…}}
```

关于这 3 种 if 语句的使用，有以下几点需要注意。

1）if 之后的条件表达式，必须以“(表达式)”的形式出现，即括号不可少，而表达式可为任意表达式，可以是关系表达式或逻辑表达式，也可以为其他表达式。

2）在后两种 if 语句中，语句体都必须以“;”结束。

3）3 种 if 语句中语句体可以是一条语句，也可以是一条复合语句。

5. if 语句的嵌套

在 if 语句中又内嵌 if 语句称为 if 语句的嵌套。前面已说明，多分支选择 if 语句可看成 if 语句的嵌套形式。其一般形式为：

```
if ()
   if ()         语句体1;        /*内嵌if语句*/
   else          语句体2;
else
   if            语句体3;        /*内嵌if语句*/
   else          语句体4;
```

在使用内嵌 if 语句时，要注意 if 和 else 的配对，因为 if 语句的第一种形式中只有 if 没有 else。C 语言在编译源程序时总是将 else 与它前面最近的 if 配对。

6. 条件表达式构成的选择结构

C 语言还提供了一个特殊的运算符——条件运算符，由此构成的条件表达式也可以形成简单的选择结构。这种选择结构能以表达式的形式内嵌在允许出现表达式的地方，可以根据不同的条件使用不同的数据参与运算。它的运算符号“?:”是 C 语言提供的唯一的三目运算符，即要求有 3 个运算对象。它的表达式形式如下：

```
表达式1?表达式2:表达式3
```

当“表达式 1”的值为非零时，“表达式 2”的值就是整个条件表达式的值；当“表达式 1”的值为零时，“表达式 3”的值作为整个条件表达式的值。此运算符优先于赋值运算符，但低于关系运算符与算术运算符。例如有如下表达式：

```
y=x>10?100:200
```

首先要求出条件表达式的值，然后赋给 y。在条件表达式中，要先求出 x>10 的值。若 x 大于 10，取 100 作为条件表达式的值并赋予变量 y；若 x 小于或等于 10，则取 200 作为条件表达式的值并赋予变量 y。

课堂精练

1）输入三个实数，按从小到大的顺序输出。程序运行结果如图 3-9 所示。

根据程序运行结果，请将下面的程序补充完整并调试。

```
#include "stdio.h"
main()
{   float a,b,c,t;
    printf("请输入三个数 a,b and c: \n");
    scanf ("%f%f%f",&a,&b,&c);
    printf("输入的三个数为: ");
    printf ("%6.2f,%6.2f,%6.2f\n",a,b,c);
    if(a>b)
    {   t=a;a=b;b=t;    }
    if(a>c)
       ______________________________
    if(b>c)
    {   t=b;b=c;c=t;    }
    printf("排序后的三个数为: ");
    printf ("%6.2f,%6.2f,%6.2f\n",a,b,c);
    getchar();
}
```

2）编程实现：根据性别（sex）和身高（tall）给某数据分类，如果 sex 为'F'，当 tall>=150 时，输出 A，否则输出 B；若 sex 不为'F'，当 tall>=172 时，输出 A，否则输出 B。程序运行结果如图 3-10 所示。

图 3-9 程序运行结果（1）

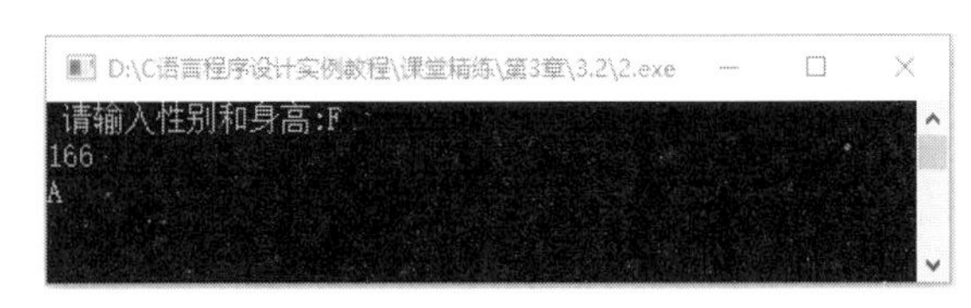

图 3-10 程序运行结果（2）

根据程序运行结果，请将下面的程序补充完整并调试。

```
#include "stdio.h"
main()
{   int tall;
    char sex;
    printf(" 请输入性别和身高:");
    scanf("%c%d",&sex,&tall);
    if (sex=='F')
    {  if(tall>=150)    /*内嵌 if-else 语句*/
          ______________________________
       else    printf("B");
```

```
        }
        else
        {  if(tall>=172)
              printf("A");
           else    printf("B");
        }
        getchar();
    }
```

实例 14　switch 语句——计算长方形、圆形和三角形的面积

实例任务

编写一个程序，用于计算长方形、圆形和三角形的面积，要求能根据用户的选择计算相应形状的面积。程序运行结果如图 3-11 所示。

图 3-11　程序运行结果

程序代码

```
    #include "stdio.h"
    #define PI 3.14
     main()
    {   float
radius,length,breadth,height,base;
        double  area;
        int choice;
        printf("\n\t 形状的类型\n");
        printf("\n\t1.长方形\n");
        printf("\t2.圆形\n");
        printf("\t3.三角形\n");
        printf("\t4.退出\n");
        printf("\n\t 请输入选项(1/2/3/4):");
        scanf("%d",&choice);
        switch(choice)
        {     case 1: printf("\n 请输入长方形的详细信息");
                   printf("\n 长为 :");
                   scanf("%f",&length);
                   printf("\n 宽为 :");
                   scanf("%f",&breadth);
                   area=length * breadth;
                   printf("\n 该长方形的面积为 %7.2f\n",area);
                   break;
              case 2: printf("\n 请输入圆形的详细信息");
                   printf("\n 半径为:");
                   scanf("%f",&radius);
                   area=PI *radius*radius;
                   printf("\n 该圆形的面积为%7.2f\n",area);
                   break;
              case 3: printf("\n 请输入三角形的详细信息");
                   printf("\n 高为:");
                   scanf("%f",&height);
```

```
                printf("\n 底边为:");
                scanf("%f",&base);
                area=0.5*height*base;
                printf("\n 该三角形的面积为%7.2f\n",area);
                break;
            case 4: printf("\n 退出程序\n");
                break;
            default:printf("\n 选项错误\n");
        }
        getchar();
    }
```

相关知识

1. switch 语句以及它与 break 语句构成的选择结构

switch 语句是一种多分支选择结构，语句形式如下：

```
switch(表达式)
{   case  常量表达式 1:语句体 1;
    case  常量表达式 2:语句体 2;
    …
    case  常量表达式 n:语句体 n;
    default          :语句体 n+1;
}
```

switch 语句是 C 语言的关键字，switch 后面用花括号括起来的部分称为 switch 语句体。紧跟在 switch 后的一对圆括号中的表达式可以是整型表达式及后面将要学习的字符型表达式。表达式两边的一对括号不能省略。

case 也是关键字，与其后面的常量表达式合称为 case 语句标号。常量表达式的类型必须与 switch 后面圆括号中的表达式类型相同，各 case 语句标号的值应该互不相同。case 语句标号后的语句体 1、语句体 2 等，可以是一条语句，也可以是若干条语句。必要时，case 语句标号后的语句可以省略不写。

default 也是关键字，起语句标号的作用，代表所有 case 语句标号之外的标号。default 语句标号可以出现在语句体中的任何标号位置上。在 switch 语句中也可以没有 default 语句标号。

在关键字 case 和常量表达式之间一定要有空格，例如“case 10:”不能写成“case10:”。

程序中，每个 case 语句体中均有“break;”语句，它的作用是当执行到满足条件的 case 语句后立刻退出 switch 语句体。如果没有“break;”语句，则程序在执行了满足条件的 case 语句体后，默认其后的 case 语句体和 default 语句体仍满足条件，继续向后执行。例如本实例程序中，删除所有的“break;”语句后，如果输入值为 2，则会提示输入圆的半径值，然后陆续提示三角形的相关信息、退出程序和选项错误等提示信息。

2. switch 语句的执行过程

当执行 switch 语句时，首先计算紧跟其后的一对圆括号中的表达式的值，然后在 switch 语句体内寻找与该值吻合的 case 语句标号。如果有与该值相等的语句标号，则执行该语句标号后开始的所有语句，直到 switch 语句体结束；如果遇到"break;"语句，则退出 switch 语句体；如果没有与该值相等的语句标号并且存在 default 语句标号，则从 default 语句标号后的语句开始执行，直到 switch 语句体结束；如果没有与该值相等的语句标号并且没有 default 标号，则跳出 switch 语句体，而执行之后的语句。

课堂精练

1）根据输入的成绩段，输出成绩的等级。程序运行结果如图 3-12 所示。

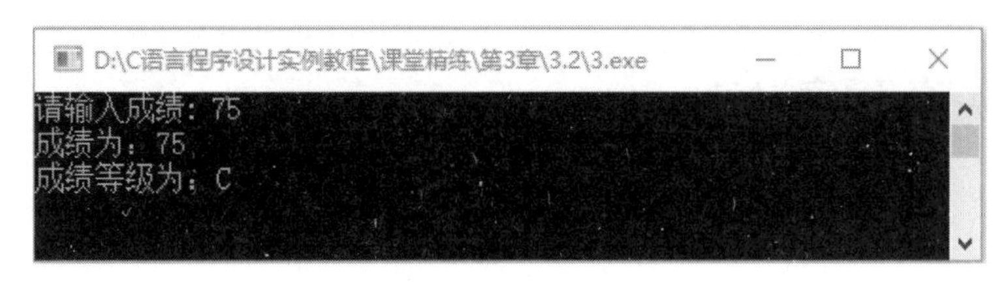

图 3-12　程序运行结果（1）

根据程序运行结果，请将下面的程序补充完整并调试。

```
#include "stdio.h"
main()
{   int g;
    printf ("请输入成绩:");
    scanf("%d",&g);     /* g 中存放学生的成绩 */
    printf("成绩为：%d ",g);
    switch (g/10)     /*g/10 为整除*/
    {   case 10 :
            case 9 : printf ("\n 成绩等级为：A\n");break;
            case 8 : printf ("\n 成绩等级为：B\n"); break;
            case 7 : printf ("\n 成绩等级为：C\n"); break;
            case 6 : printf ("\n 成绩等级为：D\n"); break;

            ______________________________________
     }
     getchar();
}
```

2）由键盘输入三个整数 a、b、c，输出三个数中最大的一个。程序运行结果如图 3-13 所示。

图 3-13　程序运行结果（2）

根据程序运行结果，请将下面的程序补充完整并调试。

```
#include "stdio.h"
main()
{   int a,b,c,max;
    printf("请输入三个整数：\n");
    scanf("%d,%d,%d",&a,&b,&c);
```

```
        ____________________
        ____________________
        else
          ____________________
        if(c>max)
          ____________________
        printf("三个数中最大的数是: %d",max);
        getchar();
    }
```

3.3 循环结构程序设计

学习目标

1）掌握循环结构的内涵。
2）掌握 while 循环语句的结构和应用。
3）掌握循环结构程序中 break 和 continue 语句的用法。
4）掌握 for 循环语句结构的内涵。
5）掌握 for 循环语句的结构和执行过程。
6）掌握 do-while 循环语句结构的内涵。
7）掌握 do-while 循环语句的结构和执行过程。
8）掌握循环结构程序中 break 和 continue 语句的用法。

实例 15

实例 15 while 循环语句——求 1+2+…+100 的值

实例任务

用 while 语句求 1+2+3+…+100 的值。程序运行结果如图 3-14 所示。

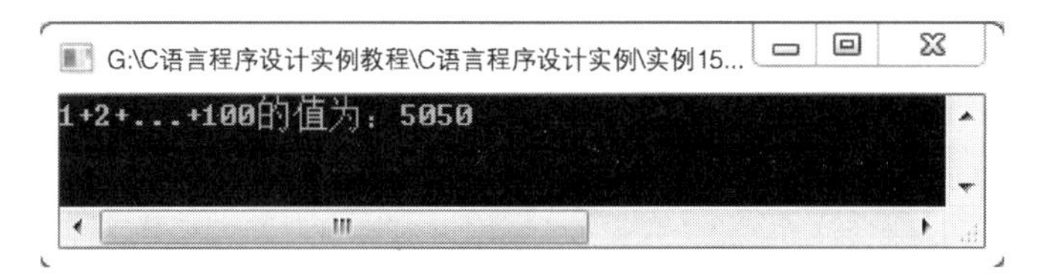

图 3-14 程序运行结果

程序代码

```
#include "stdio.h"
main()
{  int i=1,sum=0;
   while(i<=100)
   {    sum=sum+i;      /*随着 i 的变化，将 i 的值累加到 sum 中*/
        i++;            /*循环一次，i 自动增 1*/
   }
```

```
    printf("1+2+…+100 的值为: %d\n",sum);
    getchar();
}
```

相关知识

1. 循环结构程序设计

循环结构是结构程序的 3 种基本结构之一，它和顺序结构、选择结构共同作为各种复杂程序的基本构造单元。循环结构的特点是：在给定条件成立时，反复执行某程序段，直到条件不成立为止。给定的条件称为循环条件，反复执行的程序段称为循环体。C 语言的循环体语句有 while 语句、do-while 语句、for 语句。

2. while 语句

while 语句用于实现“当”型循环结构。其一般形式如下：

```
while(表达式)
{循环体}
```

其执行过程是当表达式为非 0 值时，执行循环体。循环体内语句可以是空语句，可以是一条语句，可以是多条语句。如果为空语句或一条语句，可略去 {}。

循环执行过程中，如果参与表达式判断的变量值不能改变，则循环不会结束，称为死循环。

课堂精练

1）统计从键盘输入的一系列字符的个数。程序运行结果如图 3-15 所示。

图 3-15　程序运行结果（1）

根据程序运行结果，请将下面的程序补充完整并调试。

```
#include  "stdio.h"
main()
{   int n=0;
    printf("请输入一系列字符：\n");
    while(getchar()!='\n')
      ________________________
    printf("输入的字符的个数为：%d",n);
    getchar();
}
```

2）求 $n!$ 的值。程序运行结果如图 3-16 所示。

图 3-16　程序运行结果（2）

根据程序运行结果，请将下面的程序补充完整并调试。

```
#include "stdio.h"
main()
{   int n,i=1,sum=1;
    printf("请输入 n 的值\n");
    scanf("%d",&n);
    ______________________
    {   sum=sum*i;
        ______________________
    }
    printf("n!值为：%d",sum);
    getchar();
}
```

实例 16　for 循环语句——统计大写字母和小写字母的个数

实例任务

编写一个程序，用于接收用户输入的 10 个字符，统计其中大写字母和小写字母的个数，并比较大写字母与小写字母的个数，显示相应的消息。程序运行结果如图 3-17 所示。

图 3-17　程序运行结果

程序代码

```
#include "stdio.h"
main()
{   char inp;
    int i,low,upp;
    /*for 循环的计数器是 i，upp 用来统计大写字母的个数，low 用来统计小写字母的个数*/
    printf("\n 请输入一系列字符:");
    low=0;   upp=0;   i=0;
    for(i=0;i<10;i++)
```

```
{    inp=getchar();
     if(inp>='a'&&inp<='z')
          low++;
     else if(inp>='A'&&inp<='Z')
          upp++;
     putchar(inp);    }
/*比较大写字母个数和小写字母个数*/
if(low>upp)
     printf("\n 小写字母比大写字母多%d 个。\n",low-upp);
else if(upp>low)
     printf("\n 大写字母比小写字母多%d 个。\n",upp-low);
else
     printf("\n 小写字母和大写字母的个数相等，为%d 个。\n",low);
getchar();
}
```

相关知识

1. for 语句

for 语句是 C 语言中最灵活、功能最强的循环语句。它不仅可以用于循环次数已经确定的情况，而且可以用于循环次数不确定而只给出循环结束条件的情况。for 语句完全可以代替 while 语句。for 语句的一般形式为：

```
for (表达式 1; 表达式 2; 表达式 3)
{循环体}
```

for 语句的执行过程是：运行之初先求解表达式 1，然后进行表达式 2 的条件判断，如果条件成立，则执行循环体，如果条件不成立，则退出循环。在执行循环体后，再计算表达式 3，之后转去执行表达式 2 的条件判断，如果成立，继续执行循环体，否则退出循环。首次执行循环体后，按计算表达式 3、判断表达式 2 的顺序循环执行，直到条件不成立为止，结束循环。

2. 表达式说明

表达式 1 通常用来给循环变量赋初值，一般是赋值表达式。也可以在 for 语句外给循环变量赋初值，此时可以省略该表达式。表达式 1 在整个循环过程中只执行一次。

表达式 2 通常是循环条件，一般为关系表达式或逻辑表达式。

表达式 3 通常可以用来修改循环变量的值，一般是赋值语句。如果想省略表达式 3，可以把相应语句放到循环体中完成。

这 3 个表达式都可以是逗号表达式，即每个表达式都可以由多个表达式组成。3 个表达式都是任选项，都可以省略。但要注意，在省略表达式的同时，两个分号必须保留，因为语句要求用两个分号将 3 个表达式分开。如以下语句：

```
i=1;
for(; i<5 ;)
```

```
{   printf("*") ;  i++;    }
```

3. for语句中的逗号表达式

逗号运算符的主要应用就在for语句中。表达式1和表达式3常为逗号表达式，求解它们时可完成多个表达式（往往为赋值表达式、自增自减表达式）的一次求值。如下列表示方式：

```
for(i=1,sum=0;i<=100;i++)
for(i=0,j=100,k=0;i<=j;i++,j--)
for(i=0;(c=getchar())!='\n';i+=c)
```

从上面几种表达方式可以看出，C 语言中的 for 语句功能强大。可以把循环体和一些与循环控制无关的操作也作为表达式1或表达式3出现，这样程序可以短小简洁。但过分地利用这一特点会使for语句显得杂乱，可读性降低，建议不要把与循环控制无关的内容放到for语句中。

课堂精练

1）把100～200之间的整数中不能被3整除的数输出，要求每行输出5个，最后1行除外。程序运行结果如图3-18所示。

图3-18 程序运行结果（1）

根据程序运行结果，请将下面的程序补充完整并调试。

```
#include "stdio.h"
main()
{
    int n,m=0;
    for(n=100;n<=200;n++)
    {
        if(n%3==0)
           ____________
        m++;
        ________________
        {  printf("%5d",n);printf("\n");}
        else
```

```
        printf("%5d",n);
    }
    getchar();
}
```

2）判断一个整数是否为素数（素数是指只能被 1 和它本身整除的数）。判断方法是看 m 能否被 2～$\sqrt{m}$ 之间的整数整除，即如果 m 不能被 2～$\sqrt{m}$ 中的任何一个整数整除，则 m 是素数；只要 m 能被 2～$\sqrt{m}$ 中的某一个整数整除，则 m 为非素数。程序运行结果如图 3-19 所示。

图 3-19　程序运行结果（2）

根据程序的运行结果，请将下面程序补充完整并调试。

```
#include "stdio.h"
#include "math.h"
main()
{   int  m,j,k;
    scanf("%d",&m);
    ____________________
    for(j=2;j<=k;j++)
        _______________
    if(j>=k+1)
        printf("%d 是素数\n",m);
    else
        printf("%d 不是素数\n",m);
    getchar();
}
```

实例 17　do-while 循环语句——求 1+2+…+100 和 $1^2+2^2+\cdots+30^2$ 的值

实例任务

用 do-while 语句求 $s_1=1+2+3+\cdots+100$ 和 $s_2=1^2+2^2+3^2+\cdots+30^2$ 的值。程序运行结果如图 3-20 所示。

图 3-20　程序运行结果

程序代码

```
#include "stdio.h"
```

```
main()
{  int i=0,s1=0,s2=0;
   do
   {  i++;
      if(i>100)         /*如果 i 的值高于 100，则结束循环*/
          break;        /*强行退出循环*/
      s1=s1+i;
      if(i>30)          /*如果 i 的值高于 30，则执行 continue 语句，执行下一次循环*/
          continue;     /*不再执行它下面的语句，转而执行下次循环*/
      s2=s2+i*i;
   }while(i<150);
   printf("s1=%d\n",s1);
   printf("s2=%d\n",s2);
   getchar();
}
```

相关知识

1. do-while 语句

do-while 语句的特点是先执行循环体，然后判断循环条件是否成立。其一般形式为：

```
do
{
    循环体
}while(表达式);
```

其执行过程是先执行一次指定的循环体语句，然后进行条件判断，也就是先计算表达式的值，当表达式的值为非零（“真”）时，返回重新执行循环体语句。如此反复，直到表达式的值等于 0 为止，此时循环结束。

2. while 语句和 do-while 语句的区别

while 语句执行时，先进行条件判断，条件成立的情况下才执行循环体。do-while 语句是先执行一次循环体，再进行条件判断，直到表达式不成立时终止循环。

3. break 语句和 continue 语句

在 switch 语句中，可用 break 语句终止 switch 语句的执行以跳出该 switch 语句。同样，在 3 种循环语句中可用 break 语句终止该循环语句的执行而跳出，它的一般形式是：

```
break;
```

continue 语句用于结束本次循环，即跳过循环体中在 continue 语句后面的尚未执行的其他语句，而执行下一次循环，它的一般形式是：

```
continue;
```

课堂精练

1）求 s=1+2+3+…+100 的值。程序运行结果如图 3-21 所示。

图 3-21　程序运行结果（1）

根据程序运行结果，请将下面的程序补充完整并调试。

```
#include "stdio.h"
main()
{   ______________
    do
    {   s=s+k;
        k++;
    } ________________
    printf("s=%d",s);
    getchar();
}
```

2）求 s=1+1/2+1/4+…+1/50 的值。程序运行结果如图 3-22 所示。

图 3-22　程序运行结果（2）

根据程序运行结果，请将下面的程序补充完整并调试。

```
#include "stdio.h"
main()
{   float sum=1.0;
    int i=2;
    do
    {__________________
        i=i+2;
    }__________________
    printf("sum=%f\n",sum);
    getchar();
}
```

实例 18　循环的嵌套结构——百钱买百鸡问题

实例任务

中国古代数学家张丘建在他的《算经》中提出了著名的“百钱百鸡问题”：鸡翁一，值钱五；鸡母一，值钱三；鸡雏三，值钱一；百钱买百鸡，翁、母、雏各几何？编写程序解决此问题，程序运行结果如图 3-23 所示。

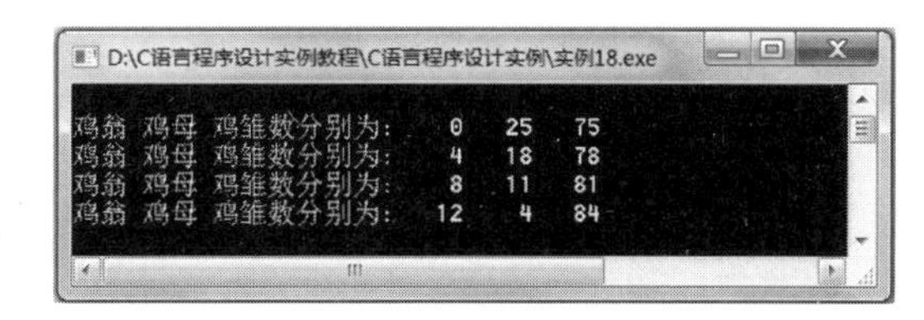

图 3-23　程序运行结果

程序代码

```
#include "stdio.h"
#include "conio.h"
main()
{  int i,j,k;  /* 3个变量分别代表鸡翁、鸡母、鸡雏 */
   /* 理论上，鸡翁的循环范围是 0～100，但实际上每个鸡翁值 5 钱，如果鸡翁的数量超过
     20，那么钱数一定超过 100 而不合题意了，所以这里鸡翁的取值范围是 0～20，内层嵌
     套的鸡母的循环范围也是同理。 */
   for(i=0;i<=20;i++)
   {   for(j=0;j<=33;j++)
       {   k=100-i-j; /* 计算鸡雏的数量 */
           /* 鸡的数量和钱的数量同时扩大三倍，以防余数问题。 */
           if(i*15+j*9+k==300)
               printf("\n鸡翁 鸡母 鸡雏数分别为:%5d%5d%5d",i,j,k);
       }
    }
    getchar();
}
```

相关知识

1. 循环嵌套

在一个循环体内又完整地包含了另一个循环，称为循环嵌套。前面介绍的 3 种类型的循环都可以互相嵌套，循环的嵌套可以是多层的，但每一层循环在逻辑上必须是完整的。在编写程序时，循环嵌套的书写要采用缩进的形式，如本实例程序中所示，内循环中的语句应该比外循环中的语句有规律地向右缩进 2～4 列，这样编写的程序层次分明，易于阅读。

2. 百钱买百鸡问题解析

百钱买百鸡是一道用 C 语言程序解决数学方程运算问题的典型试题，用到了程序中的典型方法——穷举法。假设x、y、z分别为鸡翁、鸡母、鸡雏的只数，依题意可得出联立方程组如下：

$$\begin{cases} x+y+z=100 & (1) \\ 5x+3y+z/3=100 & (2) \end{cases}$$

3 个未知数，只有两个方程式，所以 x、y、z 可能有多组解，因此，可用“穷举法”列举 x、y、z 可能满足要求的组合，最后把符合上述两个方程的 x、y、z 的值输出。

课堂精练

1）输出一个空心菱形图案，程序运行结果如图 3-24 所示。

图 3-24 程序运行结果（1）

根据程序运行结果，请将下面的程序补充完整并调试。

```
#include  "stdio.h"
main()
```

```
{   int i,j,k;
    /*i 为控制要输出的行数，j 为控制要输出的空格数，k 为控制要输出的星号的个数*/
    /*先打印上边的 4 行*/
    for(i=1;i<=4;i++)                  /*控制要输出的行数*/
    {  for (j=1;j<=4-i;j++)            /*控制每行要输出的空格数*/
         printf(" ");
       ____________________________
                                       /*控制要输出第一个*和第二个**/
       {  if(k==1||k==2*i-1)           /*只在遇到循环的边界值时输出*，否则输出空格*/
            printf("*");
          else
            printf(" ");
       }
       printf("\n");
    }
    /*然后输出下边的三行*/
    for(i=1;i<=3;i++)                  /*控制要输出的行数*/
    {  for(j=1;j<=i;j++)               /*控制每行要输出的空格数*/
         printf(" ");
         ____________________________           /*控制每行要输出的*的个数*/
         {   if(k==1||k==7-2*i)        /*只在遇到循环的边界值时输出*，否则输出空格*/
               printf("*");
             else
               printf(" ");
         }
         printf("\n");
    }
    getchar();
}
```

2）输出九九乘法表，程序运行结果如图 3-25 所示。

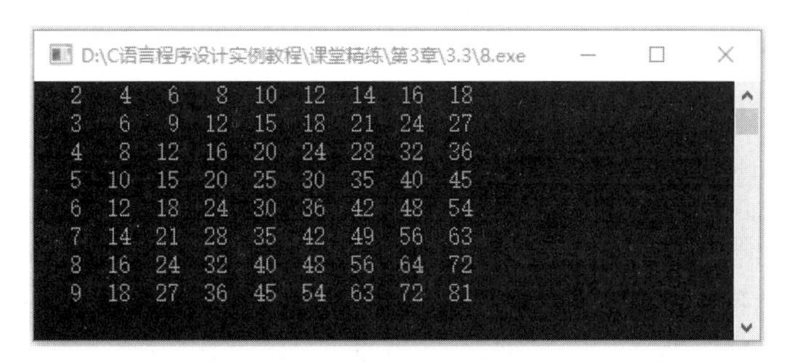

图 3-25　程序运行结果（2）

根据程序运行结果，请将下面的程序补充完整并调试。

```
#include "stdio.h"
main()
{   int i=1,j;
    ____________________________
    {    for(j=1;j<10;j++)
         ____________________________
         i++;
    }
```

```
    getchar();
}
```

3.4 课后习题

3.4.1 实训

一、实训目的

1．进一步练习顺序结构程序设计。

2．进一步巩固各种输入输出函数的使用方法。

3．提高编程和调试程序的能力。

4．进一步巩固选择结构程序设计语句的使用。

5．进一步巩固 break 语句的使用方法。

6．进一步练习循环结构程序设计。

7．进一步练习循环嵌套结构程序设计。

8．进一步提高综合编程和调试程序的能力。

二、实训内容

1．编写程序，用 getchar()函数读入两个字符 c1、c2，然后分别用 putchar()函数和 printf()函数输出这两个字符，并思考以下问题：

（1）变量 c1、c2 应定义为字符型还是整型？抑或两者皆可？

（2）要求输出 c1 和 c2 值的 ASCII 码，应如何处理？用 putchar()函数还是 printf()函数？

（3）整型变量与字符型变量是否在任何情况下都可以互相代替？如“char c1,c2;”与“int c1,c2”是否无条件等价？

2．求一个圆柱体的体积。

3．编写一个简单的计算器，实现两个整型数的四则运算。

4．接收用户输入的 3 种商品的价格。如果购买的 3 种商品中至少有一种商品的价格大于 50 或者 3 种商品的总额大于 100，则折扣率为 15%，否则折扣率为 0，计算并显示用户应付的钱数。

5．判断所输入的一个年份是否为闰年。

6．利用 if 语句编写程序，输入 x 值，求解以下分段函数的 y 值。当 $x<1$ 时，$y=x+1$；当 $1\leqslant x\leqslant 10$ 时，$y=2x+5$；当 $x\geqslant 10$ 时，$y=x^2+8$。

7．编写一个程序，根据用户输入的期末考试成绩，输出相应的成绩评定信息。成绩大于等于 90 分时输出“优”；成绩大于等于 80 分、小于 90 分时输出“良”；成绩大于等于 60 分、小于 80 分时输出“中”；成绩小于 60 分时输出“差”。

8．利用 switch 语句编写一个计算器程序，用户输入四则运算表达式，输出计算结果。

9．输出所有的水仙花数（水仙花数是指一个三位数，其各位数字的立方和等于该数本身）。

10．求 fibonacci 数列（1，1，2，3，5，8，…）的前 40 项，该数列表示为：

$f_1=1$（n=1）

$f_2=1$（n=2）
$f_3=2$（n=3）
…
$f_n=f_{n-1}+f_{n-2}$（n>=3）

11．求整数1～100的累加值，但要求跳过所有个位为3的数。

12．输出100～200之间的全部素数。

13．试编程，找出1～99的全部同构数。同构数是这样一组数：它出现在平方数的右侧。例如：5是25右边的数，25是625右边的数，5和25都是同构数。

3.4.2 练习题

一、选择题

1．putchar()函数可以向终端输出一个__________。

（A）整型变量表达式　（B）实型变量值
（C）字符串　（D）字符或字符型变量值

2．阅读以下程序，若输入：25，13，10↙（注：↙表示回车），则正确的输出结果为__________。

```
main()
{    int x,y,z;
     scanf("%d%d%d",&x,&y,&z);
     printf("x+y+z=%d\n",x+y+z);
     getchar();
}
```

（A）x+y+z=48　（B）x+y+z=35　（C）x+z=35　（D）不确定值

3．已知定义int i，j，k;，若从键盘输入：1，2，3↙，分别使i，j，k的值为1，2，3，以下输入语句中正确的是__________。

（A）scanf("%2d%2d%2d",&i,&j,&k);　（B）scanf("%d%d%d",&i,&j,&k);
（C）scanf("%d,%d,%d",&i,&j,&k);　（D）scanf("i=%d,j=%d,k=%d",&i,&j,&k);

4．已有如下定义和输入语句，若要求a1，a2，c1，c2的值分别为20，30，C和D，当从第一列开始输入数据时，正确的数据输入方式是__________。

```
int a1,a2;   char c1,c1;
scanf("%d%c%d%c",&a1,&c1,&a2,&c2);
```

（A）20C30D↙　（B）20C　30D↙
（C）20　C　30　D↙　（D）20,C,30,D↙

5．在if语句的嵌套中，else总是与__________配对。

（A）它前面未配对的if　（B）它前面最近的未配对的if
（C）它上面对应在同一列的if　（D）它在同一行的if

6．判断char型变量ch是否为大写字母的正确表达式是__________。

（A）'A'<=ch<='Z'　（B）(ch>='A')&(ch<='Z')
（C）(ch>='A')&&(ch<='Z')　（D）('A'<=ch)AND('Z'>=ch)

7．已知 int x=10，y=20，z=30;，以下语句执行后 x，y，z 的值是________。

```
if(x>y)z=x;x=y;y=z;
```

（A）x=10，y=20，z=30　　（B）x=20，y=30，z=30
（C）x=20，y=30，z=10　　（D）x=20，y=30，z=20

8．请阅读以下程序，程序________。

```
main()
{    int a=5,b=0,c=0;
     if(a=b+c)  printf("***\n");
     else       printf("$$$\n");
     getchar();
}
```

（A）有语法错不能通过编译　　（B）可以通过编译但不能通过连接
（C）输出***　　（D）输出$$$

9．当 a=1，b=3，c=5，d=4 时，执行完下面一段程序后 x 的值是________。

```
if(a<b)
  if(c<d)  x=1;
  else  if(a<c)
    if(b<d)  x=2;
        else  x=3;
    else  x=6;
  else  x=7;
```

（A）1　　（B）2　　（C）3　　（D）6

10．若 w=1，x=2，y=3，z=4，则条件表达式 w<x?w:y<z?y:z 的值是________。
（A）4　　（B）3　　（C）2　　（D）1

11．下面程序段的运行结果是________。

```
int n=0;
while(n++<=2);printf("%d",n);
```

（A）2　　（B）3　　（C）4　　（D）有语法错

12．设有以下程序段，下面描述正确的是_______。

```
t=0;
while(printf("*"))
{    t++;
   if(t<3)  break;  }
```

（A）其中循环控制表达式与 0 等价　　（B）其中循环控制表达式与'0'等价
（C）其中循环控制表达式是不合法的　　（D）以上说法都不对

13．执行语句 for(i=1;i++<4;);后变量 i 的值是_______。
（A）3　　（B）4　　（C）5　　（D）不定

14．以下 for 循环的执行次数是_______。

```
for(x=0,y=0; (y=123)&&(x<4); x++);
```

(A) 是无限循环 (B) 循环次数不定 (C) 执行 4 次 (D) 执行 3 次

15. 下面程序的运行结果是______。

```
#include  "stdio.h"
main( )
 {   int  j;
     for(j=1;j<=5;j++)
     {   if(j%2)
            printf("*");
         else
            continue;
         printf("#");
     }
     printf("$\n");
}
```

(A) *#*#*#$ (B) #*#*#*$ (C) *#*#$ (D) #*#*$

16. 若有如下语句，则上面程序段______。

```
int x=3;
do
{printf("%d\n",x-=2);
}while(!(--x));
```

(A) 输出的是 1 (B) 输出的是 1 和-2

(C) 输出的是 3 和 0 (D) 是死循环

17. 下面程序的运行结果是______。

```
#include "stdio.h"
main( )
{   int y=10;
    do
    {   y--;
    } while(--y);
    printf("%d\n",y--);
}
```

(A) -1 (B) 1 (C) 8 (D) 0

18. 下面程序段不是死循环的是______。

(A)
```
int  j=100;
while(1)
{   j=j%100+1;
    if(j>100)  break;
}
```

(B)
```
for( ; ; );
```

(C)
```
int  k=0;
do
{   ++k;
```

```
    } while(k>=10);
```

（D）
```
int  s=36;
while(s);
--s;
```

19. 以下描述正确的是________。

（A）continue 语句的作用是结束整个循环的执行

（B）只能在循环体内和 switch 语句体内使用 break 语句

（C）break 语句和 continue 语句在循环体内的作用相同

（D）从多层循环嵌套中退出时，只能使用 goto 语句

20. 以下程序的输出结果是________。

```
#include "stdio.h"
main()
int k,j,s;
{
   for(k=2;k<6;k++,k++)
   {  s=1;
         for(j=k;j<6;j++)
            s+=j;
   }
   printf("%d\n",s);
  getchar();
}
```

（A）9　　（B）1　　（C）10　　（D）12

21. 以下程序的输出结果是________。

```
#include "stdio.h"
main()
int i=5;
{
   for(;i<15;)
   {
      i++;
      if(i%4==0)
         printf("    %d",i);
      else
         continue;
    }
    getchar();
}
```

（A）8　12　16　　（B）8　12

（C）12　16　　（D）8

二、填空题

1. 以下程序的运行结果是__________。

```
#include "stdio.h"
```

```
main()
{    int a=10,b=20;
     int m=-2;long n=987654321;
     printf("%d,%d\n",a,b);
     printf("a=%d,b=%d\n",a,b);
     printf("m=%d\n",m);
     printf("n=%ld\n",n);
     getchar();
}
```

2. 以下程序实现3个整数的互联并输出a，b，c的值。请将下面的程序补充完整。

```
#include "stdio.h"
main()
{    ________________________
     scanf("%d,%d,%d",&a,&b,&c);
     ________________________
     a=b;
     b=c;
     ________________________
     printf("a=%d,b=%d,c=%d\n",a,b,c);
     getchar();
}
```

3. 以下程序的运行结果是__________。

```
#include "stdio.h"
main()
{    int x=36,y=12;
     int a,b,c;
     a=x*y;b=x/y;c=x+y;
     printf("%d,%d,%d\n",a,b,c);
     getchar();
}
```

4. 以下程序的运行结果是__________。

```
main()
{    int k=2,i=2,m;
     m=k+=i*=k;
     printf("%d,%d\n",m,i);
     getchar();
}
```

5. 以下程序的运行结果是__________。

```
main()
{    int x=10,y=20,t=0;
     if(x==y)
         t=x;x=y;y=t;
     printf("%d,%d\n",x,y);
     getchar();
}
```

6. 以下程序的运行结果是__________。

```
main()
```

```
{    int k=2,i=2,m;
     m=k+=i*=k;
     printf("%d,%d\n",m,i);
     getchar();
}
```

7．以下程序的运行结果是__________。

```
main()
{    int  m=5;
     if(--m>5)   printf("%d\n",m);
     else printf("%d\n",m--);
     getchar();
}
```

8．设有变量定义：int a=10，c=9;，则表达式(--a!=c++)?--a:++c 的值是__________。

9．若运行时输入：3 5↙，则以下程序的运行结果是__________。

```
#include "stdio.h"
main()
{    float  x,y;
     char  o;
     double  r;
     scanf("%f%f%c",&x,&y,&o);
     switch(0);
       {    case  '+':r=x+y;break;
            case  '-':r=x-y;break;
            case  '*':r=x*y;break;
            case  '/':r=x/y;break;
       }
       Printf("%f",r);
       getchar();
}
```

10．以下由 while 构成的循环执行的次数是__________。

```
int k=0;
while(k=2)  k++;
```

11．以下程序的输出结果是__________。

```
#include "stdio.h"
main()
int x=2;
{
   while(x--)
      printf("%d      \n",x);
   getchar();
}
```

12．以下程序的输出结果是__________。

```
#include "stdio.h"
main()
int x=3,y=6,a=0;
{
```

```
    while(x++!=(y-=1))
    {   a+=1;
        if(y<x)
           break;
    }
    printf("x=%d,y=%d,a=%d\n",x,y,a);
    getchar();
}
```

13. 当运行以下程序时，从键盘上键入 right?↙，则下面程序的运行结果是______。

```
#include  "stdio.h"
main( )
{   char  c;
    while((c=getchar())!='?')
       putchar(++c);
    getchar();
}
```

14. 以下程序的输出结果是________。

```
#include "stdio.h"
main( )
{   int m=0,n=0,j;
    for (j=0;j<25;j++)
       if((j%2)&&(j%3))
           m++;
       else n++;
    printf("%d,%d", m,n);
    getchar();
}
```

15. 以下程序的输出结果是________。

```
main( )
{   int i;
    for(i=1;i<20;i++);
       if(i%4==0)
           printf("%d",i);
    getchar();
}
```

16. 以下程序的输出结果是________。

```
#include "stdio.h"
main()
{   int i=0,sum=1;
    do{
        sum+=i++;
    }while(i<5);
    printf("%d\n",sum);
    getchar();
}
```

17．等差数列的第一项 a=2，公差 d=3，下面程序的功能是在前 n 项中输出能被 4 整除的所有项的和。请将以下程序中的空缺语句补充完整。

```
#include  "stdio.h"
main( )
{  int  a,d,sum;
   a=2; d=3; sum=0;
   do
   {  sum+=a;
      a+=d;
      if  ________
         printf("%d\n",sum);
   } while(sum<200);
   getchar();
}
```

18．以下程序的输出结果是________。

```
#include  "stdio.h"
main( )
{   int j=1; s=3;
    do
    {   s+=j++;
        if(s%7==0)
           continue;
        else
           ++j;
    }while(s<15);
    printf("%d",j);
    getchar();
}
```

第 4 章　数组

4.1　一维数组

学习目标

实例 19

1）掌握数组的概念和应用范围。
2）掌握一维数组的定义和数组元素的引用。
3）掌握一维数组初始化的方法。

实例 19　一维数组的定义与引用——平均成绩的统计

实例任务

现从键盘上输入 5 位同学的成绩，要求求其平均成绩。程序运行结果如图 4-1 所示。

```
D:\C语言程序设计实例教程\C语言程序设计实例\实例19.exe
请输入第1个同学的成绩: 89
请输入第2个同学的成绩: 93
请输入第3个同学的成绩: 69
请输入第4个同学的成绩: 77
请输入第5个同学的成绩: 94
平均成绩是:84.40
```

图 4-1　程序运行结果

程序代码

```
#include  "stdio.h"
main( )
{    float score[6];                       /* 定义单精度数组 score，有 6 个元素 */
     int i;
     for(i=0;i<5;i++)
     {      printf("请输入第%d 个同学的成绩: ",i+1);      /* 提示输入 5 个人的成绩 */
            scanf("%f",&score[i]);
     }
     score[5]=0;                           /* score[5]中保存平均成绩，所以先清 0 */
     for(i=0;i<5;i++)
     score[5]+=score[i];                   /* 求成绩之和 */
     score[5]/=5;                          /* 求平均成绩 */
     printf("平均成绩是:%.2f",score[5]);
     getchar();
}
```

相关知识

1．数组的概念

将一组排列有序的、个数有限的变量作为一个整体，用一个统一的名字来表示，则这些有序变量的全体称为数组。或者说，数组是用一个名字代表顺序排列的一组元素，顺序号就是下标变量的值。而简单变量是无序的，无所谓谁先谁后，数组中的单元是有排列顺序的。

在同一数组中，构成该数组的成员称为数组单元或数组元素。数组里面的每一个数据用数组单元名来标识。在 C 语言中，引用数组中的某一单元，要指出数组名和数组单元在数组中的位置（用括号括起来的下标表示顺序号）。因此，数组单元又称“带下标的变量”，简称“下标变量”。例如 score[5]中，score 是数组名；该数组可以存放 5 个成绩，分别用下标变量表示：score[0]，score[1]，…，score[4]。

数组的主要优点在于其组织数据的方式可以使数据易于处理，也有利于数据的存储。

2．数组的维数

数组下标的个数称为数组的维数。只有一个下标的数组是一维数组，相应地，有两个下标的数组为二维数组，依次类推。

一般来讲，数组元素下标的个数就是该数组的维数；反之，一个数组的维数一旦确定，那么它的元素下标的个数也就随之确定了。例如，score[5]为一维数组。

3．一维数组的定义

1）定义一维数组的格式为：

```
类型标识符　数组名[常量表达式]，… ；
```

例如：

```
float score[6];
```

定义一个数组，数组名为 score，有 6 个元素，每个元素的类型均为 float。这 6 个元素分别是：score[0]、score[1]、score[2]、score[3]、score[4]、score[5]。注意，下标从 0 开始，不能使用数组元素 score[6]。C 编译程序在编译时为 score 数组分配了 6 个连续的存储单元，每个单元占用 4 字节的空间，其存储情况如图 4-2 所示。

4字节	4字节	4字节	4字节	4字节	4字节
score[0]	score[1]	score[2]	score[3]	score[4]	score[5]

图 4-2　数组元素的存储情况

2）对一维数组的使用有以下几点说明。

- 定义一个数组，数组名是标识符，其命名规则同标识符命名规则。
- 数组的类型，即数组元素的类型可以是基本类型（整型、实型和字符型等），也可以是指针类型、结构体类型或共用体类型。
- 定义数组时，必须使用下标常量表达式表示数组中有多少个元素，即数组的长度。它可以是常量或符号常量，但是不能是变量。例如，下面写法是错误的：

```
int n;
```

```
scanf("%d",&n);
int a[n];
```

同理，以下数组定义是不正确的：

```
int  array(10);
int  n; float  score[n];
double  b['a'... 'd'];
char  str[ ];
```

- 如果定义多个相同类型的数组，则可以使用逗号隔开。例如：int a[10],b[20];。
- C 编译器在进行编译时，为数组连续分配地址空间，分配空间的大小：数组元素占用字节数×数组长度。

4. 一维数组的引用

数组必须先定义后引用。C 语言规定，不能引用整个数组，只能逐个引用数组元素。数组元素的引用方式：

```
数组名[下标]
```

下标可以是整型常量或整型表达式，例如：`a[3]=a[2]+a[3*2];`。

在本实例中，如果已经定义好数组 float score[6]，则可以用 score[0]、score[1]、score[2]、score[3]、score[4]、score[5]引用数组中的 6 个元素。

在引用时应注意以下几点。

1）由于数组元素本身等价于同一类型的一个变量，它的使用与同类型的普通变量的使用是相同的。

2）在引用数组元素时，下标可以是整型常数或表达式，表达式内允许变量存在。引用数组时，下标从 0 开始（下界为 0），数组的最大下标（上界）是数组长度减 1。下标的取值范围是[0，数组长度-1]的整型值。

3）对于一维数组来说，在 C 语言中不能引用整个数组，只能引用单个数组元素。

4）数组名后方括号内是数组下标，下标表示该元素是数组的第几个元素。数组名后面的方括号内的内容只有在数组定义时才是数组的长度，其他时候都是数组下标。[ ]是下标运算符，引用数组元素时，根据数组的首地址和下标数计算出该元素的实际地址，取出该地址的内容进行操作。在本实例中，如果要引用数组元素 score[2] 的值，其步骤为：先计算 2000+2*4=2008；再取出 2008 的内容。

5. 数组元素的地址

数组元素的地址也可用元素前面加取地址运算符的方式来获得，形式如下：

```
&数组名[下标]
```

实例 20

实例 20　一维数组的初始化与引用——查询数据中的最大值

实例任务

从键盘上输入 10 个整型数据，找出其中的最大值并显示出来。程序运行结果如图 4-3 所示。

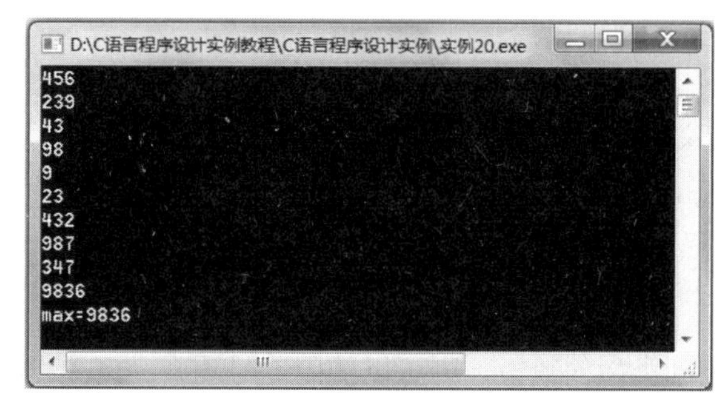

图 4-3 程序运行结果

程序代码

```
#include  "stdio.h"
main( )
{   int  a[10],max,i;          /*定义数组a中有10个元素，最大值max，变量i*/
    for(i=0;i<10;i++)
    scanf("%d",&a[i]);         /*从键盘上输入10个整型数据*/
    max=a[0];                  /*假设最大值为第一个元素*/
    for(i=1;i<10;i++)
        if(max<a[i])
            max=a[i];          /*经过比较，可能会推翻最初的假设*/
    printf("max=%d",max);      /*输出最大值*/
    getchar();
}
```

相关知识

1. 一维数组的初始化

数组的初始化是指在定义数组时给全部数组元素或部分数组元素赋值。一维数组初始化的形式为：

```
存储类型  数据类型  数组名[数组长度]={初值列表};
```

{}内的各个初值之间用逗号分隔，数值类型必须与数组类型一致。系统将按初值的排列顺序顺次给数组元素赋值。如下面定义语句：

```
int  a[10]={ 78, 98,67,87,-56,-67,67,0,-98,67};
char  c[5]={'c', 'h', 'i', 'n', 'a'};
```

{}中所列初值的数量必须小于等于数组长度。当初值数量小于数组长度时，数值型数组的后面没有初值的元素由系统自动赋值为0。

例如，对a数组中所有元素赋初值0，可以写为：

```
int  a [10]={0};
```

又如，对数值元素a[0]赋初值0，对a[1]赋初值1，其他元素均赋初值0，可以写为：

```
int  a [10]={0,1}
```

再如：

```
char  c[5]={'0'};
```

等价于

```
char  c[5]={'0', '0' , '0', '0' , '0'};
```

2．数组大小的指定

可以通过赋初值定义数组的大小。在对全部数组元素赋初值时，可以不指定数组的长度，系统会自动计算长度。

例如：

```
int  a[ ]={1, 2, 3, 4, 5};
```

等价于

```
int  a[5]={1, 2, 3, 4, 5};
```

又如：

```
int  a[ ]={0, 0, 0, 0, 0};
```

等价于

```
int  a[5]={0};
```

课堂精练

1）从键盘上输入 10 个整型数据，将其逆序输出。程序运行结果如图 4-4 所示。

图 4-4　程序运行结果（1）

根据程序运行结果，请将下面的程序补充完整并调试。

```
#include "stdio.h"
main()
{   int i,a[10];
    printf(" 请输入 10 个整数:\n");
    for  (i=0;i<=9;i++)
        scanf("%d",&a[i]);  /*输入时引用数组元素的地址*/
    printf(" 请输出 10 个整数:\n");
    for(i=9;i>=0;i--)
        ______________________________    /*引用数组元素输出*/
    printf("\n");
    getchar();
}
```

2）请输入10个数，找出最大值和最小值所在的位置，并把两者对调，然后输出调整后的10个数。程序运行结果如图4-5所示。

图4-5　程序运行结果（2）

根据程序运行结果，将下面的程序补充完整并调试。

```
#include "stdio.h"
main( )
{   int a[10],max,min,i,j,k;
    printf("请输入各个数组元素的值：");
    for(i=0;i<10;i++)
        scanf("%d",&a[i]);
    printf("互换前的各数组元素的值为：\n");
    for(i=0;i<10;i++)
        printf("%5d",a[i]);
    max=min=a[0];
    /*先假设a[0]是最大值，也是最小值，后面的验证可能会推翻假设*/
    for(i=0;i<10;i++)
    {  if(a[i]<min)
       {   min=a[i];  k=i;  } /*变量k记录最小值的下标号*/
       ________________________________
       {   max=a[i];  j=i;  } /*j记录最大值的下标号*/
    }
    a[j]=min;  /*最大值和最小值互换*/
    ____________________________________
    printf("\n互换后的各数组元素的值为：\n");
    for(i=0; i<10; i++)
      printf("%5d",a[i]);
    getchar();
}
```

4.2 二维数组

学习目标

1）掌握二维数组的定义和数组元素的引用方法。

2）掌握二维数组的初始化方法。

实例21　二维数组的定义与引用——统计总成绩及平均成绩

实例任务

从键盘上任意输入某班*n*个学生的3门课程的成绩，计算每个学生的平均成绩、每门课程的平均成绩，并且打印成绩单，输出 3 门课程成绩的平均分及课程的平均分。程序运行结果如图 4-6 所示。

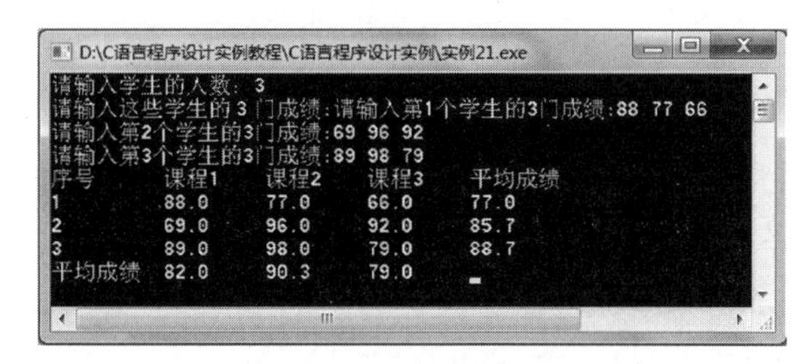

图 4-6　程序运行结果

程序代码

```
#include  "stdio.h"
#define  N  40
main()
{   float ave[3],score[N][4],sum;
    int i,j,n;
    printf("请输入学生的人数：");
    scanf("%d", &n);
    printf("请输入这些学生的 3 门成绩:");
    for(i=0;i<n;i++)
    {  printf("请输入第%d 个学生的 3 门成绩:",i+1);
       for(j=0;j<3;j++)
          scanf("%f", &score[i][j]);
    }
    for(i=0;i<n;i++)        /*计算每个学生的平均成绩*/
    {  sum=0;
       for(j=0;j<3;j++)
          sum=sum+score[i][j];
       score[i][3]= sum/3;
    }
    for(j=0;j<3;j++)       /*计算每门课的平均成绩*/
    {  sum=0;
       for(i=0;i<n;i++)
          sum=sum+score[i][j];
       ave[j]= sum/n;
    }
    /*打印成绩单*/
    printf("序号      课程 1     课程 2     课程 3     平均成绩  \n");  /*输出表头*/
    for(i=0;i<n;i++)
    {  printf("%-10d",i+1);   /*左对齐，输出学生编号*/
       /*输出 3 科成绩平均分*/
       for(j=0;j<4;j++)
          printf("%-9.1f", score[i][j]);  /*左对齐输出*/
       printf("\n");
    }
    /*输出课程平均分*/
    printf("平均成绩  ");   /*一个汉字占两个字符的位置，后面添加 2 个空格*/
```

```
        for(j = 0; j < 3; j++)
          printf("%-9.1f", ave[j]);  /*左对齐输出*/
        getchar();
    }
```

相关知识

1. 二维数组的定义

定义二维数组的一般格式为：

类型标识符 数组名[常量表达式1][常量表达式2] ;

在二维数组的定义中，数组名后面紧跟两个方括号括起来的下标。常量表达式 1 的值指明了二维数组的行数，常量表达式 2 的值指明了二维数组的列数。行下标值和列下标值的乘积，是数组元素的个数。例如：

```
float score[40][4];
```

定义了一个实型二维数组 score，共有 40×4=160 个元素，可以称为 40 行 4 列的数组。

对于以上定义的数组有以下几点说明，这些说明同样适合于其他二维数组。

1）二维数组中每个数组元素必须有两个下标，常量表达式的值即为下标的值，与一维数组要求一样，其下标只能是正整数，并且从 0 开始。

2）二维数组可看作是一种特殊的一维数组。可以将二维数组元素排列成一个矩阵，用二维数组的第 1 个下标表示数组元素所在的行，第 2 个下标表示所在的列，二维数组只是在逻辑上是二维的，从存储上看，二维数组仍是一维线性空间。C 语言中，按照行优先方式存储二维数组，即先存放第 1 行的数组元素，再存放第 2 行的数组元素，……，同一行中再按列存放。

例如 float score[40][4];，可以把 score 数组看作是包含 40 个数组元素的一维数组，每个数组元素又是一个含有 4 个数组元素的一维数组。

按行形式排列数组元素的表示如下：

第 1 列	第 2 列	第 3 列	第 4 列
score[0][0]	score[0][1]	score[0][2]	score [0][3]
score[1][0]	score[1][1]	score[1][2]	score [1][3]
score[2][0]	score[2][1]	score[2][2]	score [2][3]
…	…	…	…
score[39][0]	score[39][1]	score[39][2]	score[39][3]

2. 二维数组元素的引用

C 语言规定，不能引用整个数组，只能逐个引用数组元素。

二维数组中的各个元素可看作具有相同数据类型的一组变量。因此，对变量的引用及一切操作同样适用于二维数组元素。二维数组元素引用的格式为：

数组名 [行下标表达式] [列下标表达式]

说明：

1）下标可以是整型常量或整型表达式。第一维下标的取值范围是[0，第一维长度-1]，第二维下标的取值范围是[0，第二维长度-1]。

2）二维数组的引用和一维数组的引用类似，要注意下标取值不要超过数组的范围。

例如，下面的语句均是正确的二维数组引用格式：

```
int a[3][4];
a[0][0]=3;
a[0][1]=a[0][0]+10;
a[i-1][i]=i+j;
a[0][1]=a[0][0];
a[0][2]=a[0][1]%(int)(x);
a[2][0]++;
scanf("%d" , &[2][1]);
printf("%d" , a[2][1]);
```

而下面两种引用是错误的。

```
a[3][4]=3;      /* 下标越界 */
a[1,2]=1;      /* 应写成 a[1][2]=1; */
```

实例 22

实例 22　二维数组的初始化与引用——求矩阵的乘积

实例任务

编写程序求一个 M 行 N 列的矩阵和一个 N 行 W 列的矩阵的乘积。程序运行结果如图 4-7 所示。

```
please enter array a(4*5):
1 2 3 4 5
2 3 4 5 6
3 4 5 6 7
4 5 6 7 8
please enter array b(5*4):
8 7 6 5
7 6 5 4
6 5 4 3
5 4 3 2
4 3 2 1
c=a*b:
   80    65    50    35
  110    90    70    50
  140   115    90    65
  170   140   110    80
```

图 4-7　程序运行结果

程序代码

```
#include "stdio.h"
#define M 4
#define N 5
#define W 4
main( )
{   int a[M][N],b[N][W],c[M][W],i,j,k;
    printf("please enter array a(%d*%d):\n",M,N);
```

```
    for(i=0;i<M;i++)                                /*输入第 1 个矩阵*/
       for(j=0;j<N;j++)
          scanf("%d",&a[i][j]);
    printf("please enter array b(%d*%d):\n" ,N,W);
    for(i=0;i<N;i++)                                /*输入第 2 个矩阵*/
        for(j=0;j<W;j++)
           scanf("%d",&b[i][j]);
    for(i=0;i<M;i++) /*两个矩阵相乘，求乘积矩阵中的每一个元素*/
        for(j=0;j<W;j++)
        {   c[i][j]=0;
            for(k=0;k<N;k++)
               c[i][j]+=a[i][k]*b[k][j];
        }
    printf("c=a*b:\n");
    for(i=0;i<M;i++)
    {   for(j=0;j<W;j++)
           printf("%6d",c[i][j]);                   /*按行输出乘积矩阵*/
        printf("\n");
    }
    getchar();
}
```

相关知识

1. 二维数组的初始化

定义数组之后进行初始化操作时，只能对每个数组元素一一赋值。

```
int arr[4][10],i,j;
for(i=0;i<4;i++)
   for(j=0;j<10;j++)
      arr[i][j]=0;
```

2. 赋值格式

如果在定义数组时完成数组的初始化操作，赋值格式有以下 3 种。

1）将数组元素的初值依次放在一对{}中并用赋值号与数组连接，具体格式为：

存储类型　数据类型　数组名[数组长度]={初值列表}；

例如：

```
int a[2][3]={1,2,3,4,5,6};
```

2）{}内的各个初值之间用逗号分隔，初值类型必须与数组类型一致。系统自动按数组元素在内存中的顺序将初值依次赋给相应的数组元素。若数值型数组的初值数量不足，将 0 赋给其余数组元素，有定义如下：

```
int x[2][3]={1,2,3,4,5};
```

运行后，x[0][0]=1，x[0][1]=2，x[0][2]=3，x[1][0]=4，x[1][1]=5，其余数组元素被自动赋值为 0。

3）赋初值时，每一行的初值放在一对{}中，所有行的初值再放在一对{}中。系统将第 1

对{}内的数据依次赋值给数组的第 0 行，将第 2 对{}内的数据依次赋值给数组的第 1 行，依次类推。具体格式为：

```
存储类型  数据类型  数组名[数组长度]={{第 0 行初值列表},{第 1 行初值列表},…  };
```

有定义如下：

```
int x[4][4]={{1,2,3,4},{4,5,6},{},{7}};
```

系统将 1、2、3、4 依次赋给第 1 行的 x[0][0]、x[0][1]、x[0][2]和 x[0][3]；4、5、6 依次赋给第 2 行的 x[1][0]、x[1][1]和 x[1][2]，x[1][3]的初值，系统自动赋 0；系统给第 3 行的 x[2][0]、x[2][1]、x[2][2]和 x[2][3]均赋值 0；第 4 行对应{7}，则系统将 7 赋值给 x[3][0]，余下的 x[3][1]、x[3][2]和 x[3][3]均被系统赋值为 0。

数组初始化时，行长度可省，列长度不能省。编译系统会根据赋初值的情况，自动得到第一维的长度。所给初值的个数也不能多于数组元素的个数。

例如：

```
int a[][3]={1,2,3,4,5,6,7}; /*隐含行下标 3*/
int b[][4]={{1},{4,5}};      /*隐含行下标 2*/
```

下面对二维数组的初始化都是错误的：

```
int  a[ ][ ],b[ ][2],c[3][ ];          /*数组初始化时，行长度和列长度不正确*/
float  x[3][ ]={1.0,2.0,3.0,4.0,5.0,6.0};     /*列长度不能省*/
int  m[2][4]={1,2,3,4,5,6,7,8,9}       /* 编译出错，初值个数多于数组元素的个数*/
```

3．二维数组元素的地址

二维数组数组元素的地址可用数组元素前面加地址操作符的方式来表示：

```
&数组名[下标 1][下标 2]
```

课堂精练

1）求出矩阵 a 的主对角线上的元素之和，程序运行结果如图 4-8 所示。

图 4-8　程序运行结果（1）

根据程序运行结果，将下面的程序补充完整并调试。

```
#include "stdio.h"
main( )
{
    int a[3][3]={1,3,5,7,9,11,13,15,17},sum=0,i,j;
    for(i=0;i<3;i++)
       for(j=0;j<3;j++)
          if(i==j)/*对角线上元素的行列下标值是相等的*/
          ____________________________________________
```

```
    printf("sum=%d",sum);
    getchar();
}
```

2）定义一个二维数组，编程求出最大值的数组元素所在行和列的下标值。程序运行结果如图4-9所示。

图4-9 程序运行结果（2）

根据程序运行结果，将下面的程序补充完整并调试。

```
#include "stdio.h"
main()
{   int i,j,row=0,col=0,max;
    int a[3][3]={3,-6,90,15,-53,71,12,48,91};/*定义二维数组并初始化*/
    max=a[0][0];/*假设第一个数组元素就是最大值，后面再进行比较*/
    for(i=0;i<3;i++)
       for(j=0;j<3;j++)
          if(a[i][j]>max)
          {   ____________________
              row=i;
              col=j;
          }
    printf("最大值：%d\n所在行号为：%d\n所在列号为：%d",max,row,col);
    getchar();
}
```

4.3 字符数组与字符串

学习目标

1）掌握字符数组的定义与引用方法。

2）掌握字符串的存储形式。

3）掌握字符数组与字符串的区别。

实例23 字符数组的定义与引用——字母替换

实例任务

编写程序将一行字符中的所有字母替换为它在字母表中所在位置之后的第3个字母，即a替换为d，b替换为e，c替换为f，……，x、y、z分别替换为a、b、c，然后输出。程序运行结果如图4-10所示。

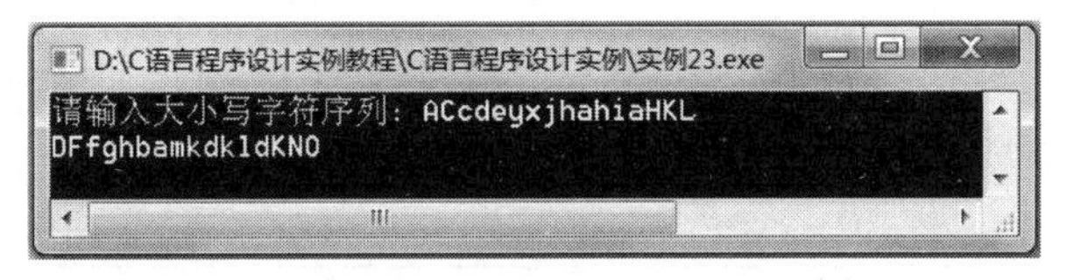

图 4-10　程序运行结果

程序代码

```
#include "stdio.h"
#include "string.h"
main( )
{   char str[80],i;
   printf("请输入大小写字符序列: ");
   i=0;
   while((str[i]=getchar( ))!='\n')/*输入字符序列，当输入字符为回车符时结束*/
      i++;
   for(i=0;str[i]!='\n';i++)
   {   if(str[i]<= 'w'&& str[i]>= 'a') str[i]= str[i]+3;
      if(str[i]<= 'z'&& str[i]>= 'x') str[i]= str[i]-23;
      if(str[i]<= 'W'&& str[i]>= 'A') str[i]= str[i]+3;
      if(str[i]<= 'Z'&& str[i]>= 'X') str[i]= str[i]-23;
   }
   for(i=0;str[i]!='\n';i++)                /*输出字符序列*/
      printf("%c",str[i]);
   getchar();
}
```

相关知识

1. 字符数组的定义

字符数组是指数组的元素类型是字符型，字符数组中的一个元素存放一个字符。它可以存放若干个字符，也可以存放字符串。字符数组的类型说明符为 char。对字符数组赋值或数组初始化时，数据使用字符型数据或相应的 ASCII 码值。字符串只能存放在字符数组中。

字符串的末尾必须有'\0'字符，它的 ASCII 码值为 0。例如：

c	h	i	n	a	\0

是字符串。

c	h	i	n	a

不是字符串。

1）一维字符数组的定义格式为：

```
char  数组名[数组长度];
```

有如下程序段：

```
char ch[12];
ch[0]= 'H'; ch[1]= 'o'; ch[2]= 'w'; ch[3]= '  '; ch[4]= 'a'; ch[5]= 'r';
```

```
ch[6]= 'e';ch[7]= ' ';ch[8]= 'y'; ch[9]= 'o'; ch[10]= 'u'; ch[11]= '\0';
```

上述语句执行后的状态如图 4-11 所示。

c[0]	c[1]	c[2]	c[3]	c[4]	c[5]	c[6]	c[7]	c[8]	c[9]	c[10]	c[11]
H	o	w		a	r	e		y	o	u	\0

图 4-11 为字符数组的元素赋值

2）二维字符数组的定义格式为：

```
char 数组名[长度1][长度2];
```

字符数组元素也可通过数组名和下标引用。字符数组可以在定义时初始化，方法和其他类型的数组一样。若没有对字符数组的全部元素赋值，编译系统会对剩余的数组元素自动赋值为空字符。空字符用'\0'来表示，是 ASCII 码值为 0 的字符，表示什么都不做，也不显示。在定义字符数组之后，只能逐个给数组元素赋值。

2. 字符数组的初始化

对字符数组初始化有下面两种情况：

1）可以对数组元素逐个初始化，例如：

```
char a[10]={ 'I', ' ', 'a', 'm', ' ', 'h', 'a', 'p', 'p', 'y'};
```

初值个数可以小于数组长度，多余元素自动为 '\0'（'\0'是二进制 0）。指定初值时，若未指定数组长度，则长度等于初值个数。例如：

```
char a[ ]={ 'I', ' ', 'a', 'm', ' ', 'h', 'a', 'p', 'p', 'y' };
```

等价于

```
char a[10 ]={ 'I', ' ', 'a', 'm', ' ', 'h', 'a', 'p', 'p', 'y' };
```

2）用字符串常量对数组初始化，例如：

```
char c[]={"I am happy"};
```

也可以这样初始化（不要大括号）：

```
char c[]="I am happy";
```

存储字符串时，系统自动在其后加上结束标志 '\0'（占一字节，其值为二进制 0）。

3. 字符串常量赋给字符数组

若在定义字符数组的同时赋初值，则可将字符串常量赋给它。例如：

```
char c[20]={ "The great wall"};
```

或写为

```
char c[20]= "The great wall";
```

若要在定义字符数组时完成赋初值，则可以在定义中省略数组的长度。系统会根据所赋字符串常量的实际长度来确定字符数组的长度。例如：

```
char c[]="The great wall";
```

字符串常量末尾处有系统自动加的结束标志'\0'，所以要求数组长度比字符串长度至少大 1。例如：

```
char c[14]= "The great wall";
```

数组 c 不能满足字符串长度。

4. 字符串的输入与输出

1）使用 printf 函数输出字符串变量的方式是使用转换字符序列"%s"。如下面程序段：

```
char str[]="Hello";
printf("%s",str);
```

运行结果：Hello。

2）使用 scanf 函数输入字符串时字符串变量也使用转换字符序列"%s"。如下面程序段：

```
char str1[10],str2[10],str3[10],str4[10];
scanf("%s%s%s%s",str1,str2,str3,str4);
```

输入字符串：I love my mother，则将 4 个字符串依次存到 4 个字符型数组中。

课堂精练

1）对字符数组 c1 赋 '0 '～'9 '，对字符数组 c2 赋 'A '～'Z '，然后输出 c1 和 c2 数组中的数据。程序运行结果如图 4-12 所示。

图 4-12　程序运行结果（1）

根据程序运行结果，将下面的程序补充完整并调试。

```
main( )
{   char c1[10],c2[26];
    int i;
    for(i=0;i<10;i++)
    c1[i]=i+48;
    for(i=0;i<26;i++)
       ______________________________
    for(i=0;i<10;i++)
       printf("%c ",c1[i]);
    printf("\n");
    for(i=0;i<26;i++)
      printf("%c ",c2[i]);
    printf("\n");
}
```

2）输入某月份的整数值 1～12，输出该月份的英文名称。程序运行结果如图 4-13 所示。

图4-13　程序运行结果（2）

根据程序运行结果，将下面的程序补充完整并调试。

```
#include "stdio.h"
main( )
{   char month[ ][15]={"Illegal month.","January",
    "February","March","April","May","June","July",
    "August","September","October","November","December"};
    int  m;
    printf("\n请输入月份的数字:");
    scanf("%d",&m);
    ________________________________________
    /*使用条件运算符输出*/
    getchar();
}
```

4.4 课后习题

4.4.1 实训

一、实训目的

1．进一步巩固一维数组的定义与数组元素的引用方法。

2．进一步巩固二维数组的定义与数组元素的引用方法。

3．进一步巩固字符数组的定义与引用方法。

二、实训内容

1．用起泡法对10个数由大到小进行排序。

分析：起泡法的算法思想是对 n 个数排序时，将相邻两个数依次进行比较，将大数放在前面，逐次比较，直至将最小的数移至最后，然后再将 $n-1$ 个数继续比较，重复上面的操作，直至比较完毕。

可采用双重循环实现起泡法排序，外循环控制进行比较的次数，内循环实现找出最小的数，并放在最后的位置上（即沉底）。

2．从键盘输入10个整数，检查整数3是否包含在这些数据中，若是，则返回它是第几个被输入的。

3．编程实现：通过键盘输入数据，给具有2行3列的二维数组赋初值。

4．定义一个二维字符数组，并从键盘上输入字符串的值，并输出各个字符串。

4.4.2　练习题

一、选择题

1．在 C 语言中，引用数组元素时，其数组下标的数据类型允许是_____。

（A）整型常量　　（B）整型表达式

（C）整型常量或整型表达式　　（D）任何类型的表达式

2．若有定义：int a[10]，则对数组 a 元素的正确引用是_______。

（A）a[10]　　（B）a[3.5]　　（C）a(5)　　（D）a[0-10]

3．基本整型数组定义 int a[4]所占的字节数是_______。

（A）1　　（B）2　　（C）4　　（D）8

4．下列数组定义合法的是_______。

（A）int a[]={"string"};　　（B）int a[5]={0，1，2，3，4，5};

（C）char a={"string"};　　（D）char a[]={0，1，2，3，4，5}

5．下列对数组的操作不正确的是_________。

（A）int a[5];　　（B）char b[ ]={ 'h'，'e'，'l'，'l'，'o'};

（C）int a[ ]={2，3，4，5};　　（D）char b[3][ ]={1，2，3，4，5，6};

6．以下对二维数组 a 的定义正确的是_________。

（A）int a[3][]　　（B）float a(3，4)

（C）double a[1][4]　　（D）float a(3)(4)

7．以下能对二维数组 a 进行正确初始化的语句是_______。

（A）int a[2][]={{1,0,1},{5,2,3}};

（B）int a[][3]={{1,2,3},{4,5,6}};

（C）int a[2][4]={{1,2,3},{4,5},{6}};

（D）int a[][3]={{1,0,1},{},{1,1}};

8．以下不能对二维数组 a 进行正确初始化的语句是_______。

（A）int a[2][3]={0} ;

（B）int a[][3]={{1,2},{0}};

（C）int a[2][3]={{1,2},{3,4},{5,6}};

（D）int a[][3]={1,2,3,4,5,6};

9．若有说明：int a[][3]={1,2,3,4,5,6,7};，则数组 a 第一维的长度是_______。

（A）2　　（B）3　　（C）4　　（D）无确定值

10．下面程序段的输出结果是_______。

```
int k,a[3][3]={1,2,3,4,5,6,7,8,9};
for(k=0;k<3;k++)   printf("%d",a[k][2-k]);
```

（A）3 5 7　　（B）3 6 9　　（C）1 5 9　　（D）1 4 7

11．若有说明语句：char a[ ]="this is a book"，则该数组占了______个字节。

（A）11　　（B）12　　（C）14　　（D）15

二、填空题

1. C 语言数组的下标总是从_____开始，不可以为负数；构成数组的各个数组元素具有相同的 ___________。

2. C 语言中数组的下标必须是正整数、0 或___________。

3. 设有如下定义：

```
double  a[180];
```

则数组 a 的下标下界是___________，上界是___________。

4. 在 C 语言中，二维数组的数组元素在内存中的存放顺序是 ___________ 。

5. 若有定义：

```
int a[3][4]={{1, 2}, {0}, {4, 6, 8, 10}};
```

则初始化后，a[1][2]得到的初值是____________，a[2][2]得到的初值是____________。

6. 当运行下面的程序时，从键盘上输入 AabD↙，则下面程序的运行结果是_______。

```
main ( )
{   char s[80];
    int i=0;
    gets(s);  /*从键盘上输入字符串*/
    while (s[i]!= '\0')
    {
        if (s[i]<= 'z'&&s[i]>= 'a')
          s[i]= 'z'+'a'-s[i] ;
        i++;
    }
    puts(s);
    getchar();
}
```

7. 下面程序的运行结果是_______。

```
#include  "stdio.h"
main( )
{   int n[3],i,j,k;
    for(i=0;i<3;i++)
      n[i]=0;
    k=2 ;
    for(i=0;i<k;i++)
      for(j=0;j<k;j++)
        n[j]=n[i]+1 ;
    printf("%d\n",n[1]); getchar( );
}
```

8. 下面程序的运行结果是_______。

```
#include  "stdio.h"
main( )
{   int i,k,a[10],p[3];
```

```
    k=5;
    for(i=0; i<10; i++)
      a[i]=i;
    for(i=0;i<3;i++)
      p[i]=a[i*(i+1)];
    for(i=0;i<3;i++)
      k+=p[i]*2;
    printf("%d\n",k);getchar();
}
```

9. 下面程序的运行结果是______。

```
main ( )
{   int a[6][6],i,j ;
    for (i=1; i<6; i++)
    for (j=1; j<6; j++)
      a[i][j]=(i/j)*(j/i) ;
    for (i=1;i<6 ; i++)
    {  for (j=1; j<6; j++)
         printf("%2d",a[i][j]) ;
       printf("\n"); getchar();
    }
}
```

10. 下面程序的运行结果是______。

```
#include "stdio.h"
#include "string.h"
main( )
{   char  w[ ][10]={"ABCD","EFGH","IJKL","MNOP"},k;
    for(k=1;k<3;k++)
      printf("%s\n",&w[k][k]);
    getchar();
}
```

第 5 章　函数

5.1　函数的定义与返回值

学习目标

1）掌握函数的概念、函数定义的一般形式。

2）理解函数的返回值的功用。

实例 24　函数的定义与引用——判断当天是该年的第几天

实例任务

从键盘上输入某日期的年、月、日，判断该日期是当年的第几天。程序运行结果如图 5-1 所示。

图 5-1　程序运行结果

程序代码

```
#include "stdio.h"
#include "stdlib.h"
int isleap(int year)/*自定义函数判断某年是否是闰年*/
{   if((year%4==0)&&(year%100!=0)||(year%400==0))
      /*能被 4 和 100 整除或能被 400 整除，是闰年*/
      return(1);  /*闰年函数返回值为 1*/
    else
      return(0);
}/*平年函数返回值为 0*/
int main()
{   int  year,month,day,n_31,n_30,x,m;
    printf("请输入年，月，日:");
    scanf("%d,%d,%d", &year ,&month ,&day);
    n_31=0;    n_30=0;
    for(m=1;m<month;m++)
       if(m==1||m==3||m==5||m==7||m==8||m==10||m==12)
           n_31++;    /*统计 31 天的月份个数*/
```

```
    else
    if (m==4||m==6||m==9||m==11)
         n_30++;     /*统计 30 天的月份个数*/
  x=31*n_31+30*n_30+day;        /*算一下除去 2 月份的天数*/
  if(month>2)
      if(isleap(year)== 1)      /*利用 is leap 函数判断 year 是否是闰年*/
          x=x+ 29;    /*闰年，将 2 月份天数 29 天算进去*/
      else
          x=x+28;     /*平年，将 2 月份天数 28 天算进去*/
  printf("它是第%d 天\n", x);
  getchar();
}
```

相关知识

1. 函数的基本概念

C 程序中有一个函数是必须存在的，这个函数就是 main 函数（又称为主函数）。main 函数是唯一的，是 C 程序执行的入口，即程序开始执行时，系统首先调用 main 函数执行。

C 程序中所有函数的定义是平行的，函数之间不存在嵌套或从属的关系，但是函数之间可以相互调用。除 main 函数不能被其他函数调用外，其他函数是一个可以反复使用的程序段。函数是通过被调用而执行的。例如在本实例程序中，主函数调用用户自定义函数 isleap。用户自定义函数必须定义后才能使用。

2. 函数定义的一般形式

函数定义的一般形式如下：

```
类型标识符　函数名(形式参数列表)
{    声明部分
     执行部分
}
```

在本实例中，用户自定义函数为 isleap()，该用户自定义函数的返回类型是整型，形式参数 year 是整型。{}内的内容称为函数体。

关于函数的定义，有几点需要说明。

1）函数名前面的类型标识符用来说明函数返回值的类型，函数返回值通过 return 语句得到。若函数无返回值，可省略这一部分，或用类型标识符 void 表示。例如在本实例中函数返回 return(1);。

2）函数名要符合标识符的命名规则。

3）函数定义时的参数称为形式参数，简称形参。形式参数列表说明的是函数间要传递的数据，调用函数与被调用函数之间的数据传递就是依靠形式参数在调用时接收数据来完成的。形式参数列表由各个参数的名字和类型说明组成。形式参数列表中若有多个形参，则形参之间用逗号分隔。

4）如果在形式参数列表中只列出参数名，则需要在其后说明每个参数的类型。

3. 函数返回值

函数一般都是要返回值的，它使用 return 语句将函数值带回到调用处。return 语句格式为：

```
return(<表达式>);
```

return 语句有以下两个功能。

1）return 语句将表达式的计算结果返回给调用函数。

2）结束 return 语句所在函数的执行，返回到调用该函数的函数中继续执行。

函数返回值的类型应为定义函数时的函数值类型。若函数值类型与 return 语句中表达式值的类型不一致，则以函数值类型为准进行类型转换。

课堂精练

1）定义函数 fun，计算 m=1-2+3-4+…+9-10 的值。程序运行结果如图 5-2 所示。

图 5-2　程序运行结果（1）

根据程序运行结果，请将下面的程序补充完整并调试。

```
#include "stdio.h"
int fun(int  n)
{   int m=0,f=1,i;
    for(i=1;i<=n;i++)
    {  m=m+i*f;
       ____________________
    }
       return m;
}
main()
{   printf("m=%d\n",fun(10));
    getchar();
}
```

2）输入两个双精度值，通过编写函数求出最大值。程序运行结果如图 5-3 所示。

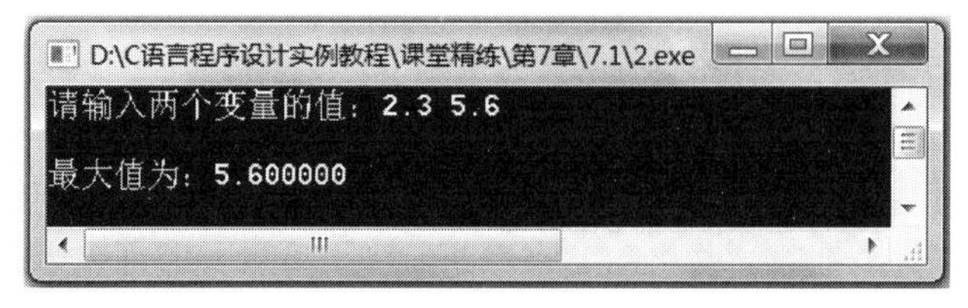

图 5-3　程序运行结果（2）

根据程序运行结果，请将下面的程序补充完整并调试。

```
#include "stdio.h"
double  max(double  a,double  b)
{   return (a>b?a:b);              /*引用条件运算符*/
}
main()
{   double x,y,temp;
    printf("请输入两个变量的值：");
    scanf("%lf%lf",&x,&y);
    ____________________________   /*函数返回值赋给变量 temp*/
    printf("\n 最大值为：%lf\n",temp);
    getchar();
}
```

5.2 函数的调用

学习目标

1）掌握函数的几种调用方式。
2）掌握函数说明的方法。
3）掌握函数的几种参数情况。

实例 25

实例 25　函数的调用——求两个整数之和

实例任务

从键盘上任意输入两个整数，求其和。程序运行结果如图 5-4 所示。

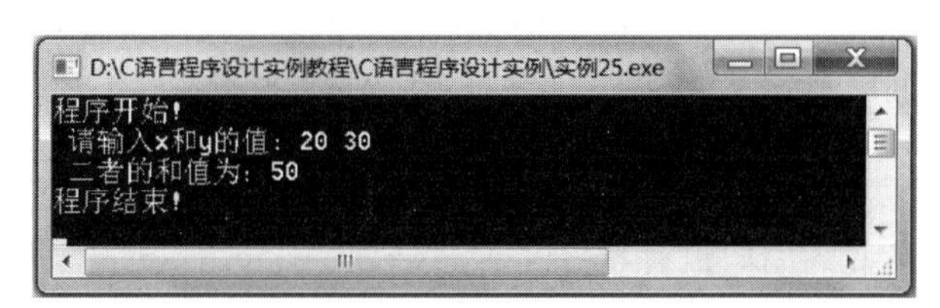

图 5-4　程序运行结果

程序代码

```
#include "stdio.h"
#include "stdlib.h"
void start_information( )    /*自定义函数，不返回值，输出提示信息*/
{
    printf("程序开始!\n");
}

int sum(int x1,int x2)       /*定义函数的返回值类型，函数名，形参*/
{   int s;
```

```
    s=x1+x2;             /*计算 x1 和 x2 之和，放到 s 中*/
    return(s);           /*return 语句返回运算结果*/
}

void end_information( )
{
    printf("程序结束!\n");
}

main( )
{   int x,y,z,s;
    start_information( );          /*调用不返回值的函数，输出一行提示信息*/
    printf(" 请输入 x 和 y 的值: ");
    scanf("%d%d",&x,&y);
    s=sum(x,y);                 /*调用函数，将返回值赋给 s 变量*/
    printf(" 二者的和值为: %d\n",s);
    end_information( );         /*调用函数，输出一行提示信息*/
    getchar();
}
```

相关知识

1. 函数调用前提

在 C 程序中，一个函数可以被调用，但要求这个函数已存在，或者函数是系统函数，或者函数是用户已定义完成的函数。

对于库函数，只要在调用函数所在文件用 include 命令包含相应的头文件即可；而对于用户定义的函数，调用时函数已经被定义。如果未定义，须在调用前添加函数说明。

2. 函数的调用

函数有两种情况，一种是有返回值的函数，另一种函数只完成一定的操作，不返回值。对于返回值，函数的调用形式是：

```
变量=函数名( [实参列表] );
```

对于不返回值的函数，调用形式是：

```
函数名([实参列表]);
```

调用函数时，还有几点需要说明。

1）调用函数时的参数称为实际参数，简称实参。实参可以是变量、常量或表达式，是有确定值的参数。在本实例程序中，主函数语句 s=sum(x,y)中，x 和 y 都是实参。

2）函数的形参与实参的个数要相等，并且对应的形参和实参的类型相同。若被调函数是无参函数，则实参列表为空。在本实例程序中，定义 int sum(int x1,int x2)中，x1 和 x2 是形式参数，且均为整型数据；而在主函数调用表达式 s=sum(x,y)中，x 和 y 都是实参，且均为整型数据。

3）数据传递是通过形参接收实参的数值完成的。调用函数时，形参被分配内存单元，并接收对应实参传来的值。在本实例中，数据传递是将实参值传递给形参值，x 值传递给

x1，y 值传递给 x2 值。

4）调用函数时，当实参个数大于 1 时，各参数用逗号分隔开。

3．函数说明

C 语言中，函数和变量一样，都要先定义后引用。如果函数在调用前没有定义，则须在调用函数前进行函数说明。函数说明的形式为：

```
类型名　函数名(参数类型1 [参数名1],…,参数类型n [参数名n])
```

在函数说明中，函数的类型名要与函数返回值的类型一致。如果没有函数说明，则隐含此函数返回值为 int 类型。

实例 26　函数的参数形式——求 1!+2!+3!+…+*n*!的值

实例任务

从键盘上输入 *n* 的值，然后求 1!+2!+3!+ … + *n*!的值。程序运行结果如图 5-5 所示。

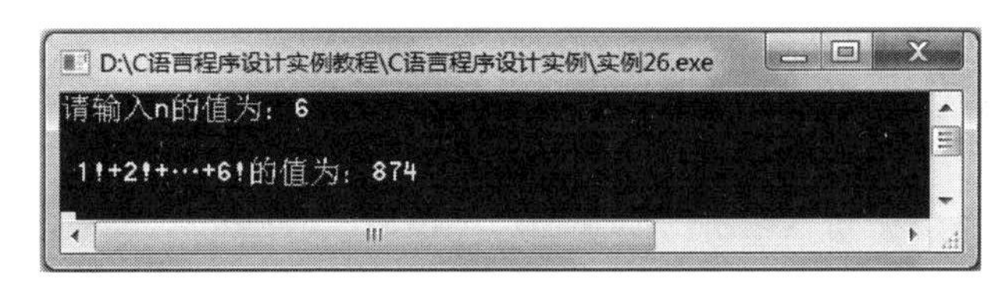

图 5-5　程序运行结果

程序代码

```
#include  "stdio.h"
#include  "stdlib.h"
long  f(int  n)                  /*f 函数的功能是计算 n!*/
{   int  i ;
    long  s ;
    s=1 ;
    for  (i=1;i<=n;i++)
        s=s*i ;
    return  s ;
}
main( )
{   long  s ;
    int  k , n ;
    printf("请输入 n 的值为：");
    scanf("%d",&n) ;
    s=0 ;
    for  (k=0;k<=n;k++)
        s=s+f(k) ;               /*调用自定义函数，返回值直接与 s 相加*/
    printf("\n 1!+2!+…+%d!的值为：%ld\n",n,s) ;
```

```
    getchar();
}
```

相关知识

1. 函数间参数的传递

C 语言中，函数的实参和形参之间的数据传递是单方向的值传递方式。在调用函数时，使用变量、常量或数组元素作为函数参数时，将实参的值复制到形参相应的存储单元中，即形参和实参分别占用不同存储单元，这种传递方式称为值传递。值传递的特点是单向传递，即只能把实参的值传递给形参，而形参值的任何变化都不会影响实参。

在本实例的主函数中，语句 s=s+f(k)，其中的 k 是实参；而用户自定义函数 long f(int n) 中，n 是形参。在值传递的过程中，将 k 的值传递给 n；而 n 的值不能传递给 k，这种传递是单向值传递。在参数传递时，参数的类型和参数的个数要一一对应。

2. 形参的生命周期

在调用函数时，系统给形参分配内存单元，将实参的值赋给形参。函数执行完后，形参占用的空间被释放，实参仍保留调用前的值。

课堂精练

1）从键盘上任意输入两个整数，求其乘积。程序运行结果如图 5-6 所示。

图 5-6 程序运行结果（1）

根据程序运行结果，请将下面的程序补充完整并调试。

```
#include "stdio.h"
#include "stdlib.h"
int product(int x, int y);              /*函数 product 的声明语句*/
int main( )
{   int a,b,p;
    printf("请输入变量 a 和 b 的值: ");
    scanf("%d,%d",&a,&b);
    ____________________                /*调用函数 product*/
    printf("\na 和 b 的乘积是: %d",p);
    getchar();
}
int product(int x,int y)                /*计算两个整数的乘积*/
{   int s;
    ____________________
    return(s);
}
```

2）定义函数求 x 的平方值和 x^n 的值，然后调用两个函数。程序运行结果如图 5-7 所示。

图 5-7　程序运行结果（2）

根据程序运行结果，将下面的程序补充完整并调试。

```
#include "stdio.h"
int square(int j);                /*函数说明*/
double power(double x,int n);     /*函数说明*/
main()
{   int j=4;
    putchar('\n');
    printf("4 的平方值为：%d \n ",square(j)); /*输出项为调用函数返回的值*/
    printf("3.0 的 4 次方值为：%f \n",____________________________);
    getchar();
}
int square(int j)   /*定义函数，求 j 的平方*/
{   return j*j;
}
double power(double x,int n)      /*定义函数，求 x 的 n 次方*/
{   double p;
    if (n>0)
      for (p=1.0;n>0;n--)
        ________________         /*将 x 的值乘 n 次，并存放到 p 中*/
    else
      p=1.0;                     /*如果传递的 n 值小于 0，则 p=1.0*/
    return(p);                   /*将 p 的值返回到函数调用处*/
}
```

5.3　函数的嵌套与递归调用

学习目标

1）掌握函数的嵌套调用方法。
2）理解函数的递归调用方法。

实例 27　函数的嵌套调用——编程计算$(1!)^2+(2!)^2+(3!)^2+(4!)^2+(5!)^2$的值

实例任务

编程计算$(1!)^2+(2!)^2+(3!)^2+(4!)^2+(5!)^2$的值。程序运行结果如图 5-8 所示。

图 5-8 程序运行结果

程序代码

```
#include "stdio.h"
#include "stdlib.h"
long f1(int p)
{   int k;
    long r;
    long f2(int);               /*f1 中调用自定义函数 f2，实现了嵌套调用*/
    r=f2(p);                    /*调用 f2，来计算 p 的阶乘 */
    return r*r;                 /* 返回阶乘的平方 */
}
long f2(int q)                  /* 计算阶乘的函数 */
{   long c=1;
    int i;
    for(i=1;i<=q;i++)
       c=c*i;
    return c;
}
main( )
{   int i;
    long s=0;
    for (i=1;i<=5;i++)
       s=s+f1(i);               /*主函数调用 f1 函数*/
    printf("此表达式的值为：%ld\n",s);
    getchar();
}
```

相关知识

1. 函数的嵌套调用

C 语言不允许嵌套的函数定义，各函数之间是平行的，不存在上一级函数和下一级函数的问题。但是 C 语言允许在一个函数的定义中出现对另一个函数的调用。这样就出现了函数的嵌套调用，即在被调函数中又调用其他函数。

在本实例中，用户自定义函数 f1 和 f2，f1 函数调用 f2 函数，它们之间的关系是平等的。

2. 函数的嵌套调用执行过程

函数的嵌套调用可以用如图 5-9 所示的图形表示。

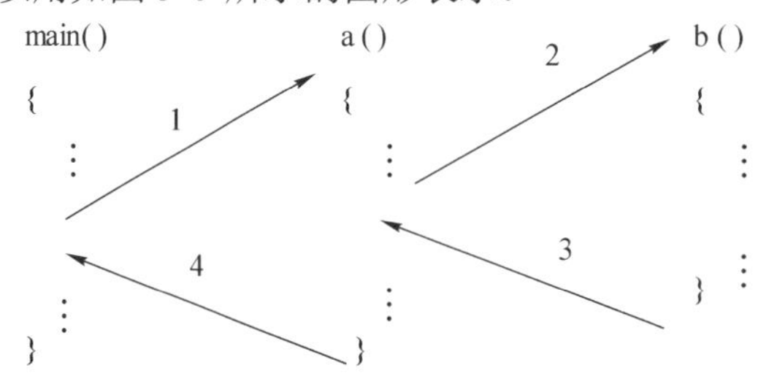

图 5-9 函数嵌套调用的图形表示

从图 5-9 可以明显看出其执行过程是：执行 main 函数中调用 a 函数的语句时，即转去执行 a 函数；在 a 函数中调用 b 函数时，又转去执行 b 函数；b 函数执行完毕返回 a 函数的断点处继续执行，a 函数执行完毕返回 main 函数的断点处继续执行。

实例 28　函数的递归调用——求 *n*!

实例任务

求 *n*!。程序运行结果如图 5-10 所示。

图 5-10　程序运行结果

程序代码

```
#include "stdio.h"
#include "stdlib.h"
fact(int  n)
{   int  t ;
    if  (n==1||n==0)
       t=1 ;
    else
       t=n*fact(n-1) ;
    return  t;
}
main( )
{   int  n,t ;
    printf("请输入 n 的值：");
    scanf("%d",&n) ;
    if  (n<0)
       printf("输入数据错误!\n") ;
    else
       t=fact(n) ;
    printf("\n%d!=%d\n",n,t) ;
    getchar();
}
```

相关知识

1．递归调用的概念

一个函数在它的函数体内调用它自身称为递归调用，这种函数称为递归函数。C 语言允许函数的递归调用。在递归调用中，主调函数又是被调函数。执行递归函数将反复调用其自身。每调用一次就进入新的一层。

在本实例中，可以将 n 阶问题转化成 $n-1$ 的问题，即 $f(n)=nf(n-1)$，这就是递归表达式。由以上表达式可以看出：当 n>1 时，求 n! 可以转化为求解 $n×(n-1)$!的新问题，而求解$(n-1)$!与求 n! 的方法完全相同，只是所处理对象再递减 1，由 n 变成了$(n-1)$。以此类推，求$(n-1)$! 的问题又可转化为$(n-1)(n-2)$! 的问题，直至所处理对象的值减至 0（即 n=0）时，阶乘的值为 1，递归结束不再进行下去，至此，求 n! 的这个递归算法结束。总之，上面的公式说明了每一循环的结果都有赖于上一循环的结果，递归总有一个“结束条件”，如 n! 的结束条件为 n=0。

2．递归调用的过程

在函数的递归调用中的一个重要问题是：当函数自己调用自己时，要保证当前函数中变量的值不丢失，以便在返回时保证程序的正确性。在递归调用时，系统将自动把函数中当前变量的值保留下来，在新的一轮调用过程中，系统为该次调用的函数所用到的变量和形参另开辟存储单元。因此，递归调用的层次越多，同名变量（即每次递归调用时的当前变量）所占用的存储单元也就越多。

当最后一次函数调用运行结束时，系统将逐层释放调用时所占用的存储单元。每次释放本次所调用的存储单元时，程序的执行流程就返回到上一层的调用点。同时取用当时调用函数进入该层时函数中的变量和形参所占用的存储单元中的数据。

在本实例中，对于 fact 函数中的调用语句 t=n*fact(n-1)，当 n=5 时，其递归调用过程如下。

递归级别		执行操作
0		fact(5)
1		fact(4)
2		fact(3)
3		fact(2)
4		fact(1)
4	返回 1	fact(1)
3	返回 2	fact(2)
2	返回 6	fact(3)
1	返回 24	fact(4)
0	返回 120	fact(5)

3．递归调用的形式

函数的递归调用有两种形式，一种是直接递归调用，即一个函数可直接调用该函数本身，如：

```
float  func(int  n)
{   int  m ;
    float  f ;
    f=func(m) ;
}
```

另一种是间接递归调用，即一个函数可间接调用该函数本身，如：

```
func1(int  n)          func2(int  x)
{   int  m ;           {   int  y ;
```

```
        func2(m) ;}              func1(y) ; }
    }                        }
```

课堂精练

1）求 n!。程序运行结果如图 5-11 所示。

图 5-11　程序运行结果（1）

根据程序运行结果，将下面的程序补充完整并调试。

```
#include "stdio.h"
int fun(int n)
{   if (n>0)
      return n*fun(n-1);                /*函数自身调用，即递归调用*/
    else
      return 1;
}
main()
{   int a,div;
    printf("请输入整数的值: \n");
    scanf("%d",&a);
    ________________________________;   /*调用自定义函数*/
    printf("a=%d\n",div);
    getchar();
}
```

2）编写一个递归函数，将一个十进制正整数（如 15613）转换成八进制形式输出。

编写思路是：将十进制整数转换成八进制整数的方法是除 8 逆向取余。本实例具体过程如下所示。

余数：	商：
15613%8=5	15613/8=1951
1951%8=7	1951/8=243
243%8=3	243/8=30
30%8=6	30/8=3
3%8=3	3/8=0

结果：36375

该递归算法描述如下。

① 先求出余数 m：m=x%8。

② 求 x 除以 8 取余后的整数商：x=x/8。

③ 如果 x 不等于 0，递归调用该函数，否则执行④。

④ 输出余数 m。

⑤ 返回调用点。

程序运行结果如图5-12所示。

图5-12 程序运行结果（2）

根据程序运行结果，将下面的程序补充完整并调试。

```
#include "stdio.h"
#include "stdlib.h"
void dtoo(int x)
{   int m;
    m=x%8;                          /*相除取余数*/
    x=x/8;                          /*相除取商*/
    if (x!=0)
        ________________________    /*递归调用自定义函数*/
    printf("%d",m);
}
main( )
{   int n;
    printf("请输入十进制的数: ");
    scanf("%d",&n);
    printf("\n 该十进制数%d 所对应的八进制数为: ",n);
                                    /*调用自定义函数*/
    ________________________
    getchar();
}
```

5.4 函数中标识符的作用域与存储类

学习目标

1）了解函数中标识符的作用域。

2）了解函数中标识符的存储类。

实例29 函数中标识符的作用域——初识局部变量与全局变量

实例任务

通过程序初识局部变量与全局变量。程序运行结果如图5-13所示。

图5-13 程序运行结果

程序代码

```
#include "stdio.h"
#include "stdlib.h"
int a=1;                /*定义全局变量 a，并赋初值，在下面函数中均有效*/
int func(int x,int y)
{   return(x*y);
}
int  b;                 /*定义全局变量 b*/
main( )
{   int  c;             /*定义局部变量，只在 main 函数内有效*/
    b = 2;
    c = func(a, b);
    printf("三个变量的值分别为：\n");
    printf("a=%d,b=%d,c=%d",a,b,c);
    getchar();
}
```

相关知识

1. 局部变量

在一个函数内部定义的变量是内部变量，它只能在此函数范围内有效，即只有在此函数内才能使用它们，在此函数以外是不能使用这些变量的，这样的变量也称为局部变量。另外，形式参数也是局部变量。

2. 全局变量

一个源文件可以包含一个或若干个函数。在函数内定义的变量是局部变量，而在函数之外定义的变量称为全局变量。全局变量可以为本文件中其他函数所共用，它的有效范围为从定义变量的位置开始到本源文件结束。如本实例中的语句 int a=1,b=2;，其中 a、b 是全局变量。

实例 30　函数中标识符的存储类——打印 1 到 5 的阶乘值

实例任务

打印 1 到 5 的阶乘值。程序运行结果如图 5-14 所示。

图 5-14　程序运行结果

程序代码

```
#include "stdio.h"
```

```
#include "stdlib.h"
int fac(int n)
{   static int f=1;
    f=f*n;
    return(f);
}
main()
{   int i;
    for(i=1;i<=5;i++)
       printf("%d!=%d\n",i,fac(i));
    getchar();
}
```

相关知识

1. 变量的存储类别

根据变量在程序运行期间是否需要占用固定的存储单元，可将变量的存储类别分为以下两类。

- 动态存储类别：动态存储类别的变量在程序运行期间不需要长期占用内存单元，即在程序运行期间根据需要进行动态分配存储空间的方式。动态存储类别的变量有auto（自动）类型和register（寄存器）类型。
- 静态存储类别：静态存储类别的变量在编译时被分配空间，在整个程序运行期间一直占用固定的内存空间，程序运行结束才释放内存空间。可以用 static、extern 定义和声明静态存储类别的变量。

2. 内存空间分区

C程序运行时占用的内存空间通常分为程序区、静态存储区和动态存储区 3 部分。数据分别存放在静态存储区和动态存储区中。全局变量存放在静态存储区中，在程序开始执行时给全局变量分配存储区，程序执行完毕就释放。在程序执行过程中，它们占据固定的存储单元，而不是动态地分配和释放。

3. 动态存储类别变量的存储

动态存储类别的变量可存储在两个地方：动态存储区和寄存器。

在动态存储区中存放以下数据。

1）函数形参变量。在调用函数时给形参变量分配存储空间。

2）局部变量（没有加 static 说明的局部变量，即自动变量）。

3）函数调用时的现场保护和返回地址等。

对以上这些数据，在函数调用开始时分配动态存储空间，函数结束时释放这些空间。静态存储类别的变量只能存放于静态存储区中。

4. 说明存储类别变量的定义形式

定义变量时需要说明存储类别，因此，完整的变量定义形式应为：

```
存储类别  数据类型  变量列表;
```

5．内部变量的存储类别

（1）自动（auto）变量

C 语言默认的内部变量的存储类型是 auto 类型，它属于动态存储类别。这种存储类型是 C 语言程序中使用最广泛的一种类型。C 语言规定，函数内凡未加存储类型说明的变量均视为自动变量，也就是说，自动变量可省去说明符 auto。如程序中的如下定义语句：

```
int x,y,z;
```

等价于

```
auto int x,y,z;
```

自动变量在其定义所在的函数（或复合语句）开始执行时才分得内存空间，在该函数（或复合语句）执行期间占用内存空间。在函数（或复合语句）执行结束时自动变量占用的空间被系统收回。

（2）寄存器（register）变量

寄存器变量存放在 CPU 寄存器中，使用时不需要访问内存，而直接从寄存器中读写，这样可提高效率。寄存器变量的说明符是 register。对于循环次数较多的循环控制变量及循环体内反复使用的变量，均可将其定义为寄存器变量。

只有在函数内定义的变量或形参可以定义为寄存器变量。寄存器变量的值保存在 CPU 的寄存器中。受寄存器长度的限制，寄存器变量只能是 char、int 和指针类型的变量。

寄存器变量和自动变量的不同之处在于寄存器变量被存放在寄存器中，因此比自动变量的存取速度快得多。通常将频繁使用的变量放在寄存器中，以提高程序的执行速度。

（3）静态（static）局部变量

静态变量的类型说明符是 static，该变量存放在内存的静态存储区。静态内部变量在整个程序运行期间占用固定的内存单元。定义时，在局部变量的说明前加上 static 说明符就构成静态局部变量。定义语句如：

```
static int a,b;
```

静态局部变量在函数内定义，但不像自动变量那样，在调用时存在，退出函数时消失。静态局部变量始终存在着，也就是说，它的生存期为整个源程序。

静态局部变量的生存期虽然为整个源程序，但是其作用域仍与自动变量相同，即只能在定义该变量的函数内使用该变量。退出该函数后，尽管该变量还继续存在，但不能使用它。

允许对构造类静态局部变量赋初值。若未赋予初值，则由系统自动赋予 0 值。

对于基本类型的静态局部变量，若在说明时未赋予初值，则系统自动赋予 0 值。而如自动变量在说明时不赋初值，则其值是不定的。

（4）静态（static）全局变量

静态全局变量是在全局变量的说明之前加上 static 构成的。全局变量本身就是静态存储方式，静态全局变量当然也是静态存储方式的。两者在存储方式上并无不同。两者的区别在于非静态全局变量的作用域是整个源程序，当一个源程序由多个源文件组成时，非静态全局变量在各个源文件中都是有效的；而静态全局变量则限制了其作用域，即只在定义该变量的源文件内有效，在同一源程序的其他源文件中不能使用它。

6．全局变量的存储类别

（1）全局变量的定义

全局变量只能是静态存储的变量，存放在内存的静态存储区内。全局变量在整个程序的运行期间一直占用固定的内存单元。定义全局变量时用 static 定义，则虽然该变量在程序的运行期间一直存在，但只能被其所在文件中的函数所使用，不能被其他文件中的函数使用。

如果定义全局变量时不用 static，该变量能被其他文件中的函数使用。

（2）全局变量的声明

C 语言用 extern 标识符声明全局变量。对全局变量的声明可以在函数的内部，也可以在函数的外部。从全局变量的定义位置开始到该文件结束的这段区域内无须对全局变量声明，可直接使用。

课堂精练

1）通过寄存器变量来计算 1+2+3+…+100 的值。程序运行结果如图 5-15 所示。

图 5-15　程序运行结果（1）

根据程序运行结果，将下面的程序补充完整并调试。

```
#include  "stdio.h"
main( )
{   register i,sum=0;  /*循环 100 次，i 和 sum 都将被频繁使用，因此可定义为寄存器变量*/
    for(i=1;i<=100;i++)
    ____________________
    printf("sum=%d\n",sum);    }
```

2）在函数 f 中定义一个静态局部变量 j，在主函数中 5 次调用函数 f，注意观察静态局部变量 j 的变化。程序运行结果如图 5-16 所示。

图 5-16　程序运行结果（2）

根据程序运行结果，将下面的程序补充完整并调试。

```
#include  "stdio.h"
main( )
{   int i;
    void f( );                  /* 函数说明 */
    for(i=1;i<=5;i++)
    {   printf("第%d 次调用函数，",i);
        f( );                   /* 函数调用 */
    }
    getchar();
```

```
}
void f( )                      /* 函数定义 */
{   ________________________________
    /*j 为静态局部变量，占永远性存储单元，下次进入此函数保持原值*/
    ++j;
    printf("j=%d\n",j);
}
```

5.5 宏替换与文件包含

学习目标

1）掌握宏定义的方法。
2）理解文件包含的功用。

实例 31

实例 31　不带参数的宏定义——已知半径求周长和面积

实例任务

已知圆的半径，求圆的周长和面积。程序运行结果如图 5-17 所示。

D:\C语言程序设计实例教程\C语言程序设计实例\实例31.exe

```
请输入半径的值：1.2

圆的面积s=4.521600，圆的周长c=7.536000
```

图 5-17　程序运行结果

程序代码

```
#include "stdio.h"
#include "stdlib.h"
#define  PI  3.14 /*宏定义*/
main()
{   float r,s,c;
    printf("请输入半径的值：");
    scanf("%f",&r);
    s=r*r*PI;/*引用宏名*/
    c=2*r*PI;
    printf("\n 圆的面积 s=%f，圆的周长 c=%f",s,c);
    getchar();
}
```

相关知识

1. 宏定义

在进行编译前，会用字符串原样替换程序中的宏名，这个替换过程称为宏替换或宏展开。不带参数的宏定义格式为：

```
#define  宏名  字符串
```

或

```
#define  宏名
```

这里，字符串也称为替换文本。其中，#define 是宏定义命令，宏名是一个标识符。使用宏名代替字符串，目的之一是减少程序中某些重复使用的字符串的书写量，目的之二是增加程序的可读性。

2．宏定义的说明

关于宏定义，有以下几点需要说明。

1）宏的作用域是从宏定义处开始到源文件结束，但根据需要可用 undef 命令终止其作用域。形式为：

```
#undef  宏名
```

2）为了增加程序的可读性，建议宏名用大写字母，其他的标识符用小写字母。

3）已经定义的宏名可以被后定义的宏名引用，在预处理时将层层进行替换。

4）宏定义不是 C 语句，每行末尾不能加分号。

5）当宏定义在一行中写不下，需要在下一行继续时，只须在上一行最后一个字符后紧接一个反斜线“\”。注意在第二行开头不要有空格，否则空格会一起被替换。

6）在 C 语言中，宏定义一般写在程序开头。同一个宏名不能重复定义，除非两个宏定义命令行完全一致。

实例 32

实例 32　带参数的宏定义——以宏名代替表达式

实例任务

用一个宏名代替一个复杂的表达式。程序运行结果如图 5-18 所示。

图 5-18　程序运行结果

程序代码

```
#include "stdio.h"
#include "stdlib.h"
#define  MA(x)  x*(x-1)   /*宏定义，用宏名替代一个表达式*/
```

```
main( )
{   int a=1,b=2;
    printf("输出结果为: %d\n", MA(1+a+b));
    /*输出表达式相当于: 1+a+b*(1+a+b-1)*/
    getchar();
}
```

相关知识

1. 带参数的宏定义

在宏定义过程中，宏名后面可以带参数，它的定义形式为：

```
#define  宏名(形参表)  字符串
```

本实例中的如下语句：

```
#define  MA(x)  x*(x-1)
```

在编译预处理时，把源程序中所有带参数的宏名用宏定义中的字符串替换，并且用宏名后圆括号中的实参替换字符串中的形参。

2. 带参数宏定义的说明

调用带参数的宏时，有以下几点需要说明。

1）注意实参和形参一定要一一对应，个数相同且顺序一致。

2）定义带参数的宏时，注意字符串中括号的使用。表 5-1 中为不同形式的带参数的宏，可以帮助读者理解带参数的宏。

表 5-1 带参数宏的不同形式比较

宏 定 义	宏 调 用	引用宏名的表达式及结果
#define MU(x,y) x*y	6/MU(2+3,4+5)	6/2+3*4+5 即 3+3*4+5=20
#define MU(x,y) (x)*(y)	6/MU(2+3,4+5)	6/(2+3)*(4+5)即 6/5*9
#define MU(x,y) (x*y)	6/MU(2+3,4+5)	6/(2+3*4+5)即 6/19
#define MU(x,y) ((x)*(y))	6/MU(2+3,4+5)	6/((2+3)*(4+5))即 6/45

3）在进行宏定义时，可以引用已经定义过的宏。举例如下：

```
#define R  3.0
#define L  2.0*PI*R                 /*使用已定义的宏 PI 和 R*/
#define S  PI*R*R                   /*使用已定义的宏 PI 和 R*/
```

3. 宏调用和函数调用的主要不同

函数调用时，先求出实参的值，用实参的值代入形参；调用带参数的宏时，用实参的字符串代替形参，只是一种简单的字符替换。

函数调用在程序运行时完成，函数调用的过程由程序代码完成，分配临时的内存单元，占用运行时间；宏展开是在编译时由编译预处理程序完成的，仅仅是一种简单的替换，因此宏调用不占用运行时间。

函数调用中要求实参和形参的类型一致。宏不存在类型问题，宏名无类型，它的参数也没有类型，只是一个符号代表。

实例 33 文件包含——计算两个整数绝对值阶乘的差值

实例任务

编写程序计算两个整数绝对值阶乘之差。程序运行结果如图 5-19 所示。

图 5-19 程序运行结果

程序代码

```
#include "math.h"          /*文件包含*/
#include "stdio.h "
int fac(int n)             /*计算一个整数绝对值的阶乘*/
{   int i,f=1;
    n=abs(n); /*引用数学函数 abs()*/
    for(i=1;i<=n;i++)
       f=f*i;
    return(f);
}
main( )
{   int x,y,c1,c2;
    printf("请输入 x,y 的值：  ");
    scanf("%d%d",&x,&y);
    c1=fac(x);        /*调用函数 fac，求 x 绝对值的阶乘*/
    c2=fac(y);        /*调用函数 fac，求 y 绝对值的阶乘*/
    printf("两个数绝对值阶乘的差值为：%d\n",c1-c2);      /*输出结果*/
    getchar();
}
```

相关知识

1．文件包含

文件包含是指将另外一个源文件的内容包含到当前文件中来。C 语言提供了命令#include 以实现文件包含，它的使用形式如下。

格式 1：#include <文件名>

格式 2：#include "文件名"

2．文件包含的功能

在预处理时，文件包含的功能是将#include 命令后指定的内容替换该命令行，从而把指定的文件和当前的源文件连成一体，成为一个源文件，如图 5-20 所示

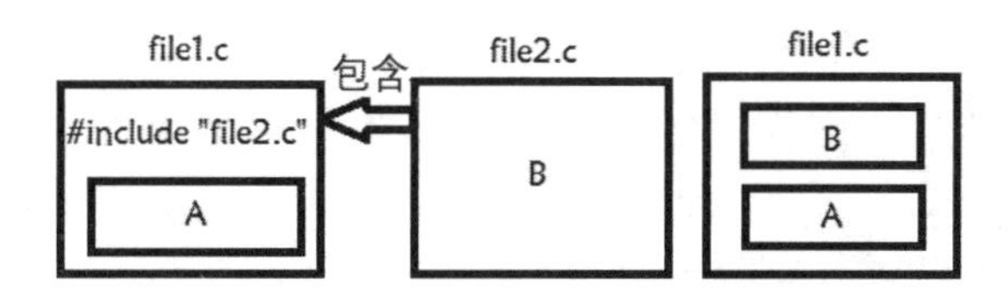

图 5-20　预处理后文件替换结果

3．文件包含的说明

1）一个#include 命令只能指定一个被包含文件，如果需要包含 *n* 个文件，可以用 *n* 个#include 命令。#include 命令应书写在所用文件的开头，故有时也把包含文件称作头文件。头文件常用.h 作为后缀，当然也可以用其他后缀或没有后缀。

2）如果文件 f1 包含文件 f2，f2 又包含文件 f3，这种情况称为包含嵌套。

3）C 语言本身也为用户提供了许多库子程序，包括标准函数和宏定义。用户可以在自己的程序中使用这些库子程序完成一系列工作。与函数相关的信息存在一些后缀为.h 的头文件中。用户要想使用这些库函数，必须用#include 命令将有关头文件包含在自己的源程序中。因为本实例程序中用到 abs(x)库函数，所以在程序开头添加文件包含语句#include "math.h"。

课堂精练

1）判断两个表达式值的较大值。程序运行结果如图 5-21 所示。

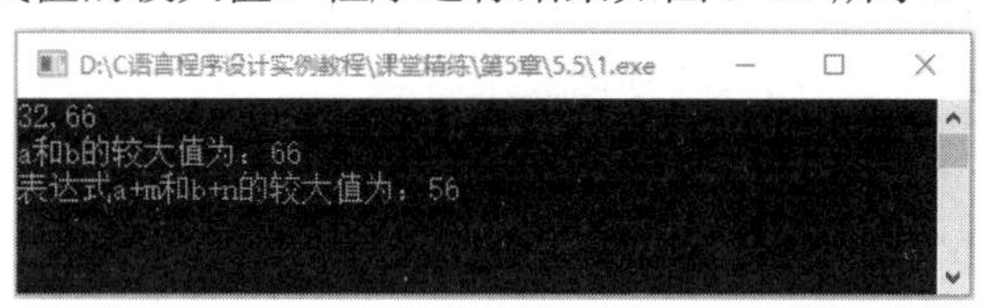

图 5-21　程序运行结果

根据程序运行结果，将下面的程序补充完整并调试。

```
#define  MAX(x,y)  ((x)>(y)?(x):(y))
main( )
{   int a,b,m=10,n=-10;
    ________________________
    ________________________
    printf("表达式 a+m 和 b+n 的最大值为：%d\n",MAX(a+m,b+n));
    getchar();
}
```

试想，如果将宏定义改为：#define　MAX(x,y)　x>y?x:y，结果又该如何呢？

2）用宏名代替一条 C 语句。程序运行结果如图 5-22 所示。

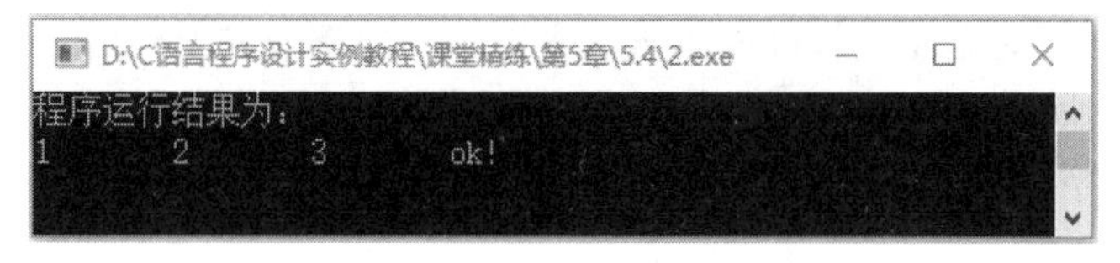

图 5-22　程序运行结果

根据程序运行结果，将下面的程序补充完整并调试。

```
#define PR(a)  printf("%d\t",a)
#define PRINT(a)  PR(a);printf("ok!")          /*使用已定义的宏 PR(a)*/
main()
{   int i,a=1;
    printf("程序运行结果为: \n");
    for(i=0;i<3;i++)
        ________________________________        /*引用宏，输出 a+i 的值*/
    printf("\n");
    getchar();
}
```

5.6 课后习题

5.6.1 实训

一、实训目的

1. 进一步巩固函数的定义方法及引用方法。
2. 进一步巩固函数的嵌套调用与递归调用。
3. 进一步了解标识符的作用域和存储类别。
4. 进一步巩固宏定义及引用方法。

二、实训内容

1. 编写函数，计算下列级数之和 $S=1+x+x^2/2!+x^3/3!+\cdots+x^n/n!$。
2. 编写函数，对输入的某个整数进行判断，若是偶数，输出 even，否则输出 odd。
3. 编写函数，根据以下近似公式求 π 值：$(\pi*\pi)/6=1+1/(2*2)+1/(3*3)+\cdots+1/(n*n)$
4. 用函数递归方法计算菲波那契数列：1，1，2，3，5，8，13，21……，直到计算到第 20 项为止。

5.6.2 练习题

一、选择题

1. 以下说法正确的是__________。
   （A）用户若需要调用标准库函数，必须在调用前重新定义
   （B）用户可以重新定义标准库函数，否则该函数将失去原有定义
   （C）系统不允许用户重新定义标准库函数
   （D）用户若需要使用标准库函数，调用前不必使用预处理命令将该函数所在的头文件包含编译，系统会自动调用
2. 以下函数定义正确的是__________。
   （A）double fun(int x, int y)　　　　（B）double fun(int x,y)

{ z=x+y ; return z ; }

{ int z ; return z ;}

（C）fun (x,y)

{ int x, y ; double z ;

z=x+y ; return z ; }

（D）double fun (int x, int y)

{ double z ;

return z ; }

3. 以下函数定义正确的是__________。

（A）double fun(int x , int y)

（B）double fun(int x ; int y)

（C）double fun(int x , int y) ;

（D）double fun(int x,y)

4. C语言规定，函数返回值的类型是__________决定的。

（A）return语句中的表达式类型

（B）调用该函数时的主调函数类型

（C）调用该函数时由系统临时

（D）在定义函数时所指定的函数类型

5. 如果在一个函数中的复合语句中定义了一个变量，则该变量__________。

（A）只在该复合语句中有定义

（B）在该函数中有定义

（C）在本程序范围内有定义

（D）为非法变量

6. 在C语言中，函数的数据类型是指__________。

（A）函数返回值的数据类型

（B）函数形参的数据类型

（C）调用该函数时的实参的数据类型

（D）任意指定的数据类型

7. 一个函数内有数据类型说明语句如下：

```
double x,y,z(10);
```

关于此语句的解释，下面说法正确的是___________。

（A）z是一个数组，它有10个元素

（B）z是一个函数，小括号内的10是它的实参的值

（C）z是一个变量，小括号内的10是它的初值

（D）语句有错误

8. 以下C语言函数声明中，不正确的是__________。

（A）void fun(int x, int y);

（B）fun(int x, int y);

（C）int fun(int x, y);

（D）char *fun(char *s);

9. 以下说法正确的是__________。

（A）实参和与其对应的形参各占用独立的存储单元

（B）实参和与其对应的形参共占用一个存储单元

（C）只有当实参和与其对应的形参同名时才共占用相同的存储单元

（D）形参是虚拟的，不占用存储单元

10. C语言规定，简单变量做实参时，它和对应的形参之间的数据传递方式是__________。

（A）地址传递

（B）值传递

（C）由实参传给形参，再由形参传给实参

（D）由用户指定传递方式

11. 有如下函数调用语句：

```
func((exp1,exp2),(exp3,exp4,exp5));
```

该函数调用语句中，实参的个数为________。

(A) 1 (B) 2 (C) 4 (D) 5

12. 有如下函数调用语句：

```
func(rec1,rec2+rec3,(rec4,rec5));
```

该函数调用语句__________。

(A) 有3个实参 (B) 有4个实参 (C) 有5个实参 (D) 有语法错误

13. 以下描述正确的是__________。

(A) 函数的定义可以嵌套，但函数的调用不可以嵌套

(B) 函数的定义不可以嵌套，但函数的调用可以嵌套

(C) 函数的定义和函数的调用均不可以嵌套

(D) 函数的定义和函数的调用均可以嵌套

14. 在函数调用过程中，如果函数 funA 调用了函数 funB，函数 funB 又调用了函数 funA，则称为__________。

(A) 函数的直接递归调用

(B) 函数的间接递归调用

(C) 函数的循环调用

(D) C 语言不允许这样的递归调用

15. C 语言中形参的默认存储类别是__________。

(A) 自动 (auto) (B) 静态 (static)

(C) 寄存器 (register) (D) 全局 (extern)

16. C 语言允许函数值类型缺省定义，此时该函数值隐含的类型是__________。

(A) float (B) int (C) long (D) double

17. 以下叙述正确的是__________。

(A) 全局变量的作用域一定比局部变量的作用域大

(B) 静态 (static) 类型变量的生存期贯穿于整个程序的运行期间

(C) 函数的形参都属于全局变量

(D) 未在定义语句中赋初值的自动变量和静态变量的初值都是随机值

18. 以下对宏的叙述不正确的是________。

(A) 宏替换不占用运行时间 (B) 宏名无类型

(C) 宏替换只是字符串替换 (D) 宏名必须用小写字母表示

19. 程序中有宏定义语句：#define S(a,b)a*b，若定义 int area，且有 area=S(3+1,3+4)，则变量 area 的值为________。

(A) 10 (B) 12 (C) 21 (D) 28

二、填空题

1. C 语言函数返回类型的默认定义类型是__________。

2. 若自定义函数要求返回一个值，则应在该函数体中有一条__________语句；若自定义函数要求不返回一个值，则应在该函数说明时加一个类型说明符__________。

3. C 语言的预处理语句以__________开头。
4. C 语言程序是由__________构成的，而 C 语言的函数是由______构成的。
5. 函数的实参传递到形参有两种方式：__________和 __________。
6. 下面程序段的输出结果是__________。

```
#include  "stdio.h"
func( int a, int b)
{   int c;
    c=a+b;
    return c;
}
main()
{   int x=6, y=7, z=8, r;
    r=func( x--,y==,x+y),z--);
    printf("%d\n",r);  getchar();
}
```

7. 下面程序段的输出结果是__________。

```
viod fun (int a,int b,int c)
{   a=456;b=567;c=678;
}
main()
{   int x=10,y=20,z=30;
    fun (x,y,z);
    printf("%d,%d.%d",x,y,z);
    getchar();
}
```

8. C 语言变量按其作用域分为__________和__________。
9. C 语言变量的存储类别有__________、__________、__________和__________。
10. 以下程序段的输出结果是__________。

```
#include<stdio.h>
#define MIN(x,y)  (x)<(y)? (x):(y)
main()
{   int i,j,k;
    i=10; j=15;
    k=10*MIN(i,j);
    printf("%d\n",k);
    getchar();
}
```

第 6 章 指针

6.1 指针变量的定义与引用

学习目标

1）掌握指针的概念。
2）掌握指针变量的定义方法。
3）掌握指针变量的赋值方法及相关运算符的使用。
4）会区分指针变量的值和指针的地址值。
5）掌握指针变量的基本操作。

实例 34 指针变量的定义与引用值——寻找变量在内存中的家

实例任务

本实例已经定义了字符型、整型、实型 3 个变量，试定义 3 个指针变量，然后将几个变量在内存中的地址赋值给指针变量，输出 3 个变量在内存中的地址值和变量的值。程序运行结果如图 6-1 所示。

```
D:\C语言程序设计实例教程\C语言程序设计实例\实例34.exe
变量的初值和指针变量的初值为:
变量c的值为:a,它在内存中的地址为:0x28ff47
变量n的值为:10,它在内存中的地址为:0x28ff40
变量f的值为:1.500000,它在内存中的地址为:0x28ff3c


变量的初值和指针变量的初值为:
变量c的地址值为:0x28ff47,它所存储的内容为:b
变量n的地址值为:0x28ff40,它所存储的内容为:20
变量f的地址值为:0x28ff3c,它所存储的内容为:2.500000


通过指针变量改变所指地址的内容
变量c的值为:c
变量n的值为:30
变量f的值为:3.500000


通过指向指针的指针变量引用变量的内容
变量c的值为:c
变量n的值为:30
变量f的值为:3.500000
```

图 6-1 程序运行结果

程序代码

```
#include  "stdio.h"
main()
```

```
{   char c='a';
    int n=10;
    float f=1.5;
    char *cp;           /*定义一个指向字符型变量 c 的指针变量*/
    int *np;            /*定义一个指向整型变量 n 的指针变量*/
    float *fp ;         /*定义一个指向单精度型变量 f 的指针变量*/
    char **cpp;         /*定义一个指向字符型指针变量 cp 的指针变量*/
    int **npp;          /*定义一个指向整型指针变量 np 的指针变量*/
    float **fpp;        /*定义一个指向实型指针变量 fp 的指针变量*/

    /*让指针变量指向各个变量并输出值 */
    cp=&c;              /*取变量 c 的地址值给指针变量 cp，即 cp 指向 c*/
    np=&n;              /*np 指向变量 n*/
    fp=&f;              /*fp 指向变量 f*/
    printf("变量的初值和指针变量的初值为:\n");
    printf("变量 c 的值为:%c,它在内存中的地址为:0x%x\n",c,cp);
    /*c 为字符型变量，内存中的地址输出值为十六进制整型*/
    printf("变量 n 的值为:%d,它在内存中的地址为:%#x\n",n,np);
    /*n 为整型变量，后面的十六进制整型不变，因为输出的是地址*/
    printf("变量 f 的值为:%f,它在内存中的地址为:0x%x\n",f,fp);
    /*f 为指针变量，后面的十六进制整型不变，因为输出的是地址*/

    /*改变变量的值，看看指针变量的值是否改变*/
    c='b';
    n=20;
    f=2.5;
    printf("\n\n 变量的初值和指针变量的初值为:\n");
    printf("变量 c 的地址值为:%#x,它所存储的内容为:%c\n",cp,*cp);
    printf("变量 n 的地址值为:%#x,它所存储的内容为:%d\n",np,*np);
    printf("变量 f 的地址值为:%#x,它所存储的内容为:%f\n",fp,*fp);
    /**是间接访问运算符，表示引用指针变量所指内存单元中的内容*/

    /*通过指针变量改变所指地址的值*/
    *cp='c';
    *np=30;
    *fp=3.5;
    printf("\n\n 通过指针变量改变所指地址的内容\n");
    printf("变量 c 的值为:%c\n",c);
    printf("变量 n 的值为:%d\n",n);
    printf("变量 f 的值为:%f\n",f);

    /*通过指向指针的指针变量引用变量的值*/
    printf("\n\n 通过指向指针的指针变量引用变量的内容\n");
    cpp=&cp;
    npp=&np;
    fpp=&fp;
    printf("变量 c 的值为:%c\n",**cpp);
    printf("变量 n 的值为:%d\n",**npp);
    printf("变量 f 的值为:%f\n",**fpp);
    getchar();
```

```
}
```

相关知识

1. 变量在内存中的地址

在C语言的程序设计中，指针是一种非常重要的数据类型，借助它可以表达非常复杂的数据结构，因而得到了广泛的应用。指针也是C语言中一个重要的知识点。

要了解指针，先要了解内存空间是如何进行存储和访问的。计算机管理内存时，是以字节为单位来对存储单元编号的，这个编号就是这个存储单元在内存中的地址，类似于楼房中按序号编排的各家各户的门牌号码。

当一个变量被定义后，就在内存中为之分配一个大小合适的存储空间，这个空间的大小由变量的类型而定。例如，一个 char 类型变量占 1 个字节的存储空间，一个 int 类型的变量占 2 个字节的存储空间，一个 float 类型的变量占 4 个字节的存储空间，一个 float 类型的数组 a[10]占 10×4 个字节的空间。对于占多个字节的变量，存储空间的起始地址被当作是这个变量的地址。

实例中，定义语句 char c='a'; int n=10; float f=1.5;定义的 3 个变量，假如地址分配如图 6-2 所示。

这里称变量 c 的地址为 1000，变量 n 的地址为 2000，变量 f 的地址为 3000，这样就可以通过变量的地址实现对变量的访问。以前各章节中，使用变量时都是通过变量名对变量内容进行存取，无须知道变量在内存中的存储地址，对存储单元的访问由系统自动完成对地址的查找，这种方式也称为“直接访问”。

学习本章后，读者可以在定义变量后，先将变量在内存的地址赋给指针变量，然后通过指针变量来访问变量的内存单元，这种访问方式也称为“间接访问”。本实例中定义的指针变量 np，取整型变量 n 的地址赋值给 np，则 np 指向了变量 n，它们之间的关系如图 6-3 所示。

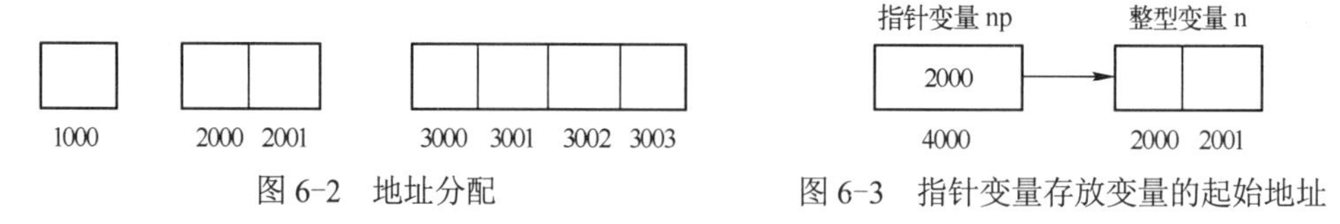

图 6-2 地址分配　　图 6-3 指针变量存放变量的起始地址

这样再使用变量 n 的时候，就可通过指针变量 np 来引用。指针的知识在后续章节中被广泛使用，尤其链表的建立部分，使用指针是唯一选择。

2. 指针的定义

指针变量用于存放变量的地址，所以定义类型要与所要存储变量的地址相一致，这里所说的定义类型叫作指针变量的基类型。定义指针变量的基本形式为：

```
基类型名　*指针变量 1,*指针变量 2,…
```

如本实例中的如下定义语句：

```
char *cp;
int *np;
```

```
float *fp;
```

其中，变量名 cp、np、fp 前的*表明这 3 个变量是指针变量。cp 只能存放字符型变量的地址，np 只能存放整型变量的地址，fp 只能存放单精度型变量的地址。

另外，还有如下的定义形式：

```
int (*a)[5];      /*定义一个整型数组的指针变量，此数组有 5 个数组元素*/
int (*f)( );      /*定义一个指向函数的指针变量，此函数返回一个整型值*/
int *(*f)( );     /*定义一个指向函数的指针变量，此函数返回一个地址值*/
```

还有下面两种情况应区别看待。依据字符的优先级别，以下语句定义的不是指针变量。

```
int *a[5]    /*a 是数组名，它有 5 个数组元素，每个数组元素都是指向整型变量的指针变量*/
int *f( );   /*f 是一个函数名，它返回一个指向整型值的地址*/
```

3．指针变量的引用

在 C 语言中，对指针变量的引用可以通过取地址运算符&和间接访问运算符*来完成。在前面章节中，输入变量的值是使用 scanf 语句，就是使用取地址运算符&将输入结果保存到系统指定的存储单元中。

如以下程序段灵活使用这两个运算符完成对变量的引用：

```
int n=10,*p,**np;
p=&n;
np=&p;
```

输出变量 n 的值，可以用如下几种方法：

```
printf("直接输出 n 的值为：%d\n",n);
printf("使用 n 的地址值输出 n 的值为：%d\n",*(&n));
printf("引用指针变量 p 输出 n 的值为：%d\n",*p);
printf("引用指向指针的指针变量 np 输出 n 的值为：%d\n",**np);
```

课堂精练

1）通过指针变量，按由大到小的顺序输出两个整数。程序运行结果如图 6-4 所示。

根据程序运行结果，将下面的程序补充完整并调试。

```
#include  "stdio.h"
main()
{   int a,b,*p,*p1,*p2;
    scanf("%d,%d",&a,&b);
    ___________________;
    ___________________;
    if(a<b)
    {   p=p1;
        _____________;
        _____________;
    }
    printf("\n 输入的 a=%d,b=%d\n",a,b);
```

```
    printf("排序后两个数为%d,%d",*p1,*p2);
    getchar();
}
```

2）通过指向指针的指针变量，改变整型变量和字符型变量的值。程序运行结果如图 6-5 所示。

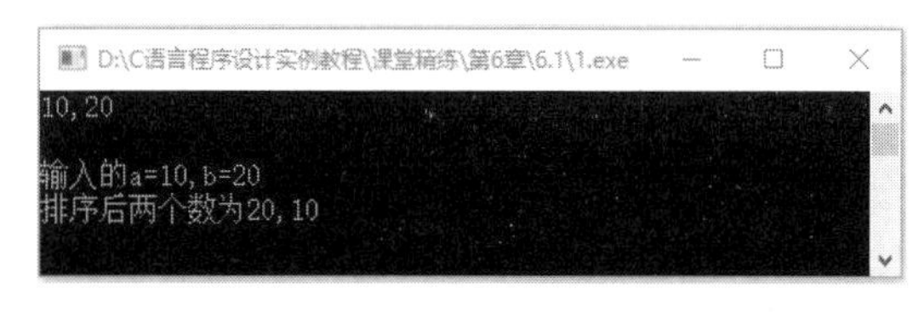

图 6-4 程序运行结果（1）

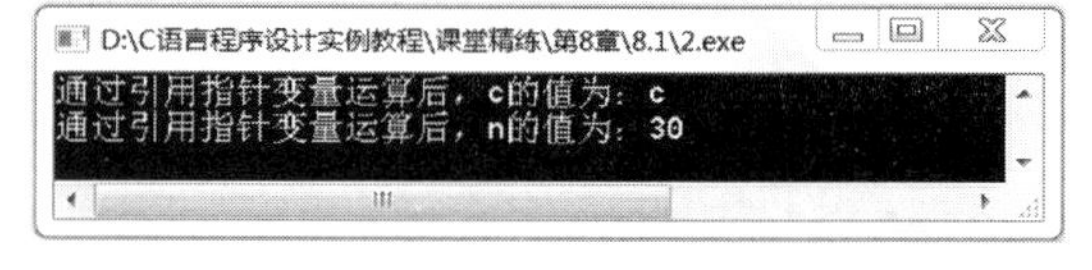

图 6-5 程序运行结果（2）

根据程序运行结果，请将下面的程序补充完整并调试。

```
#include "stdio.h"
main()
{   char c='a',*cp,**cpp;
    int  n=10,*np,**npp;
    cp=&c;
    ______________________________;
    ______________________________;
    npp=&np;
    c=(*cp)+1;
    c=(**cpp)+1;
    *np=(*np)+10;
    n=(**npp)+10;
    printf("通过引用指针变量运算后，c 的值为：%c\n",c);
    printf("通过引用指针变量运算后，n 的值为：%d\n",n);
    getchar();
}
```

6.2 一维数组与指针

学习目标

1）掌握数组名中存放的值的内涵。

2）会区分数组元素的值和数组元素的地址值。

3）能通过数组名的运算实现指针的移动来引用数组元素。

实例 35

实例 35 数组名的值和数组元素的地址值——按序输出内存中各家的地址

实例任务

定义一个有 6 个数组元素的一维整型数组，用于存放 6 户人家的房间号。利用数组名的值和数组元素的地址值，分别输出 1～6 号家庭的编号和在内存中的地址。程序运行结果如图 6-6 所示。

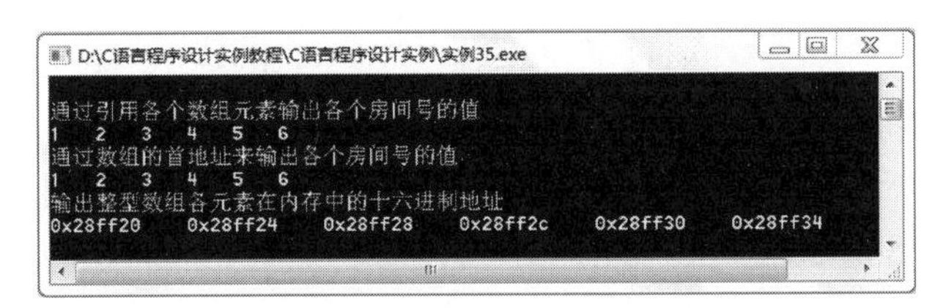

图 6-6　程序运行结果

程序代码

```
#include "stdio.h"
main()
{   int a[6]={1,2,3,4,5,6};/*为各个家庭编号*/
    int i=0;
    printf("\n 通过引用各个数组元素输出各个房间号的值\n");
    while(i<=5)
    {   printf("%d   ",a[i]);
        i++;
    }
    printf("\n");
    printf("通过数组的首地址来输出各个房间号的值\n");
    for(i=0;i<=5;i++)
      printf("%d   ",*(a+i));
    printf("\n");
    printf("输出整型数组各元素在内存中的十六进制地址\n");
    for(i=0;i<=5;i++)
      printf("0x%x    ",&a[i]);
    getchar();
}
```

相关知识

1. 一维数组名的值

一维数组被定义后，数组名就有了一个恒定的值，即这个数组在内存中所占连续存储单元的首地址，也就是第一个数组元素的地址。

在本实例中定义的数组 a，它的值是数组元素 a[0]在内存中的地址值，这个值不可改变，因此 a++;或 a=&p;等这样的语句都是不成立的。

2. 数组元素的地址

虽然不能改变数组名的值，但是可以通过对数组名的运算来得到不同数组元素的地址。如数组元素 a[3]的地址值为表达式 a+3 的值。这种指向关系如图 6-7 所示。

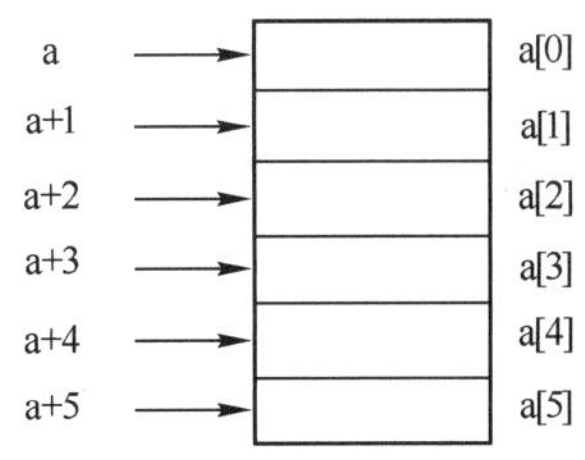

图 6-7　数组名的运算

可见，要想得到数组元素的地址，除直接引用取地址运算符&之外，还可以通过数组名得到。

实例 36 通过指针引用一维数组元素——本周和下周的值日安排

实例任务

定义一个一维字符型数组，用于存放 10 名同学的编号。再定义一个指针变量，用于存放数组的首地址，然后通过数组名和指针变量引用数组元素来输出本周和下周的值日安排。程序运行结果如图 6-8 所示。

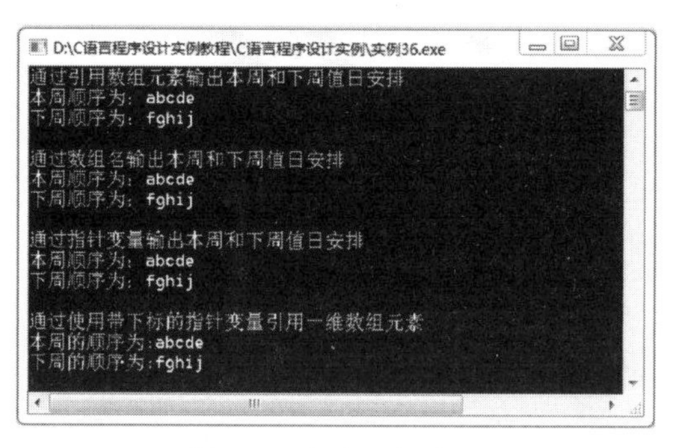

图 6-8 程序运行结果

程序代码

```
#include "stdio.h"
main()
{   char c[10]={'a','b','c','d','e','f','g','h','i','j'};
    /*用 10 个字母定义 10 名同学，存放到字符型数组 c 中*/
    char *p;
    int i;
    p=c;
    /*将一维数组名的值赋予指针变量 p*/
    printf("通过引用数组元素输出本周和下周值日安排\n");
    printf("本周顺序为：%c%c%c%c%c\n",c[0],c[1],c[2],c[3],c[4]);
    printf("下周顺序为：%c%c%c%c%c\n",c[5],c[6],c[7],c[8],c[9]);
    printf("\n 通过数组名输出本周和下周值日安排\n");
    printf("本周顺序为：%c%c%c%c%c\n",*c,*(c+1),*(c+2),*(c+3),*(c+4));
    /*一维数组名的值是一个常量，不能改变其值*/
    printf("下周顺序为：%c%c%c%c%c\n",*(c+5),*(c+6),*(c+7),*(c+8),*(c+9));
    printf("\n 通过指针变量输出本周和下周值日安排\n");
    printf("本周顺序为：%c%c%c%c%c\n",*p,*(p+1),*(p+2),*(p+3),*(p+4));
    /*此时指针加 1，表示指向下一个存储单元*/
    printf("下周顺序为：%c%c%c%c%c\n",*(p+5),*(p+6),*(p+7),*(p+8),*(p+9));
    printf("\n 通过使用带下标的指针变量引用一维数组元素");
    printf("\n 本周的顺序为:");
    for(i=0;i<=4;i++)
       printf("%c",p[i]);
    printf("\n 下周的顺序为:");
    for(i=5;i<=9;i++)
       printf("%c",p[i]);
    getchar();
}
```

 相关知识

1．通过指针引用一维数组

在本实例中定义了一个指针变量 p，当 p 得到 c 的值时，p 指向了数组的首地址。这时可以通过 p 来引用各个数组元素。如实例中语句：

```
printf("本周顺序为：%c%c%c%c%c\n",*p,*(p+1),*(p+2),*(p+3),*(p+4));
```

就是通过指针变量 p 来引用一维数组 c 中的前 5 个数组元素的。

2．指针的移动

数组名为数组的首地址，其值不可改变。在本实例中，p 与 c 的用法有不同之处，即 p 的值可以改变，当它指向数组 c 时，可以参与算术运算、自加自减运算和比较运算。

指针加上一个整数 *n*，表示向后移动了 *n* 个存储单元来指向。

指针减去一个整数 *n*，表示向前移动了 *n* 个存储单元来指向。

指针自加运算（++），表示向后移动 1 个存储单元来指向。

指针自减运算（--），表示向前移动 1 个存储单元来指向。

指向两个不同数组元素的指针相减，得到两个数组元素下标的差值。

指向两个不同数组元素的指针比较大小，得到两个数组元素下标值的比较结果。

但是，p 与 c 不同。c 为数组的首地址，其值不可改变，但指针变量 p 的值可以改变。如表达式 p++或++p，即 p 指向下一个数组元素。它们的关系如图 6-9 所示。

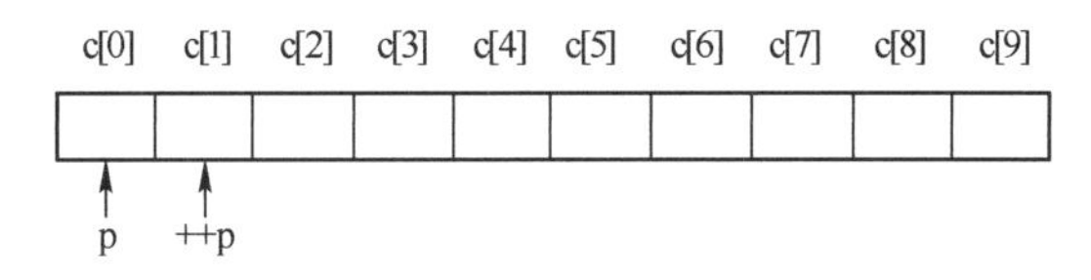

图 6-9　改变指针的值

3．通过带下标的指针引用数组元素

在本实例中，引用第 *i* 个数组元素的表达式有 c[i]、*(c+i)、*(p+i)、*p[i]。表达式 p[i]是通过带下标的指针变量来引用数组元素，它的初始值也是数组的首地址，用法和 c 的用法是相同的。

课堂精练

1）定义一个数组，它具有 10 个数组元素，引用指针变量为各个数组元素赋予一个随机数，并找出最大值和最小值及其位置。程序运行结果如图 6-10 所示。

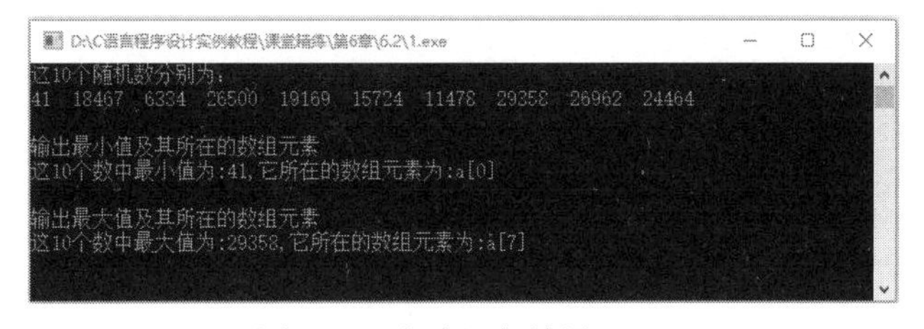

图 6-10　程序运行结果（1）

根据程序运行结果，请将下面的程序补充完整并调试。

```
#include "stdlib.h"
#include "time.h"
main()
{   int a[10],*p,i,min,max,nmin,nmax;
    ____________________________
    for(i=0;i<10;i++)
       *(p+i)=rand();
    /*函数 random(x)产生 0~32767 之间的一个随机数*/
    printf("这 10 个随机数分别为：\n");
    for(i=0;i<10;i++)
       printf("%d  ",a[i]);
    printf("\n\n 输出最小值及其所在的数组元素\n");
    min=a[0];nmin=0;
    for(i=1;i<=9;i++)
   if(____________________________
   {   min=p[i];
       nmin=i;
   }
printf("这 10 个数中最小值为:%d,它所在的数组元素为:a[%d]\n",min,nmin);
printf("\n 输出最大值及其所在的数组元素\n");
max=a[0];nmax=0;
for(i=1;i<=9;i++)
   if(max<p[i])
   {   max=p[i];
       nmax=i;
   }
printf("这 10 个数中最大值为:%d,它所在的数组元素为:a[%d]\n",max,nmax);
getchar();
}
```

2）定义一个一维数组并赋初值，然后将其各个数组元素的值按逆序存放并输出。程序运行结果如图 6-11 所示。

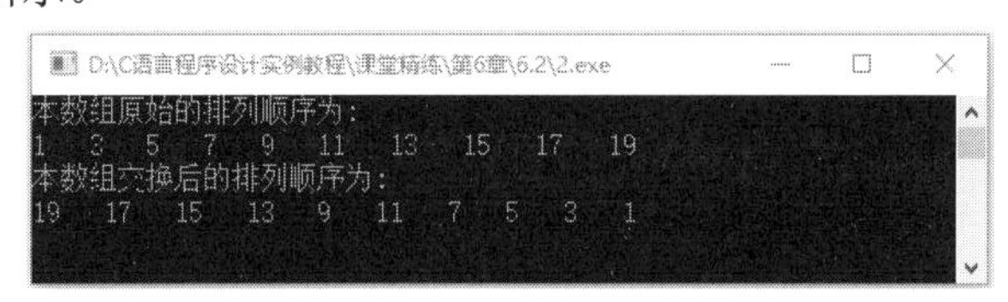

图 6-11 程序运行结果（2）

根据程序运行结果，请将下面的程序补充完整并调试。

```
#include "stdio.h"
main()
{   int a[10]={1,3,5,7,9,11,13,15,17,19},temp,i,j;
    printf("本数组原始的排列顺序为:\n");
    for(i=0;i<10;i++)
       printf("%d  ",a[i]);
    for(i=0;i<(10-1)/2;i++)
    {   j=10-1-i;
```

```
            temp=a[i];
            ______________________________
            ______________________________
            printf("\n 本数组交换后的排列顺序为:\n");
            for(i=0;i<10;i++)
               ______________________________
            getchar();
        }
    }
```

6.3 二维数组和指针

学习目标

1）掌握二维数组的定义方法。
2）会通过二维数组名引用二维数组元素。
3）掌握二维数组与一维数组的关系。
4）能通过定义指针变量来引用二维数组元素。
5）能通过数组名的运算实现指针的移动来引用数组元素。

实例 37　二维数组名和数组元素的地址值——二维数组的成员介绍

实例任务

定义一个二维数组并赋初值，然后分别输出二维数组名的值、各个一维数组的值、指定数组元素的地址值、指定数组元素的值。程序运行结果如图 6-12 所示。

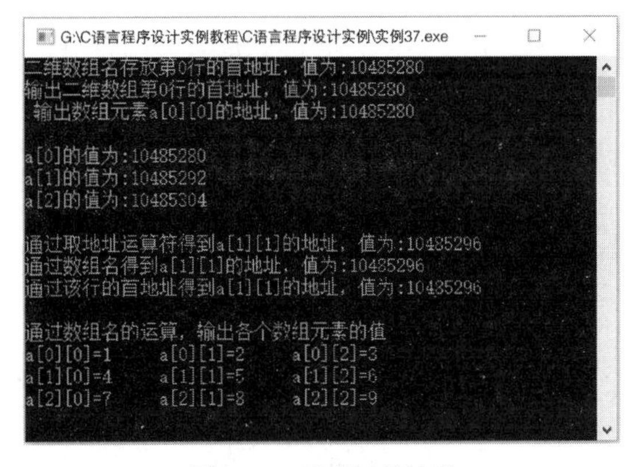

图 6-12　程序运行结果

程序代码

```
#include  "stdio.h"
```

```
main()
{   int a[3][3]={{1,2,3},{4,5,6},{7,8,9}},i,j;
    /*以下三条输出语句都是输出二维数组的首地址*/
    printf("二维数组名存放第1行的首地址,值为:%d",a);
    printf("\n输出二维数组第1行的首地址,值为:%d\n",a[0]);
    printf(" 输出数组元素a[0][0]的地址,值为:%d\n",&a[0][0]);
    /*以下三条输出语句输出三个一维数组的地址值*/
    printf("\na[0]的值为:%d\n",a[0]);
    printf("a[1]的值为:%d\n",a[1]);
    printf("a[2]的值为:%d\n",a[2]);
    /*通过指针移动输出指定数组元素a[1][1]的地址*/
    printf("\n通过取地址运算符得到a[1][1]的地址,值为:%d\n",&a[1][1]);
    printf("通过数组名得到a[1][1]的地址，值为:%d\n",*(a+1)+1);
    printf("通过该行的首地址得到a[1][1]的地址,值为:%d\n",a[1]+1);
    printf("\n通过数组名的运算,输出各个数组元素的值\n");
    for(i=0;i<3;i++)
    {   for(j=0;j<3;j++)
          printf("a[%d][%d]=%d     ",i,j,*(*(a+i)+j));
       printf("\n");
    }
    getchar();
}
```

相关知识

1．二维数组与一维数组的关系

C语言把二维数组看成由多个一维数组组成。如本实例中定义的数组 a[3][3]，可以看成由 a[0]、a[1]、a[2]这 3 个一维数组构成，这 3 个一维数组又各有 3 个二维数组元素。如 a[0]作为数组名，它的 3 个数组元素分别为 a[0][0]、a[0][1]、a[0][2]。二维数组和一维数组的关系如图 6-13 所示。

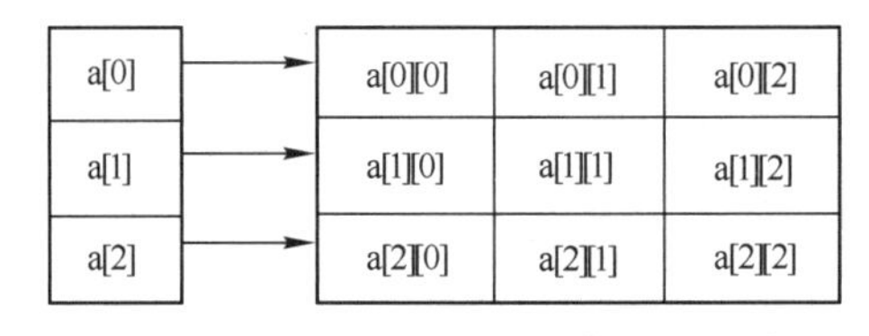

图 6-13　二维数组与一维数组的关系

2．二维数组名的值

二维数组名也是一个地址常量，它的值是二维数组的首地址，也是二维数组第 1 行的首地址。由于 a[0]是第 1 行的数组名，它的值也是二维数组第 1 行的首地址，所以*(a+0)的值与*a 的值相同，也就是 a[0][0]的地址值。所以，对于这个二维数组而言，表达式 a、*a、*(a+0)、a[0]、&a[0][0]的值是相同的。

3．二维数组元素的地址

二维数组名的值为二维数组元素的首地址，二维数组又是由一维数组构成的，那么可以通过多种方法得到任意一个二维数组元素 a[i][j]的地址。

```
&a[i][j]          /*直接用取地址运算符*/
a[i]+j            /*通过一维数组名移动 j 个存储单元得到其地址*/
*(a+i)+j          /*表达式*(a+i)的值与表达 a[i]的值相同*/
&a[0][0]+3*i+j    /*先找到第一个元素的地址，然后通过指针移动得到其地址*/
a[0]+3*i+j        /*表达式 a[0]的值与表达式&a[0][0]的值相同*/
```

实例 38 指针数组和行指针——二维数组与指针

实例 38

实例任务

定义一个二维数组、一个指针数组、一个行指针，通过多种方式输出一个数组元素 a[1][2]的值。程序运行结果如图 6-14 所示。

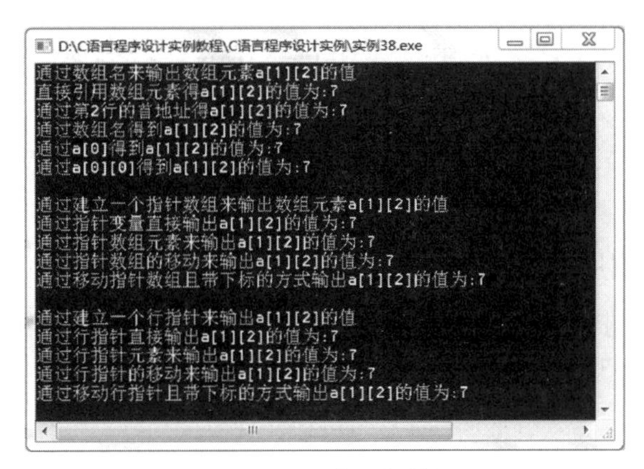

图 6-14 程序运行结果

程序代码

```
#include "stdio.h"
main()
{   int a[3][4]={{1,2,3,4},{5,6,7,8},{9,10,11,12}};
    int i,j,*p[3],(*q)[3];  /*这里 p 是一个指针数组，q 是一个行指针*/
    printf("通过数组名来输出数组元素 a[1][2]的值\n");
    printf("直接引用数组元素得 a[1][2]的值为:%d\n",a[1][2]);
    printf("通过第 2 行的首地址得 a[1][2]的值为:%d\n",*(a[1]+2));
    printf("通过数组名得到 a[1][2]的值为:%d\n",*(*(a+1)+2));
    printf("通过 a[0]得到 a[1][2]的值为:%d\n",*(a[0]+4*1+2));
    printf("通过 a[0][0]得到 a[1][2]的值为:%d\n",*(&a[0][0]+4*1+2));
    printf("\n 通过建立一个指针数组来输出数组元素 a[1][2]的值\n");
    for(i=0;i<3;i++)
       p[i]=a[i];   /*此时 p[i]和 a[i]的用法相同，已经指向数组每行的开头*/
    printf("通过指针变量直接输出 a[1][2]的值为:%d\n",p[1][2]);
    printf("通过指针数组元素来输出 a[1][2]的值为:%d\n",*(p[1]+2));
    printf("通过指针数组的移动来输出 a[1][2]的值为:%d\n",*(*(p+1)+2));
    printf("通过移动指针数组且带下标的方式输出 a[1][2]的值为:%d\n",(*(p+1))[2]);
```

```
    printf("\n通过建立一个行指针来输出a[1][2]的值\n");
    q=a;  /*为行指针赋值，它在使用上与a等同，但值可以改变*/
    printf("通过行指针直接输出a[1][2]的值为:%d\n",q[1][2]);
    printf("通过行指针元素来输出a[1][2]的值为:%d\n",*(q[1]+2));
    printf("通过行指针的移动来输出a[1][2]的值为:%d\n",*(*(q+1)+2));
    printf("通过移动行指针且带下标的方式输出 a[1][2]的值为:%d\n",(*(q+1))[2]);
    getchar();
}
```

相关知识

1. 通过二维数组元素的地址引用二维数组元素

实例 37 通过多个表达式得到任意一个二维数组元素的地址，那么再通过指针运算符就可引用该二维数组元素。

```
a[i][j]              /*直接使用二维数组名*/
*(a[i]+j)            /*通过一维数组a[i]的移动j个存储单元得到其值*/
*(*(a+i)+j)          /*表达式*(a+i)的值与表达a[i]的值相同*/
*(&a[0][0]+3*i+j)    /*先找到第一个元素的地址，然后通过指针移动得到其值*/
*(a[0]+3*i+j)        /*表达式a[0]的值与表达式&a[0][0]的值相同*/
(*(a+i))[j]          /*表达式*(a+i)的值与a[i]的值相同*/
```

2. 通过指针数组引用二维数组元素

在本实例中第 4 行中的*p[3]为指针数组。因为[]运算符的优先级别高于*，所以 p 先与[3]结合，说明它是一个有 3 个数组元素的一维数组，*说明这个数组的 3 个数组元素均为指针类型。

本实例通过循环反复执行语句 p[i]=a[i]后，p 中每个数组元素的值即为二维数组 a 每行的首地址，它们的关系如图 6-15 所示。

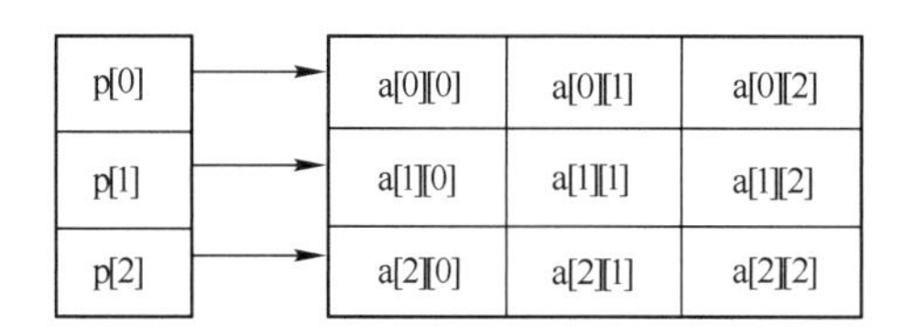

图 6-15 指针数组元素与二维数组的关系

这样通过指针数组可以引用任意二维数组元素。

```
p[i][j]              /*a与p对应，直接通过指针数组名引用二维数组元素*/
*(p[i]+j)            /*通过指针数组元素的移动来引用二维数组元素*/
*(*(p+i)+j)          /*a与p对应，通过指针移动引用二维数组元素*/
(*(p+i))[j]          /*a与p对应，通过指针移动引用二维数组元素*/
```

3. 通过行指针引用二维数组元素

在本实例中，定义语句(*q)[3]为行指针，即 q 是包含 3 个 int 型数组元素的指针变量。此时，可以通过表达式 q=a 来直接对其赋值，那么 q+1 的值即为 a+1 的值，q+2 的值即为 a+2 的值。它们的关系如图 6-16 所示。

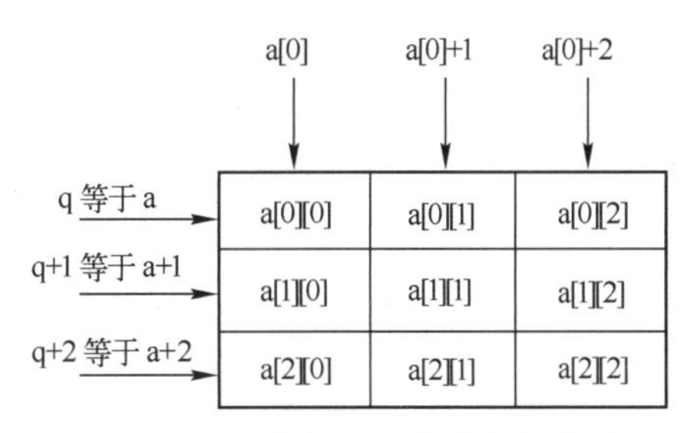

图 6-16　行指针与二维数组的关系

由图 6-16 可以看出，行指针 q 被赋值后，它在用法上与 a 相同，但它的值可以变，a 的值不可以改变。由图也可以看出，当它变化一个单位时，指针移动所指数组的一行，而不是一个数组元素，通过这个行指针，可以引用 a 数组中的各个元素。

```
q[i][j]           /*q与a用法相法，直接通过指针引用二维数组元素*/
*(q[i]+j)         /*q[i]的值与a[i]的值相同*/
*(*(q+i)+j)       /*(q+i)相当于a+i*/
(**(q+i))[j]      /**(q+i)相当于a[i]*/
```

课堂精练

1）定义一个有 10 个元素的整型数组，调用随机函数为各个数组元素赋值，然后查找数组中值小于 10 000 的数组元素，均重新赋值为 0。程序运行结果如图 6-17 所示。

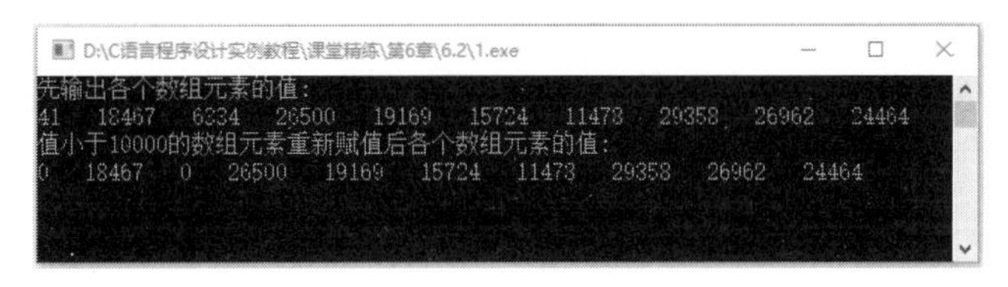

图 6-17　程序运行结果（1）

根据程序运行结果，请将下面的程序补充完整并调试。

```
#include "stdio.h"
main()
{   int  a[10],i;
    printf("先输出各个数组元素的值:\n");
    for(i=0;i<10;i++)
    {   ______________________________
        printf("%d  ",*(a+i));
    }
    printf("\n值小于10000的数组元素重新赋值后各个数组元素的值:\n");
    for(i=0;i<10;i++)
    {   ______________________________
        a[i]=0;
        printf("%d  ",a[i]);
    }
    getchar();
}
```

2）魔方阵，古代又称纵横图，是指组成元素为自然数 1、2、…、n 的平方的 $n \times n$ 的方阵，即该方阵有 n 行 n 列，其中每个元素的值都不相等，且每行、每列以及主、副对角线上各 n 个元素之和都相等。程序运行结果如图 6-18 所示。

魔方阵有如下排列规律。

① 将 1 放在第一行中间一列。

② 从 2 开始直到 $n \times n$，各数依次按下列规则存放：每一个数存放的行比前一个数的行数减 1，列数加 1。

③ 如果上一个数的行数为 1，则下一个数的行数为 n（指最下面一行）。

④ 如果上一个数的列数为 n，则下一个数的列数为 1，行数减去 1。

⑤ 如果按上面规则确定的位置上已有数，或上一个数是第 1 行第 n 列，则把下一个数放在上一个数的下面。

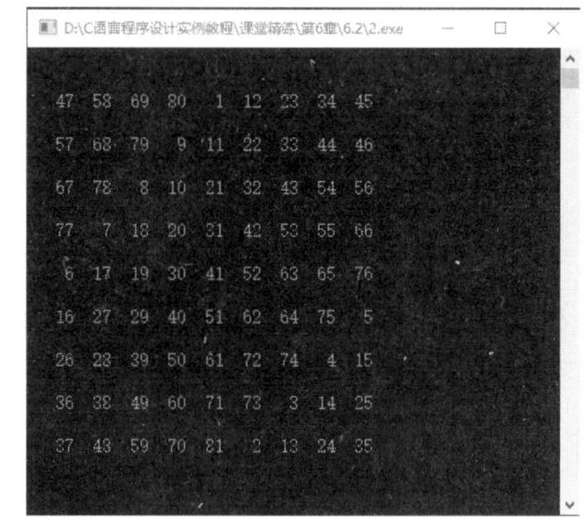

图 6-18 程序运行结果（2）

根据程序运行结果，读懂下列程序代码并调试。

```
#define N 9
#include "stdio.h"
main()
{   int i,j,k,a[N][N];
    for(i=0;i<N;i++)   /*初始化魔方阵元素为 0，作为有无数字的判断*/
       for(j=0;j<N;j++)
          a[i][j]=0;
    j=N/2;
    a[0][j]=1;    /*存放数字，让 1 居第一行中间位置*/
    for(k=2;k<=N*N;k++)    /*存放 2～n*n*/
    {   i--;
        j++;
        if(i<0)
           i=N-1;
        else if(j>N-1)
           j=0;
        if(a[i][j]==0)
           a[i][j]=k;
        else
        {   i=(i+2)%N;
           j=(j-1+N)%N;
           a[i][j]=k;
        }
    }
    printf("\n\n");
    for(i=0;i<N;i++)  /* 输出魔方阵 */
    {   printf(" ");
        for(j=0;j<N;j++)
           printf("%4d",a[i][j]);
        printf("\n\n");
    }
```

```
    getchar();
}
```

6.4 函数间参数的传递

学习目标

1）掌握函数间如何传递变量的地址。
2）掌握函数间如何传递一维数组名的值。
3）掌握函数间如何传递数组元素的地址。
4）掌握函数间如何传递二维数组名的值。

实例 39 指针变量作为函数的参数——交换两个变量的值后找出较大值

实例任务

定义两个函数，一个函数的形参为指针变量，另一个函数的形参为整型变量，分别调用两个函数传递相同类型的参数来对比输出结果。程序运行结果如图 6-19 所示。

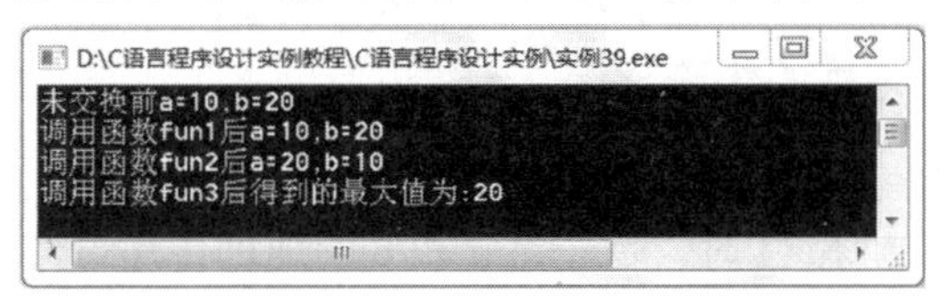

图 6-19 程序运行结果

程序代码

```
#include "stdio.h"
int *fun3(int *x,int *y);
/*对于此类函数，先引用后定义时要加函数说明*/
main()
{   int a=10,b=20,*p;
    printf("未交换前 a=%d,b=%d\n",a,b);
    fun1(a,b);
    printf("调用函数 fun1 后 a=%d,b=%d\n",a,b);
    fun2(&a,&b);
    printf("调用函数 fun2 后 a=%d,b=%d\n",a,b);
    p=fun3(&a,&b);
    printf("调用函数 fun3 后得到的最大值为:%d",*p);
    getchar();
}
fun1(int x,int y)  /*调用此函数时，只将 a 和 b 的值传递给形参*/
{   int t;
    t=x;
    x=y;
    y=t;
```

```
}
fun2(int *x,int *y)
/*调用此函数时，将 a 和 b 的地址传递给形参，这时 x 和 y 分别指向 a 和 b*/
{   int t;
    t=*x;
    *x=*y;
    *y=t;
}
int  *fun3(int *x,int *y)  /*定义函数时，函数名前面有*，说明函数要返回地址值*/
{   if(*x>*y)
       return x;
    else
       return y;
}
```

相关知识

1．实参与形参间传递地址值

在本实例中，调用函数 fun1 时，是将 a 和 b 的值传递给形参 x 和 y，此时系统为 x 和 y 临时开辟存储单元，x 和 y 不与 a 和 b 共用存储空间，所以函数执行过程中，x 和 y 值的改变不会影响主函数中 a 和 b 值。

调用函数 fun2 时，是将 a 和 b 的地址传递给形参 x 和 y，也就是说，x 指向 a，y 指向 b，那么在对*x 和*y 赋值时，就相当于对 a 和 b 重新赋值，所以 a 和 b 中的值得以转换。这种传递方式，属于函数间地址的传递。

2．函数返回地址值

在本实例中，调用函数 fun3 时，首先将 a 和 b 的地址传递给形参 x 和 y，函数体中，通过引用*x 和*y，来寻找两个变量所指存储单元中的较大值，并把较大值所在的变量的地址返回到调用处，这种函数返回的是地址值，返回值的基类型是整型，也可以是其他类型。

实例 40 函数之间传递地址——打印杨辉三角

实例任务

通过引用已定义的一个二维数组，根据从键盘上输入的行数值输出杨辉三角形。杨辉三角形的特点是第 1 列和对角线上的值均为 1，其他元素为它同列紧邻上面的元素和紧邻左上角的数字之和。程序运行结果如图 6-20 所示。

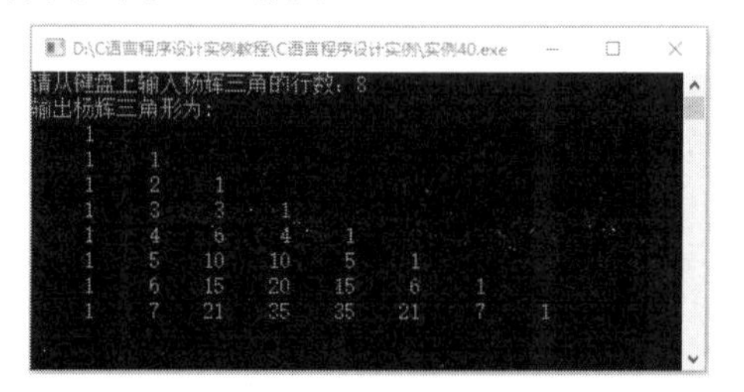

图 6-20 程序运行结果

程序代码

```
#include  "stdio.h"
main()
{   int a[18][18],n;
    printf("请从键盘上输入杨辉三角的行数：");
    scanf("%d",&n);/*行值由键盘上输入*/
    printf("输出杨辉三角形为:\n");
    while(n<=1||n>18)/*如果输入的行值不在数组下标范围内，请重新输入*/
      scanf("%d",&n);
    getdata(a,n);/*数组名作为实参，调用函数*/
    outdata(a,n);
}
/*下面的函数为杨辉三角形所用的数组元素赋值*/
getdata(int  (*p)[18],int m)
/*二维数组名是一个行指针，所以形参 p 定义为一个行指针变量*/
{   int i,j;
    for(i=0;i<m;i++) /*先为第 1 列和对角线上元素赋值为 1*/
    {  p[i][i]=1;
       p[i][0]=1;
    }
    for(i=2;i<m;i++)/*开始从第 3 行为值非 1 的元素赋值*/
        for(j=1;j<i;j++)
          p[i][j]=p[i-1][j-1]+p[i-1][j];
}
/*下面的函数用于输出杨辉三角形*/
outdata(int p[][18],int m)
/*当二维数组名作为实参时，可以将形参定义为一个二维数组*/
{   int i,j;
    for(i=0;i<m;i++)
    {   for(j=0;j<=i;j++)
          printf("%6d",p[i][j]);
        printf("\n");
    }
    getchar();
}
```

相关知识

1．数组元素作为实参进行参数传递

数组元素在作为实参进行参数传递时，它相当于一个变量，就是将其值传递给形参。

2．一维数组名作为实参函数间参数的传递

一维数组名作为实参进行参数传递时，因为数组名的值是地址值，所以要求自定义函数中形参与之同类型。此时定义方式有多种。

```
fun(int  *p)        /*形参定义为指针变量*/
fun(int  p[ ])      /*形参定义为空值下标的一维数组*/
fun(int  p[N])      /*形参定义为带下标值的一维数组*/
```

在主函数调用自定义函数后，系统将这 3 种形参的定义形式均处理为一个指针变量，也就是形参只接收了实参的首地址，而不是为这个一维数组再开辟一系列的存储单元。

3. 二维数组名作为实参函数间参数的传递

二维数组名的值是二维数组总空间的首地址，当要由实参向形参传递数组名的值时，要求形参与之类型一致，才能保证数据的准确传递。此时定义方式也有多种。

```
fun( int  (*p)[N])   /*形参定义一个行指针*/
fun(int  a[ ][N] )   /*形参定义为一个行下标为空值的二维数组*/
fun(int  a[M][N] )   /*形参定义为一个二维数组，可与形参的行列下标值相同*/
```

对于这 3 种形式定义的形参，系统在处理时也是将它们处理为一个行指针，调用时只接收到二维数组名的值，而不是再为所有二维数组元素另辟地址。

在本实例中，函数 getdata 的形参定义为一个行指针，函数 outdata 的形参定义为一个行下标值为空值的二维数组，都达到了将二维数组名 a 的值传递给形参的目的。

4. 数组元素的地址作为实参函数间的参数传递

对于数组元素，其在使用时相当于一个变量，那么可以取数组元素的地址作为实参进行函数间参数的传递。因为传递的是地址值，要求形参的基类型与数组元素的基类型一致。

实例 41 指向函数的指针变量——两个数的和值除以差值

实例任务

自定义两个函数 add 和 sub，分别用于求输入的两个数的和值和差值。定义一个函数，用于求和值和差值相除的结果，要求将形参定义为指向函数的指针变量。程序运行结果如图 6-21 所示。

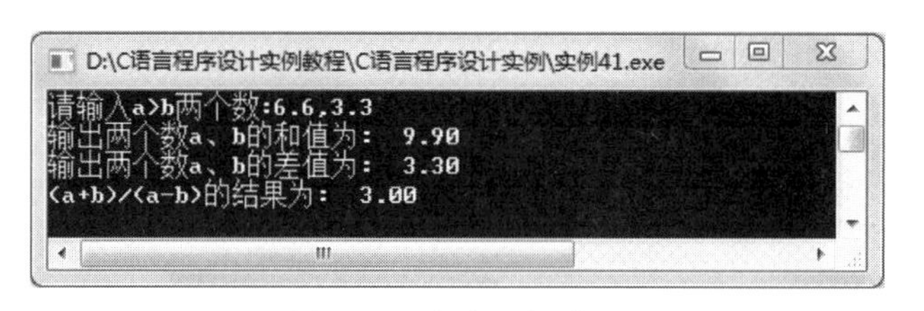

图 6-21 程序运行结果

程序代码

```
#include "stdio.h"
float  add(float x,float y);
float  sub(float x,float y);
float  div(float  (*add)(float,float),float  (*sub)(float,float),float
x,float y);
main()
{   float a,b;
    float s,s1,s2;
    printf("请输入 a>b 两个数:");
```

```
    scanf("%f,%f",&a,&b);
    if(a<=0.0)  scanf("%f",&a);
    if(b<=0.0)  scanf("%f",&b);
    if(a<=b)   scanf("%f",&a);
    s1=add(a,b);
    printf("输出两个数 a、b 的和值为:%6.2f\n",s1);
    s2=sub(a,b);
    printf("输出两个数 a、b 的差值为:%6.2f\n",s2);
    s=div(add,sub,a,b);
    printf("(a+b)/(a-b)的结果为:%6.2f\n",s);
    getchar();
}

float  add(float x,float y)  /*自定义函数，求得两个数的和值*/
{   float  sum;
    sum=x+y;
    return sum;
}
float  sub(float x,float y)   /*自定义函数，求得两个数的差值*/
{   float  sum;
    sum=x-y;
    return sum;
}
float div(float (*add)(float,float),float (*sub)(float,float),float x,float y)
/*定义函数，形参定义为指向函数的指针变量*/
{   return (*add)(x,y)/(*sub)(x,y);
}
```

相关知识

1. 指向函数的指针变量的定义

C 语言中，函数名记录函数在内存中的起始地址。因此，可以定义这样一种指向函数的指针来存放这个起始地址，通过这个指针变量可以引用所指向的函数。如下面的程序段：

```
int fun(int a,int b)
{    …    }
main()
{   int (*fp)(int a,int b);        /*fp 为定义的指向函数的指针变量*/
    fp=fun;                         /*将函数 fun 的地址赋值给这个指针变量*/
    y=(*fp)(m,n);                   /*通过指针变量 fp 引用函数，从而得到函数值*/
    …
}
```

2. 函数名或指向函数的指针变量作为实参

函数名或指向函数的指针变量可以作为实参向形参传递地址值，这就要求形参也应该是类型相同的指针变量。本实例的执行语句 s=div(add,sub,a,b);中，add 和 sub 为函数名，传递到形参处，对应的形参定义形式为“float (*add)(float,float)”和“float (*sub)(float,float)”，这样才实现向函数传递函数名的值。

课堂精练

1）从键盘上输入 10 个一维数组元素的值，通过调用函数对这个数组进行排序，然后输出。程序运行结果如图 6-22 所示。

根据程序运行结果，请将下面的程序补充完整并调试。

```
#include "stdio.h"
void sort(int *a,int count);
main()
{   int a[10]={0},i;
    i=0;
    printf("请输入待排序的数值:\n");
    do
    {   scanf("%d",&a[i]);
        if(a[i]<=0||a[i]>32767)
           break;
        i++;
    }____________________________
    printf("请输出排序前的各个元素的值为:");
    for(i=0;i<10;i++)
      printf("%5d",a[i]);
    printf("\n");
    sort(a,i-1);
    printf("请输出排序后的各个元素的值为:");
    for(i=0;i<10;i++)
      printf("%5d",a[i]);
    printf("\n");
    getchar();
}
void sort(int *a,int count)
{   int i,j,temp;
    for(i=0;i<count;i++)
      for(j=count;j>i;j--)
         if__________________________________
         {   temp=a[j];
             a[j]=a[j-1];
             a[j-1]=temp;
         }
}
```

2）一个二维数组每行存放一个学生的 4 科成绩，共有 5 名学生，要求算出每个学生的平均分并输出。程序运行结果如图 6-23 所示。

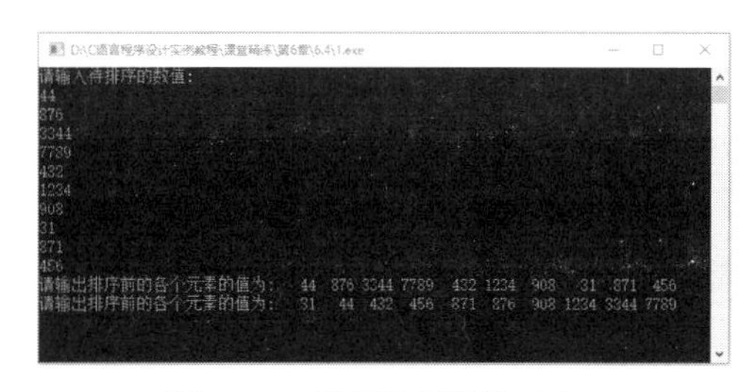

图 6-22　程序运行结果（1）

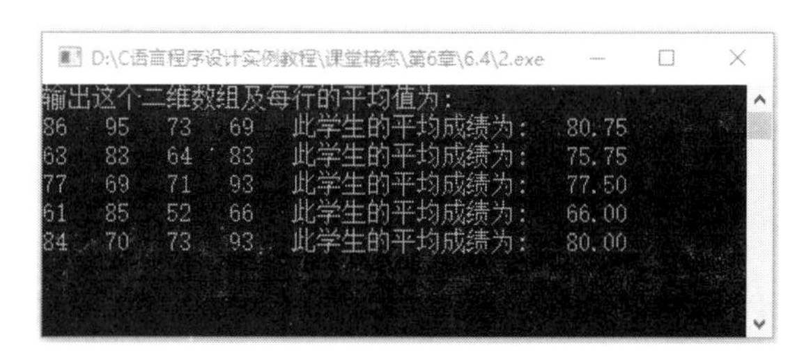

图 6-23　程序运行结果（2）

根据程序运行结果，请将下面的程序补充完整并调试。

```
#include "stdio.h"
void avescore(int m[][4],float *n);
void outdata(int (*m)[4],float n[5]);
main()
{   int a[5][4]={{86,95,73,69},
              {68,88,64,83},
              {77,69,71,93},
              {61,85,52,66},
              {84,70,73,93}};
    float b[5];
    avescore(a,b);         /*调用此函数，用于生成每名学生的成绩*/
    outdata(a,b);          /*调用此函数，用于输出所有学生的各科成绩及平均成绩*/
    getchar();
}
void avescore(int m[][4],float *n)  /*定义avescore函数*/
{   int i,j;
    float  ave;
    for(i=0;i<5;i++)
    {   ______________________
        for(j=0;j<4;j++)
            ________________________
        n[i]=ave/4;
    }
}
void outdata(int (*m)[4],float n[5])   /*定义outdata函数*/
{   int i,j;
    printf("输出这个二维数组及每行的平均值为:\n");
    for(i=0;i<5;i++)
    {   for(j=0;j<4;j++)
          printf("%-5d",m[i][j]);
        printf("此学生的平均成绩为:  %6.2f\n",n[i]);
    }
}
```

6.5 指针与字符串

学习目标

1）掌握字符串在内存中的存储形式。
2）掌握如何使指针指向一个字符串。
3）掌握字符串的输入和输出方法。
4）掌握字符串数组的定义与引用方法。
5）掌握字符串处理函数的使用。

实例42

实例42　字符串的存储形式——统计各类字符的个数

实例任务

输入一个连续字符串，然后统计数字、小写字母、大写字母和其他字符的个数。程序运行结果如图6-24所示。

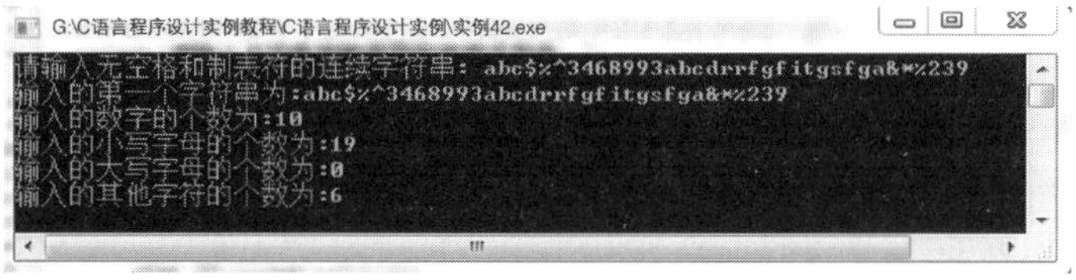

图6-24 程序运行结果

程序代码

```
#include "stdio.h"
#include "string.h"
main()
{   char str[100];
    int i,n=0,wx=0,wd=0,c=0;
    /*n、wx、wd、c分别用来存储数字、小写字母、大写字母和其他字符的个数*/
    printf("请输入无空格和制表符的连续字符串: ");
    scanf("%s",str);
    /*以下循环用于统计各类字符的个数*/
    for(i=0;i<100;i++)
    {   if(str[i]=='\0')
          break;
        if(isdigit(str[i]))
          /*isdigit()是判断是否为数字的函数*/
          n=n+1;
        else if(islower(str[i]))
          /*islower()是判断是否为小写字母的函数*/
          wx++;
        else if(isupper(str[i]))
          /*isupper()是判断是否为大写字母的函数*/
          wd++;
        else
          c++;
    }
    /*以下语句用于输出各项的值*/
  printf("输入的第一个字符串为:%s\n",str);
  printf("输入的数字的个数为:%d\n",n);
  printf("输入的小写字母的个数为:%d\n",wx);
  printf("输入的大写字母的个数为:%d\n",wd);
  printf("输入的其他字符的个数为:%d\n",c);
  getchar();
}
```

相关知识

1. 字符串在内存中的存储形式

字符串是以双引号引起来的一个或多个字符，字符是以单引号引起来的单个字符。

字符串在内存中存储的时候，结尾自动添加一个字符'\0'，它不计入字符串的长度，但会占用一个字符的存储空间。有了字符'\0'作为字符串结尾，就可以以它为标志整体引用字符串。

字符串在内存中是以字符型一维数组的形式存储的，是将各个字母按序存放到一串连续的单个字节的存储空间中的。但字符数组和字符串是有区别的。字符数组是指各个数组元素中存入单个字符，不管结尾是什么字符。而字符串以一维数组的形式存储时，其最后一个字符必须是'\0'，将字符串各个字符依序存储到一维数组中。

2．字符串常量的值是地址值

以双引号引起来的字符串是一种常量形式，其值是这个字符串在内存中存储的首地址值。其对比关系如图 6-25 所示。

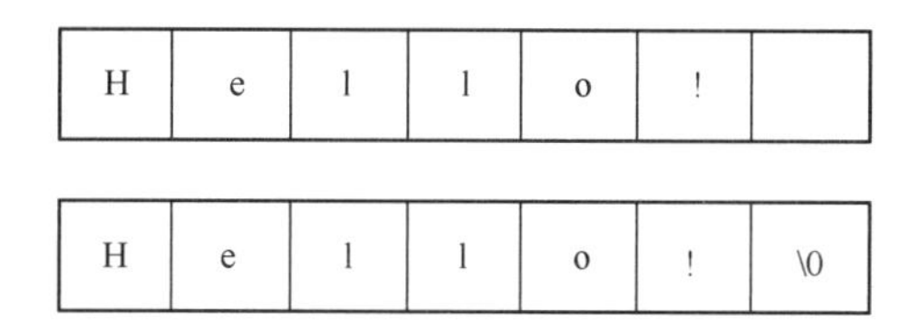

H	e	l	l	o	!	

H	e	l	l	o	!	\0

图 6-25　一维字符数组与字符串的存储形式对比

图 6-25 中，上面一行是一维字符型数组，因为最后一个字符不是'\0'，所以不能把它当作字符串来使用。下面一行属于以一维数组形式存储的字符串，各个单个字符都占 1 个字符的存储空间，可以整体当作一个字符串来引用。

3．定义一维数组存储字符串

对于一维字符型数组存储字符串，其赋值方式有多种。但有一点需要强调的是，对于一个已经定义好的一维数组，其数组名是恒定的值，不可用字符串直接对数组名赋值。

```
char s[10]={'H','e','l','l','o','!','\0'};
                                /*定义的同时为各个元素赋值，以存储字符串“Hello!”*/
char s[10]={"Hello!"};          /*以字符串的形式为字符型一维数组赋值*/
char s[10]="Hello!";            /*可以省去{}这对符号*/
char s[ ]="Hello!";             /*省去下标的情况下，系统会自动按字符个数存储字符串*/
char s[10];
s[0]= 'H'; schar[1]= 'e';…schar[6]= '\0';
                                /*逐个为各个数组元素赋值以存储字符串*/
```

4．定义字符型指针变量指向字符串

因为字符串常量给出的是存储这个字符串的首地址，所以可以通过定义一个基类型为字符型的指针变量来指向一个字符串。对于指针变量指向字符串的赋值形式有多种。

```
char *s;
s="Hello!";            /*通过赋值的方式让已经定义的指针变量指向一个字符串*/
char *s="Hello!";      /*通过赋初值的方式让指针变量指向一个字符串*/
```

实例 43　二维数组存储多个字符串——图书查询系统

实例任务

一个二维数组已经存放了 5 本图书的信息，每本书的编号存入另一个一维数组中。现要求输入图书的编号，能显示出对应的图书信息。程序运行结果如图 6-26 所示。

图 6-26　程序运行结果

程序代码

```
#include "stdio.h"
#include "string.h"
main()
{   char s[5][25]={"计算机网络基础",
               "网络安全技术",
               "C 语言程序设计实例教程",
               "软件工程",
               "数据结构"};
    int  num[5]={1001,1002,1003,1004,1005};
    /*将 5 本图书的编号存放在整型一维数组中*/
    char *author[5]={"董佳佳","董萍","李红","许宁","王强"};
    /*通过定义指针数组来指向各个字符串*/
    int i,j;
    printf("请输入编号:");
    scanf("%d",&i);
    for(j=0;j<=4;j++)
      if(num[j]==i)
      {   printf("编号为%d 的图书是:《%s》\n",i,s[j]);
          printf("该本图书的作者是:%s",author[j]);
          break;
      }
    getchar();
}
```

相关知识

1. 通过字符型二维数组存放多个字符串

二维数组由一维数组构成，每个一维数组元素又作为数组名，每个元素又是一个一维数组。由此，可以通过二维数组分行来存放多个字符串。本实例中就是通过字符型二维数组 s 来存放多本书的书名的。

字符型二维数组可以在定义的同时赋初值，系统根据字符串的个数，自动按行在二维数组的空间中依次存放各个字符串。本实例中，s[1]指向字符串“计算机网络基础”，s[2]指向字符串“网络安全技术”，……，依次类推。

2．通过字符型指针数组来存放多个字符串

字符型指针数组的每个数组元素都是指针。字符串常量的值又是该字符串存储空间的首地址值，故可以将各个字符串的首地址赋值给已经定义的字符型指针数组，达到使用字符型指针数组来存放多个字符串的目的。在本实例中，通过指针数组 author 来存放 5 本图书的作者名，实际是 5 个指针数组元素记录了 5 个字符串在内存中的起始地址。它们的关系如图 6-27 所示。

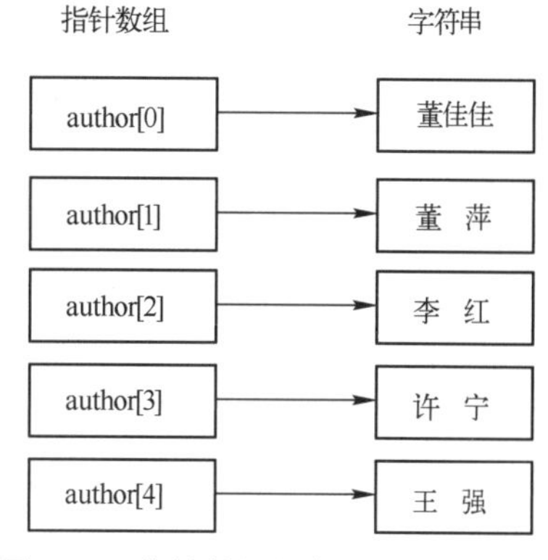

图 6-27　指针数组与字符串的指向关系

对于各个指向字符的指针数组元素，如果赋予其他的地址值，则它原指向的字符串的首地址尚未赋给其他字符型的指针变量，即该字符串要丢失。

实例 44　字符串的常用函数的使用——输出你的姓名

实例任务

输入大小写混合的名和姓的汉语拼音，通过调用相关的字符串函数，将姓名以全小写字母的形式输出。程序运行结果如图 6-28 所示。

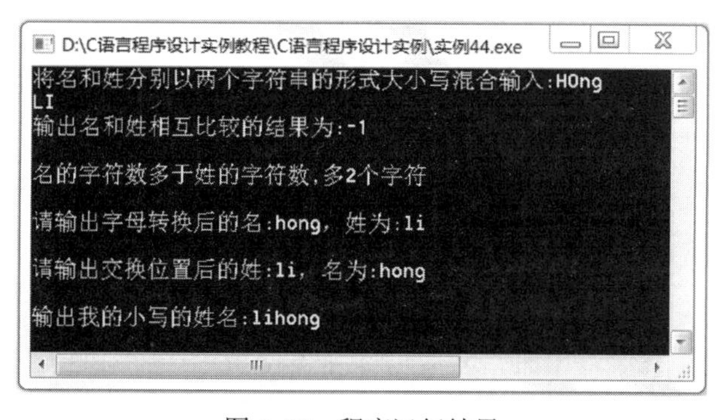

图 6-28　程序运行结果

程序代码

```
#include "stdio.h"
#include "string.h"
main()
{   char s[2][15],temp[15],*name;
    int i,n1,n2;
    printf("将名和姓分别以两个字符串的形式大小写混合输入:");
```

```
    gets(s[0]);
    /*调用 gets 函数输入字符串*/
    scanf("%s",s[1]);
    i=strcmp(s[0],s[1]);/*strcmp()是字符串比较函数*/
    printf("输出名和姓相互比较的结果为:%d\n",i);
    n1=strlen(s[0]);
    n2=strlen(s[1]);/*strlen()是求字符串长度的函数*/
    if(n1>n2)
      printf("\n 名的字符数多于姓的字符数,多%d 个字符\n",n1-n2);
    else
      printf("\n 姓的字符数多于名的字符数,多%d 个字符\n",n2-n1);
    strlwr(s[0]);
    strlwr(s[1]);
    /*strlwr()是将字符串中大写字母转换为小写字母的函数*/
    printf("\n 请输出字母转换后的名:%s, 姓为:%s\n",s[0],s[1]);
    /*下面调用 strcpy()函数交换名和姓的位置*/
    strcpy(temp,s[0]);
    strcpy(s[0],s[1]);
    strcpy(s[1],temp);
    printf("\n 请输出交换位置后的姓:%s, 名为:%s\n",s[0],s[1]);
    /*下面调用 strcat()函数实现姓和名的连接并输出*/
    name=strcat(s[0],s[1]);
    printf("\n 输出我的小写的姓名:%s",name);
    getchar();
}
```

相关知识

1. string.h 头文件

C 语言的库函数都按类型保存在不同的头文件中，前面学习的标准输入输出函数保存在 stdio.h 头文件中。字符型函数保存在 string.h 头文件中。

2. gets()函数和 scanf()函数的异同

当从键盘上输入一个字符串时，gets()函数把输入的空格符和制表符当作有效字符，把回车符当作字符串结束标志，而 scanf()函数把输入的空格符、制表符、回车符均当作字符串结束标志来处理。

3. strcmp(s1,s2)函数

此函数用于比较 s1 和 s2 指向的两个字符串的大小。如果 s1 指向的字符串大于 s2 指向的字符串，则函数返回 1；如果两个字符串相等，则函数返回 0；如果 s1 所指向的字符串小于 s2 指向的字符串，则函数返回-1。

两个字符串比较的过程是先从首字符开始比较，如果两者不同，则首字符的大小即决定了两个字符串的大小，如果首字符相同，则比较第二个字符，依次类推，直到对应的字符不同时，这

对字符决定两个字符串的大小。如字符串"abcdef"<"abdcef"、"abc123def"<"abcdef"等。

4．strlen(s)函数

此函数用于求 s 所指向的字符串的长度，直到遇到字符串中的第一个'\0'为止，但不包含结尾的字符'\0'，并将字符串的长度值作为函数值返回。在本实例中，strlen(s[0])就是求输入的名的字符个数。

5．strlwr(s)和 strupr(s)函数

strlwr(s)函数用于将 s 所指向的字符串中的大写字母均转换为小写字母，strupr()函数用于将 s 所指向的字符串中的小写字母均转换为大写字母。

6．strcpy(s1,s2)函数

此函数的作用是将 s2 所指向的字符串复制到 s1 所指向的存储空间中，函数返回的是 s1 的值。使用此函数时，要保证 s1 所指向的空间足够大来容纳 s2 所指向的字符串。

如果将函数添加一个参数变为 strcpy(s1,s2,n)，则是将 s2 所指向的字符串的前 n 个字符复制到 s1 所指向的空间中。

7．strcat(s1,s2)函数

此函数的作用是将 s2 所指向的字符串连接到 s1 所指向的字符串的结尾，然后生成一个新的字符串存放在 s1 所指向的空间中。使用此函数时，要保证 s1 所指向的空间足够大来存入连接后的字符串。

课堂精练

1）编写程序，输入若干字符串后，找出首字母为 M 或 m 的字符串进行输出。程序的运行结果如图 6-29 所示。

根据程序运行结果，请将下面的程序补充完整并调试。

```
#include "stdio.h"
#include "string.h"
void find(char a[][100],int n);
main()
{   char s[100][100],*p;
    int i,n;
    n=getstr(s);      /*二维数组名作为实参，得到输入的字符串的个数*/
    find(s,n);        /*调用自定义函数，并输出 M 或 m 开头的字符串*/
    getchar();
}
int getstr(char a[][100])
{   int n=0;
    ________________________________
    while(strcmp(a[n],""))
    /*当输入为空值时循环结束*/
    {   n++;
        gets(a[n]);
    }
    return n;
```

```
}
void find(char a[][100],int n)
{   int i;
    for(i=0;i<n;i++)
      /* ______________________ */
    puts(a[i]);
}
```

2）输入一个大小写混合的字符串，请将字符串中的大写字母转换成小写字母，小写字母转换成大写字母，以生成一个新的字符串。如果有其他字符，请过滤掉。程序运行结果如图 6-30 所示。

图 6-29 程序运行结果（1）

图 6-30 程序运行结果（2）

根据程序运行结果，请将下面的程序补充完整并调试。

```
#include "stdio.h"
#include "string.h"
main()
{   char s1[100],s2[100];
    int i,n=0,m;
    printf("请输入一个字符串：");
    gets(s1);
    m=strlen(s1);
    /*求得字符串的长度*/
    for(i=0;i<m;i++)
    {
       if(islower(s1[i]))
       {   /* ______________ */
           n++;
       }
       else if(isupper(s1[i]))
       {   s2[n]=tolower(s1[i]);
           n++;
       }
       else
         /* ________________________ */
    }
    /*过滤掉非字母字符*/
    printf("从键盘上输入字符串为:%s\n",s1);
    printf("字母大小写转换后且滤掉非字母字符的字符串为:%s",s2);
    getchar();
}
```

6.6 课后习题

6.6.1 实训

一、实训目的

1. 进一步巩固定义与引用的指针变量方法。
2. 进一步巩固一维数组与指针的关系。
3. 进一步巩固二维数组与指针的关系。
4. 进一步巩固指针与函数的关系。
5. 进一步巩固指针与字符串的关系。

二、实训内容

1. 有 12 个数围成一圈，求出相邻 3 个数之和的最小值。

2. 定义一个有 n（偶数）个元素的一维数组，求这个数组第 1 个、第 n 个元素，第 2 个、第 $n-1$ 个元素，依次递推，求出它们两两的和值。

3. 定义一个 $n \times n$ 的二维数组，将各元素的行列互换以实现数组的转置。

4. 编写程序，将一个字符串反向存放。

5. 输入一个字符串，统计其中字母与非字母的个数。

6.6.2 练习题

一、选择题

1. 变量的指针是指该变量的________。

   （A）值　　（B）地址　　（C）名　　（D）一个标志

2. 若有语句 int *point,a=6;和 point=&a;，下面均代表地址的一组选项是________。

   （A）point，*&a　　（B）&*a，&a，*point

   （C）*&point，*point，&a　　（D）&a，&*point，point

3. 下列定义不正确的是________。

   （A）int *p=&i,i;　　（B）int *p,i;

   （C）int i,*p=&i;　　（D）int i,*p;

4. 若有语句 int *p,m=5,n;，以下程序段正确的是________。

   （A）p=&n;
   scanf("%d",&p);

   （B）p=&n;
   scanf("%d",*p);

   （C）scanf("%d",&n);
   *p=n;

   （D）p=&n;
   *p=m;

5. 以下程序执行后，a 的值是________。

```
main()
{   int  a, k=4, m=6, *p1=&k, *p2=&m;
    a=p1==&m;  printf("%d\n", a);  getchar();
}
```

（A）4 （B）1 （C）0 （D）运行时出错，无定值

6. 设指针 x 指向的整型变量的值为 25，则语句 printf(“%d\n” ,++*x);的输出是________。

（A）23 （B）24 （C）25 （D）26

7. 下列定义不正确的是________。

（A）int *p=&i,i; （B）int *p,i;

（C）int i,*p=&i; （D）int i,*p;

8. 若有语句 int a[5],*p=a;，则对 a 数组元素的引用正确的是________。

（A）*&a[5] （B）a+2 （C）*(p+5) （D）*(a+2)

9. 若有语句 int a[10],*p=a;，则 p+5 表示________。

（A）元素 a[5]的地址 （B）元素 a[5]的值

（C）元素 a[6]的地址 （D）元素 a[6]的值

10. 若有语句 int a[9],*p=a;，并在以后的语句中未改变 p 的值，下列表达式不能表示 a[1]地址的是________。

（A）p+1 （B）a+1 （C）a++ （D）++p

11. 设有以下程序段，则程序段的输出结果为________。

```
int arr[]={6,7,8,9,10}, *ptr;
ptr=arr;    *(ptr+2)+=2;
printf ("%d,%d\n",*ptr,*(ptr2));
```

（A）8,10 （B）6,8 （C）7,9 （D）6,10

12. 设有语句 int (*ptr)*(); ，则以下叙述中正确的是________。

（A）ptr 是指向一维组数的指针变量

（B）ptr 是指向 int 型数据的指针变量

（C）ptr 是指向函数的指针，该函数返回一个 int 型数据

（D）ptr 是一个函数名，该函数的返回值是指向 int 型数据的指针

13. 设有说明 int(*ptr)[m];，其中的标识符 ptr 是________。

（A）*m* 个指向整型变量的指针

（B）指向 *m* 个整型变量的函数指针

（C）一个指向具有 *m* 个整型元素的一维数组的指针

（D）具有 *m* 个指针元素的一维指针数组，每个元素都只能指向整型量

14. 若有定义 int a[3][4];，则下列对数组元素 a[i][j](0<=i<3,0<=j<4) 的引用正确的是________。

（A）*(a+4*i+j) （B）*(*(a+i)+j) （C）*(a+i)[j] （D）a[i]+j

15. 执行以下程序段后，m 的值为________。

```
int a[2][3]={{1,2,3},{4,5,6}},m,*p;
```

```
p=&a[0][0];
m=(*p)*(*(p+2))*(*(p+4));
```

（A）15　　（B）14　　（C）13　　（D）12

16．下面程序段的运行结果是________。

```
char  *s="abcde";
s+=2;
printf("%d",s);
```

（A）cde　　（B）字符'c'

（C）字符'c'的地址　　（D）无确定的输出结果

17．若有语句 char *s="\\"Name\\Address\n";，则指针 s 所指字符串的长度为________。

（A）19　　（B）15　　（C）18　　（D）说明不合法

18．设 p1 和 p2 是指向同一个字符串的指针变量，c 为字符变量，则以下不能正确执行的赋值语句是________。

（A）c=*p1+*p2;　　（B）p2=c　　（C）p1=p2　　（D）c=*p1*(*p2);

19．下面程序段的运行结果是________。

```
#include  "stdio.h"
#include  "string.h"
main()
{   char *s1="AbDeG";
    char *s2="AbdEg";
    s1+=2;
    s2+=2;
    printf("%d\n",strcmp(s1,s2));
    getchar();
}
```

（A）正数　　（B）负数　　（C）零　　（D）不确定的值

二、填空题

1．若有定义 int a[]={2,4,6,8,10,12},*p=a;，则*(p+1)的值是______，*(a+5)的值是________。

2．若有以下定义 int a[2][3]={2,4,6,8,10,12};，则 a[1][0]的值是_____，*(*(a+1)+0))的值是________。

3．以下程序的功能：通过指针操作，找出 3 个整数中的最小值并输出。

```
#include "stdlib.h"
main()
{   int *a,*b,*c,num,x,y,z;
    a=&x;b=&y;c=&z;
    printf("输入 3 个整数：");
    scanf("%d%d%d",a,b,c);
    printf("%d,%d,%d\n",*a,*b,*c);
    num=*a;
    if(*a>*b)    _______;
    if(num>*c)   _______;
```

```
    printf("输出最小整数:%d\n",num);
    getchar();
}
```

4. 以下程序将数组 a 中的数据按逆序存放。

```
#define M 8
main()
{   int a[M],i,j,t;
    for(i=0;i<M;i++)
      scanf("%d",a+i);
    i=0;
    j=M-1;
    while(i<j)
    {   t=*(a+i);
        ________;
        *(________)=t;
        i++;
        j--;
    }
    for(i=0;i<M;i++)
      printf("%3d",*(a+i));
    getchar();
}
```

5. 以下程序段中函数 rotate 的功能：将 a 所指 *N* 行 *N* 列的二维数组中的最后一行放到 b 所指二维数组的第 1 列中，把 a 所指二维数组中的第 1 行放到 b 所指二维数组的最后一列中，b 所指二维数组中的其他数据不变。

```
# define N 4
void rotate(int  a[][N],int  b[][N])
{   int  i, j;
    for (i=0; i<N; i++)
    {   b[i][N-1]=________;
        ________=a[N-1][i];
    }
}
```

6. 下面程序段的运行结果是________。

```
char str[]="abc\0def\0ghi",*p=str;
printf("%s",p+5);
```

7. 下面程序的运行结果是________。

```
main()
{   char *a[]={"Pascal","C language","dBase","Coble"},(**p)[];
    int j;
    p=a+3;
    for(j=3;j>=0;j--)
      printf("%s\n",*(p--));
    getchar();
}
```

第 7 章　结构体和共用体

7.1　结构体

学习目标

1）掌握结构体类型的定义方法。
2）掌握结构体类型变量和指针变量的定义和引用方法。
3）掌握结构体类型数组的定义及数组元素的引用。

实例 45　结构体类型变量、指针变量的定义与引用——我的个人信息

实例任务

定义一个结构体类型，然后定义两个自定义结构体类型的变量，通过引用这两个变量输出个人信息。程序运行结果如图 7-1 所示。

```
D:\C语言程序设计实例教程\C语言程序设计实例\实例45.exe
请输入性别和成绩: F 95.5
输出我的学号、姓名、性别、成绩的个人信息为:
     102    lihong  F  95.50
通过指针变量输出我的学号、姓名、性别、成绩的个人信息为:
     102    lihong  F  95.50
```

图 7-1　程序运行结果

实例 45

程序代码

```
#include "stdio.h"
main()
{   typedef struct
    {   int num;
        char *name;
        char sex;
        float score;
    }STU;
    STU girl1, girl2,*girl3;
    /*定义结构体类型*/
    girl1.num=102;
    girl1.name="lihong";
    printf("请输入性别和成绩: ");
    scanf("%c%f",&girl1.sex,&girl1.score);
```

```
    girl2=girl1;
    /*可以为结构体类型的变量整体赋值*/
    girl3=&girl1;
    /*可以指针变量指向结构体类型的变量*/
    printf("输出我的学号、姓名、性别、成绩的个人信息为：\n");
    printf("%10d%10s  %c  %.2f",girl2.num,girl2.name,girl2.sex,girl2.score);
    printf("\n 通过指针变量输出我的学号、姓名、性别、成绩的个人信息为：\n");
    printf("%10d%10s %c %.2f",girl3->num,girl3->name,(*girl3).sex,(*girl3).score);
    getchar();
}
```

相关知识

1．结构体类型的定义

前面学过众多的类型定义符，它们的共同特点是定义的变量在内存中的空间大小都是固定的。现实生活和工作中，这种单一表现有很大的局限性，结构体类型是在应用原有类型的基础上构造的一种类型，其成员丰富，引用时可以整体引用。以前学过的数组在定义后所有数组元素都属同一类型，而本章所学结构体的各个成员可以是不同类型的。它的定义形式为：

```
struct 结构体标识符
{   类型名  成员变量名 1;
    类型名  成员变量名 2;
    …
    类型名  成员变量名 n;
}
```

这里，struct 是定义结构体类型的关键字，结构体标识符要求是合法的 C 语言标识符。本实例中定义了一个记录个人信息的结构体，有 num、name、sex、score 这 4 个成员。

2．结构体类型的变量和指针变量的定义

定义结构体类型变量的方法有多种。可以在定义结构体的同时定义结构体类型的变量；也可以先定义结构体类型，再定义相应的变量；还可以通过 typedef 关键字先为定义的结构体类型命名，再用新名字定义结构类型的变量。

对于结构体类型的变量，定义时在内存空间中为其分配存储空间，分配时按先后顺序连续分配，所占空间总的大小为所有成员所占空间大小的和值。

本实例是在定义的同时将结构体类型重新命名为 STU，然后用新名字直接定义结构体类型的变量和指针变量。

以下程序段是在定义结构体类型的同时定义结构体类型的变量。

```
struct  stu
{   int num;
    char *name;
    char sex;
    float score;
}s,*p;
```

以下程序段是先定义好结构体类型，再单独写一条语句定义结构体类型的变量。

```
struct  stu
{   int num;
    char *name;
    char sex;
    float score;
};
struct stu  s,*p;
```

以下程序段是结构体类型的嵌套定义，引用时分层引用，不可越层。

```
struct  stu
{   int num;
    char *name;
    struct  date
    {   int  year;
        int  month;
        int  day;
    }birthday;
    char sex;
    float score;
}s,*p;
```

以下程序段是在定义结构体类型变量的同时对变量进行了初始化。

```
struct  stu
{   int num;
    char *name;
    char sex;
    float score;
}s={101,"lihong",'F',95.5},*p;
```

定义结构体类型时，可以用关键字 typedef 为定义的结构体类型变量重新命名，然后用这个新名字来定义结构类型的变量。如本实例中的如下定义形式：

```
typedef struct
{   int num;
    char *name;
    char sex;
    float score;
}STU;
STU girl1, girl2,*girl3;    /*定义结构体类型变量*/
```

typedef 还可以用来为其他类型起别名，如 int、char 等。例如：

```
typedef  char  NAME[10];
NAME  p1,p2;
```

相当于如下定义：

```
char  p1[10],p2[10];
```

3．结构体成员的引用

结构体成员的引用与数组元素的引用相似，对各个成员要分别引用。结构体成员引用的运算符有“*”和“->”，引用形式如下：

```
结构体变量名.结构体成员
结构体变量指针->结构体成员
(*结构体变量指针).结构体成员
```

在本实例中，相对应的表达式有：

```
girl2.num
girl3->num
(*girl3).sex
```

实例 46　结构体类型的数组的定义与引用——成绩统计

实例任务

嵌套定义一个结构体，定义一个结构类型的变量并赋初值，编程输出学生的信息并输出每位同学的平均成绩和总成绩。程序运行结果如图 7-2 所示。

D:\C语言程序设计实例教程\C语言程序设计实例\实例46.exe

五名同学的成绩表:

姓名	出生年月	语文	数学	英语	平均分	总分
李一	1980-5 -12	69	82	91	80	242
李二	1981-6 -26	73	68	81	74	222
李三	1980-12-7	88	81	75	81	244
李四	1981-7 -30	77	95	61	77	233
李五	1980-1 -22	96	71	64	77	231

图 7-2　程序运行结果

程序代码

```
#include "stdio.h"
struct birthday
{   int year;
    int month;
    int day;
};
struct student
{   char name[10];
    struct birthday date;
    int chinese;
    int math;
    int english;
    int ave;
    int count;
}stu[5]={ {"李一",1980,5,12,69,82,91},
        {"李二",1981,6,26,73,68,81},
        {"李三",1980,12,7,88,81,75},
        {"李四",1981,7,30,77,95,61},
```

```
        {"李五",1980,1,22,96,71,64}};
/*嵌套定义结构体类型，定义结构体类型数组的同时进行初始化*/
main()
{   char *p[10]={"姓名","出生年月","语文","数学","英语","平均分","总分"};
    int i;
    for(i=0;i<5;i++)
    {   stu[i].count=stu[i].chinese+stu[i].math+stu[i].english;
        stu[i].ave=(stu[i].count)/3;
    }
    printf("五名同学的成绩表：\n");
    for(i=0;i<7;i++)
      printf("%-12s",p[i]);
    for(i=0;i<5;i++)
      printf("\n%-12s%-4d-%-2d-%-6d%-12d%-12d%-12d%-12d%-12d",stu[i].name,
stu[i].date.year,stu[i].date.month,stu[i].date.day,stu[i].chinese,stu[i].
math,stu[i].english,stu[i].ave,stu[i].count);
    getchar();
}
```

相关知识

1. 结构体类型数组的定义

结构体类型一旦定义，就可以和 C 语言的基本类型一样定义数组，只是每个数组元素都是该结构体类型。

在本实例中，在定义结构体类型 student 的同时定义结构体类型数组，并为每个数组元素赋初值。每个数组元素都是结构体类型，赋值时按各成员的顺序依次赋值，且每个数组元素的值用{}括起来。

当定义结构体类型的二维数组时，要分行赋值，详见本实例中为 stu[5]数组赋值的过程。

2. 结构体类型数组元素的引用

引用结构体类型数组元素时，要指明引用哪个数组元素的哪个成员，如表达式 stu[i].count 就是引用数组元素 stu[i]的 count 成员。

当结构体类型数组元素为结构体类型指针变量赋值时，可以直接取该数组元素的地址；让该指针变量指向该数组元素，则可以通过指针变量引用数组元素的各个成员。

实例 47　函数之间结构体类型变量的数据传递——输出排序后的姓名和学号

实例任务

实例 47

输入几名学生的姓名和学号，然后按学号由小到大的顺序排序，再输出排序后的结果。程序运行结果如图 7-3 所示。

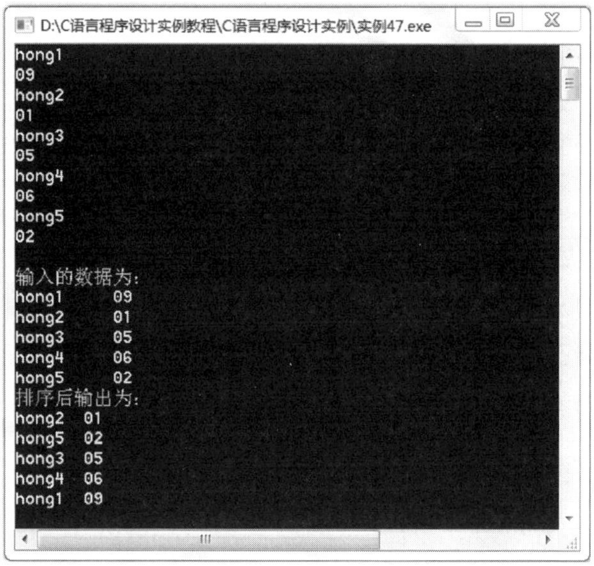

```
D:\C语言程序设计实例教程\C语言程序设计实例\实例47.exe
hong1
09
hong2
01
hong3
05
hong4
06
hong5
02

输入的数据为:
hong1     09
hong2     01
hong3     05
hong4     06
hong5     02
排序后输出为:
hong2  01
hong5  02
hong3  05
hong4  06
hong1  09
```

图 7-3　程序运行结果

程序代码

```
#include "stdio.h"
typedef struct
{   char  name[20];
    char  number[5];
}STU;
main()
{   STU s[5];
    int i;
    for(i=0;i<5;i++)
      getdata(&s[i]);
      /*将结构体类型变量的地址传递给形参*/
    printf("\n 输入的数据为: ");
    for(i=0;i<5;i++)
      printf("\n%-10s%-5s",s[i].name,s[i].number);
    tosort(s);
    /*将结构体类型的一维数组元素的首地址传递给形参*/
    outdata(s);
    getchar();
}
getdata(STU *p)
{
    gets(p->name);
    gets(p->number);
}
tosort(STU *p)
{   int i,j,k;
    STU temp;
    for(i=0;i<4;i++)
    {   k=i;
```

```
        for(j=i+1;j<5;j++)
          if(strcmp(p[k].number,p[j].number)>0)
            k=j;
        temp=p[k];p[k]=p[i];p[i]=temp;
     }
}
outdata(STU *p)
{   int i;
    printf("\n 排序后输出为: \n");
    for(i=0;i<5;i++)
      printf("%s  %s  \n",p[i].name,p[i].number);
}
```

相关知识

1．向形参传递结构体类型变量成员的值

结构体变量的成员与前几章学过的基本数据类型的变量、数组、指针变量等是一样的。值传递时，可以直接传递成员的值；地址传递时，直接取成员的地址传递给形参就可以了。

2．向形参传递结构体类型变量的值

当向形参传递结构体类型变量的值的时候，须将形参定义为该结构体类型。在自定义函数内对形参的任何重新赋值过程不会影响到实参。

3．向形参传递结构体类型变量的地址

当向函数传递结构体类型变量的地址时，须将对应的形参基类型定义为该结构体类型的指针变量。这样指针变量直接指向实参的结构体类型变量，系统中只须开辟一个存储单元存放指针变量即可。本实例中调用 getdata 函数时，向形参传递的就是结构体类型变量的地址。

4．向形参传递结构体类型数组名

当向函数传递结构体类型数组名时，须将形参基类型定义为该结构体类型的指针变量。因为数组名的值就是这个数组的首地址，数据传递后该指针变量就指向这个结构体类型的数组，引用时可以通过指针的移动来引用各个数组元素，且自定义函数时对结构体成员的重新赋值即对实参各个成员的重新赋值。本实例中调用 tosort 和 outdata 函数时，向形参传递的是结构体类型数组名。

5．函数返回结构体类型值或返回指向结构体类型的指针

结构体类型除定义变量、指针变量、数组等元素外，还可以定义函数，来返回结构体类型的值或指针值。这在用法上和其他类型的函数一样，需要在调用处定义相同基类型的变量来接收函数返回的值。

课堂精练

1）定义一个结构体类型，然后通过调用函数为之赋值。程序运行结果如图 7-4 所示。

根据程序运行结果，请将下面的程序补充完整并调试。

```
#include  "stdio.h"
struct  stu
{   char  name;
    int  num;
};
struct stu fun(struct stu y)
{   printf("\n 请输入更换的值：\n");
    scanf("%c",&y.name);
    ______________________________
    return y;
}
main()
{   struct  stu  x;
    scanf("%c",&x.name);
    scanf("%d",&x.num);
    printf("\n 你输入的值为：\n");
    printf("%c  %d",x.name,x.num);
    ______________________________
    printf("\n 你更换后的值为：\n");
    printf("%c  %d",x.name,x.num);
    getchar();
}
```

2）输入结构体类型变量的两个成员值，然后通过调用返回地址值的函数为两个成员赋另外一组值。程序运行结果如图 7-5 所示。

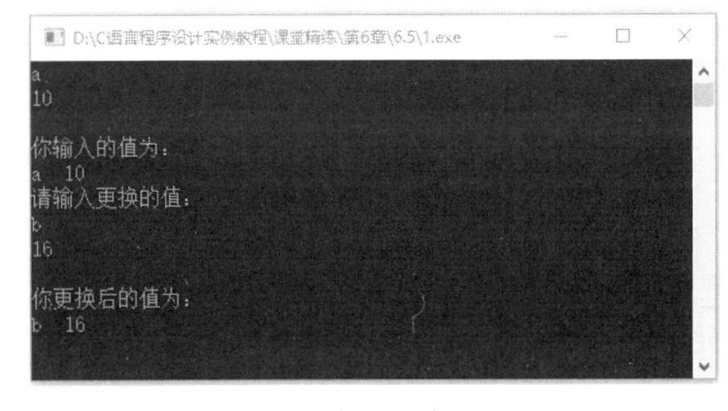

图 7-4　程序运行结果（1）

图 7-5　程序运行结果（2）

根据程序运行结果，请将下面的程序补充完整并调试。

```
#include  "stdio.h"
struct  stu
{   char  name;
    int  num;
};
struct stu *fun(struct stu *y)
/*自定义函数，函数返回指针*/
{   printf("\n 请输入更换的值：\n");
    scanf("%c",&y->name);
    ____________________________________
}
```

```
main()
{   struct  stu  x,*p;
    scanf("%c",&x.name);
    scanf("%d",&x.num);
    printf("\n 你输入的值为: \n");
    printf("%c  %d",x.name,x.num);
    ______________________________
    printf("\n 你更换后的值为: \n");
    printf("%c  %d",(*p).name,p->num);
    getchar();
}
```

7.2 链表

学习目标

1）掌握动态开辟存储空间的相关函数的使用。
2）掌握单向链表的建立方法。
3）掌握链表的基本操作中相关函数的使用。

实例 48　单向链表的建立——输出 5 名同学的信息

实例任务

定义一个结构体类型的数组，然后将 5 个数组元素连接起来生成一个链表，通过每个结构体类型数组元素的指针成员输出每名同学的信息。程序运行结果如图 7-6 所示。

```
D:\C语言程序设计实例教程\C语言程序设计实例\实例49.exe
请依次输入五名同学的姓名和学号:
hong1
11
hong2
12
hong3
13
hong4
14
hong5
15
请输出这五名同学的个人信息:
        hong1        11
        hong2        12
        hong3        13
        hong4        14
        hong5        15
```

图 7-6　程序运行结果

程序代码

```
#include  "stdio.h"
```

```
#include  "string.h"
typedef struct student
{   char name[20];
    int  num;
    struct  student  *next;
} ST;
main()
{   ST a[5],*head,*p;
    /*定义 a[5]是有 5 个元素的结构体类型的数组*/
    int i;
    printf("请依次输入五名同学的姓名和学号:\n");
    for(i=0;i<5;i++)
    {   gets(a[i].name);
        scanf("%d",&a[i].num);
    }
    head=a;
    /*头指针 head 指向第一个数组元素*/
    a[0].next=a+1;/*将第 2 个数组元素连接到第 1 个数组元素的后面*/
    a[1].next=a+2;/*将第 3 个数组元素连接到第 2 个数组元素的后面*/
    a[2].next=a+3;
    a[3].next=a+4;
    a[4].next='\0';
    /*最后一个数组元素的指针成员不再有任何指向，赋值为'\0'*/

    p=head;/*p 先指头指针*/
    printf("请输出这五名同学的个人信息：\n");
    for(i=0;i<5;i++)
    {   printf("%15s",p->name);
        printf("%10d\n",p->num);
        p=p->next;
    }
    /*通过每个节点的 next 成员值，实现了链表节点的后移*/
    getchar();
}
```

相关知识

1．结构体成员可以为指向本结构体的指针

定义结构体类型变量时，可以将结构体成员定义为各种基本类型，也可以定义为指向本结构体类型的指针。本实例中结构体类型变量中的 next 成员就是指向自身的指针变量，这样可以通过这个变量记录下一个相同类型的结构体类型变量或数组元素，从而在逻辑上连接起来，生成一个链表。

2．单向链表的建立

本实例中，结构体类型变量中含有一个指向自身的指针变量，通过这个指针变量，将 5 个数组元素连接起来，从而引用结构体类型数组元素的各个成员。其链表形式如图 7-7 所示。

头指针　head
数据域　指针域　next　a[0]
数据域　指针域　next　a[1]
数据域　指针域　next　a[2]
数据域　指针域　next　a[3]
数据域　指针域　'\0'　a[4]

图 7-7　链表的构成

链表中的每个元素在链表中称为节点。存储这些节点的空间可以连续，也可以不连续，都是通过指针域连接到一起的。

单向链表都有一个头指针，它指向链表的第一个节点，这个节点也称为链表的头节点。链表的最后一个结点为尾节点，因其指针域不再有任何指向，其指针域赋值为 NULL（空），通常赋值为'\0'。在本实例中，a[4]元素的指针域赋值为'\0'。

实例 49　动态链表的建立及常用操作——输出学生的信息

实例任务

动态开辟存储空间，将新建立的各个节点依次链接到链表中，然后按顺序输出学生的学号和姓名信息。程序运行结果如图 7-8 所示。

```
D:\C语言程序设计实例教程\C语言程序设计实例\实例49.exe
请输入学生的学号为:
10
请输入学生的姓名为:
lihong1
请输入学生的学号为:
20
请输入学生的姓名为:
lihong2
请输入学生的学号为:
30
请输入学生的姓名为:
lihong3
请输入学生的学号为:
 0
节点已经插入，成功!
学生的学号为: 10   姓名为: lihong1
学生的学号为: 20   姓名为: lihong2
学生的学号为: 30   姓名为: lihong3
```

图 7-8　程序运行结果

程序代码

```
#include  "stdio.h"
#include  "string.h"
#include  "stdlib.h"
typedef struct  student
{   int num;
    char name[20];
```

```
    struct student  *next;
}ST;/*为结构体命别名为 ST*/
main()
{   ST *head,*p,*s,new;
    head='\0';/*初始化头指针，或用语句 head=NULL;*/
    /*创建一个空链表，并将头指针各参数初始化*/
    head=malloc(sizeof(ST));/*为头指针动态开辟存储空间*/
    if(head==NULL)
    {   printf("没有足够的内存！请返回！");
        return;
    }
    head->next=NULL;
    head->num=0;

    /*在链表中插入节点*/
    p=head;/*p 先指向头指针*/
    do
    {   printf("请输入学生的学号为：\n");
        scanf("%d",&new.num);
        if(new.num==0)/*学号为 0 时循环结束*/
             break;
        printf("请输入学生的姓名为：\n");
        scanf("%s",new.name);
        s=malloc(sizeof(ST));/*开辟一个 ST 结构体类型的存储空间*/
        if(s==NULL)
        {   printf("没有足够的内存！请返回！");
            return;
        }
        strcpy(s->name,new.name);/*将姓名存入 s 节点中*/
        s->num=new.num;/*将学生存入 s 节点中*/
        s->next=NULL;/*将 s 节点的指针域赋值为空*/
        p->next=s;/*将 s 节点连接到链表的结尾*/
        p=s;/*p 指向新产生的节点*/
        }while(1);
        printf("节点已经插入，成功！\n");
        p=head->next;/*p 指向头节点*/
        while(p!=NULL)/*只要 p 所指向节点的指针域不为空，循环不结束*/
        {   printf("学生的学号为：%d    姓名为：%s\n",p->num,p->name);
            p=p->next;/*指针逐个节点后移*/
    }
        getchar();
}
```

相关知识

1. 动态链表

对于已经存在的各个相同类型的结构体类型的变量或数组元素，可以通过指针域连接成链表。对于结构体类型的存储空间，可以在程序运行过程中根据需要动态开辟。动态链表就是这样一种能动态地进行存储空间分配的数据结构。

2．malloc()函数

C 语言中提供了一个函数 malloc()，该函数保存在头文件 stdlib.h 中。它用于根据需要动态地为链表开辟存储空间，其函数值为所开辟空间的起始地址，并赋值给一个与其数据类型相同的指针变量。其使用形式为：

```
s=malloc(sizeof(数据类型));
```

例如：

```
s=malloc(sizeof(char[5]));   /*开辟 5 个字符的存储空间*/
s=malloc(sizeof(int));       /*开辟 2 个字节的整型存储空间*/
s=malloc(sizeof(ST));        /*开辟 1 个别名为 ST 的结构体类型存储空间*/
```

3．free()函数

为了防止资源浪费，系统提供了另外一个函数 free()，用于释放指针所指向的存储空间。该函数也保存在头文件 stdlib.h 中。其使用形式为：

```
free(指针变量);
```

实例 50　链表的操作——学生信息管理系统

实例任务

建立一个目录，其中有 6 个选项，根据需要选择其中一项进行操作，来实现链表的创建、节点插入、信息查找、删除节点、浏览信息、退出等功能。程序运行结果如图 7-9 所示。

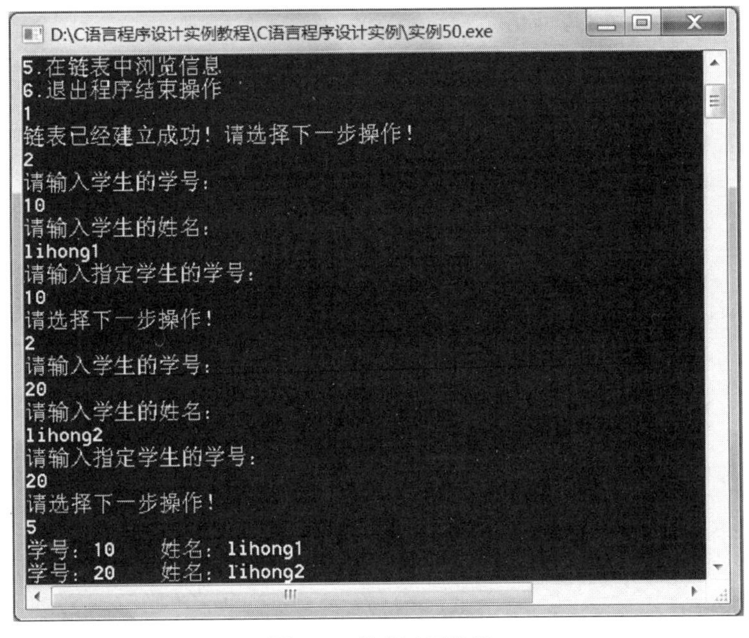

图 7-9　程序运行结果

程序代码

```
#include "stdio.h"
#include "stdlib.h"
#include "string.h"
typedef struct student
{   int num;
    char name[20];
    struct student *next;
}ST;
ST *create_list();
/*创建链表，只有头指针*/
int insert_list(ST *head,ST *stu,int n);
/*向链表插入节点，n值用于指定插入的学号*/
int delete_list(ST *head,ST *stu);
/*从链表删除指定的节点，按姓名删除*/
ST *find_list(ST*head,ST *stu);
/*从链表中查找节点，显示个人信息*/
void browse_list(ST *head(D);
/*将链表中各节点的信息全部输出*/
main()
{   ST *head,new;/*head为链表的头指针，new为新建节点*/
    int number,n;/*用于选择操作选项号*/
    head='\0';/*头指针初始化*/
    printf("请选择操作选项(1-6):\n");
    printf("1.建立学生信息链表\n");
    printf("2.插入一名新的学生\n");
    printf("3.从链表中删除学生\n");
    printf("4.在链表中查找学生\n");
    printf("5.在链表中浏览信息\n");
    printf("6.退出程序结束操作\n");
    do
    {   scanf("%d",&number);
        if(number>6||number<=0)/*操作项目编写为1-6*/
        {   printf("超出操作选项编号，请重新输入");
            continue;
        }
        switch(number)
        {   case 1:
               if(head=='\0')
                   head=create_list();
               break;
          case 2:
               if(head=='\0')
               {   printf("链表尚未创建！请先创建链表！\n");
                   break;
               }
               do
               {   printf("请输入学生的学号：\n");
                   scanf("%d",&new.num);
               printf("请输入学生的姓名：\n");
```

```
            scanf("%s",new.name);
            printf("请输入指定学生的学号: \n");
            scanf("%d",&n);
            insert_list(head,&new,n);
            printf("请选择下一步操作！\n");
         }while(new.num==0);
         break;
      case 3:
         printf("请输入待删除学生的姓名: \n");
         scanf("%s",&new.name);/*按输入的姓名删除*/
         delete_list(head,&new);
         break;
      case 4:
         printf("请输入待查找学生的姓名: \n");
         scanf("%s",&new.name);/*按输入的姓名查找*/
         find_list(head,&new);
         break;
      case 5:
         browse_list(head (D) ;/*将链表头指针作为实参传递*/
         break;
      case 6:
         return;     }
   } while(1);
   getchar();
}
```

相关知识

1．链表的建立函数

利用 malloc()函数开辟一个存储空间，对其进行初始化后将头指针返回调用处。函数代码为：

```
ST *create_list()
{   ST *head;
    head=malloc(sizeof(ST));      /*为头指针动态开辟存储空间*/
    if(head!=NULL)
       printf("链表已经建立成功！请选择下一步操作！\n");
    else
       printf("内存不足！\n");
    head->next=NULL;              /*将头指针指针域赋值为空*/
    head->num=0;                  /*num 域赋值为 0*/
    return head;                  /*返回创建链表的头指针地址*/
}
```

2．插入节点函数

对于已经创建的链表，可以向链表插入节点。插入过程分两种情况，一种是插入到链表结尾，另一种是插入到指定位置。本实例中指定插入位置 n，过程如图 7-10 所示，其中虚线部分为原链表中 q、p 所指向节点的连接情况。

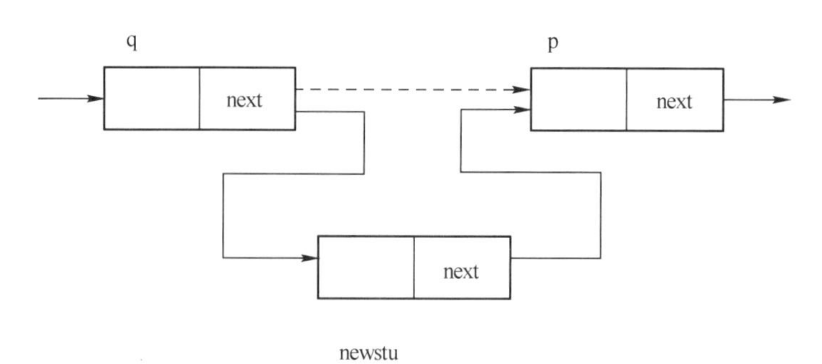

图 7-10 插入节点的过程

插入节点函数的代码为：

```
int insert_list(ST *head,ST *stu,int n)
{   ST *q,*p,*newstu;
    newstu=malloc(sizeof(ST));          /*新开辟一空间，用于存放新插入的节点*/
    if(newstu==NULL)
    {   printf("内存空间不足! \n");
        return 0;
    }
    q=head;
    p=head->next;
    while(p!=NULL&&n!=q->num)
    {   q=p;        /*q 记录插入位置的前一节点，p 记录后一节点*/
        p=p->next;                      /*通过移动指针变量 p 来查找插入的位置*/
    }
    q->next=newstu;                     /*q 的 next 域值为新插入节点的地址值*/
    newstu->next=p;                     /*新插入节点的 next 域存放后一节点的地址值*/
    strcpy(newstu->name,stu->name);  /*数据成员域分别从调用处得到值*/
    newstu->num=stu->num;
    return 1;
}
```

3. 删除节点函数

删除节点时，首先要找到指定的节点，然后要将断链重新接上，再将被删除节点所占的存储空间释放掉，图 7-11 中的虚线部分为被删除的节点。

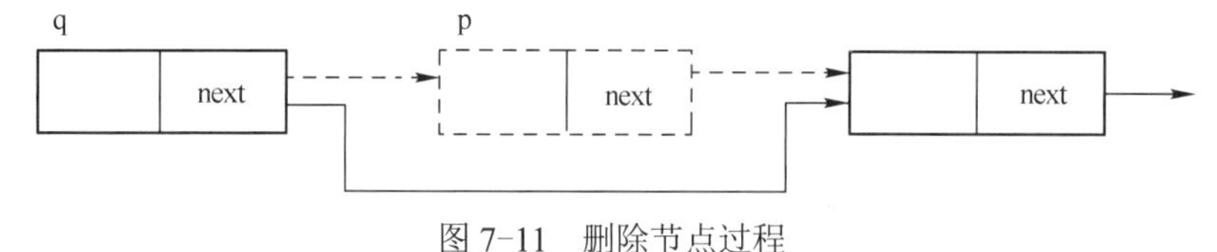

图 7-11 删除节点过程

删除节点函数的代码为：

```
int delete_list(ST *head,ST *stu)
{   ST *q,*p;
    q=head;
    p=head->next;
    while(p!=NULL&&strcmp(p->name,stu->name))
    /*调用函数 strcmp 查找姓名字符串，直到找到相同的字符串为止*/
    {   q=p;
        p=p->next;                      /*通过 p 的移动来查找*/
```

```
    }
    if(p!=NULL)
    {   q->next=p->next;
        free(p);                        /*如果删除节点，要释放掉它占用的空间*/
        printf("删除成功！");
        return 1;
    }
    else
    {   printf("查无此人！");
        return 0;
    }
    printf("请选择下一步操作！\n");
}
```

4．查找节点函数

由于链表中各节点的存储空间并不一定连续，但可以通过各节点的指针域查找指定条件的节点。本函数用来查找指定姓名的节点，如果找到，则返回该节点的首地址；如果找不到，则返回空指针。

查找节点函数的代码为：

```
ST *find_list(ST *head,ST *stu)
{   ST *p;
    p=head;
    while(p!=NULL&&strcmp(p->name,stu->name))
        /*调用函数 strcmp 查找姓名字符串*/
        p=p->next;
    if(p!=NULL)
        printf("学号：%d    姓名：%s\n",p->num,p->name);
    else
        printf("查无此人！");
    printf("请选择下一步操作！\n");
    return p;
}
```

5．浏览信息函数

链表将位于不同存储空间位置的相同数据结构的节点连接起来，那么可以通过移动指向各节点的指针访问各个节点。

浏览信息函数的代码为：

```
void browse_list(ST *head (D)
{   ST *p;
    p=head->next;
    while(p!=NULL)
    {   printf("学号：%d    姓名：%s\n",p->num,p->name);
        p=p->next;
    }
    printf("请选择下一步操作！\n");
}
```

课堂精练

1）计算一组同学的平均成绩，并统计不及格的人数。程序运行结果如图7-12所示。

图7-12 程序运行结果（1）

根据程序运行结果，请将下面的程序补充完整并调试。

```
#include "stdio.h"
struct stu
{   int  num;
    char name[20];
    float score;
}student[5]={{10,"stu0",65},
             {20,"stu1",38},
             {30,"stu2",92.5},
             {40,"stu3",48.5},
             {50,"stu4",76}};
main()
{   int i,count=0;
    float ave,sum=0.0;
    for(i=0;i<5;i++)
    {   sum+=student[i].score;
        if(student[i].score<60)
        ____________________________________
    }
    printf("这组学生的平均成绩为%.2f\n",sum/5);
    ______________________________________
    getchar();
}
```

2）创建一个结构体类型，然后动态生成几个节点并建立起链表。输出5名同学的平均成绩，并统计不及格学生的人数。程序的运行结果如图7-13所示。

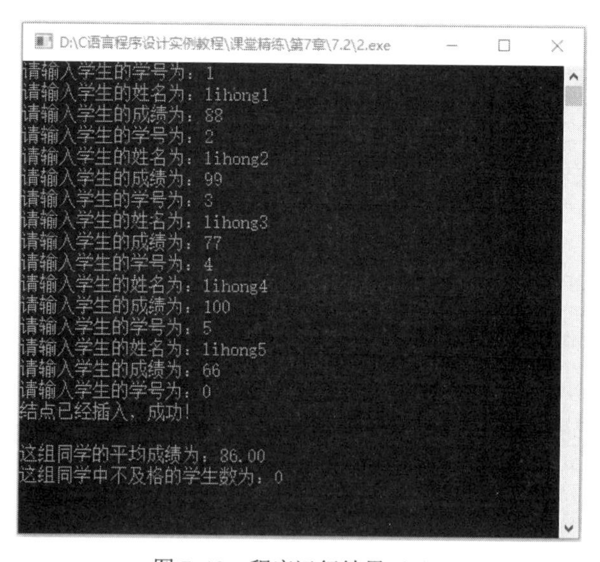

图7-13 程序运行结果（2）

根据程序运行结果，请将下面的程序补充完整并调试。

```
#include  "stdio.h"
#include  "string.h"
#include  "stdlib.h"
typedef struct  student
{   int num;
    char name[20];
    float score;
    struct student  *next;
}ST;/*为结构体命别名为 ST*/
main()
{   ST *head,*p,*s,new;
    int count1=0,count2=0;
    float sum=0.0;
    head='\0';                    /*初始化头指针，或用语句 head=NULL;*/
    /*创建一个空链表，并将头指针各参数初始化*/
    head=malloc(sizeof(ST));      /*为头指针动态开辟存储空间*/
    if(head==NULL)
    {   printf("没有足够的内存！请返回！");
        return;
    }
    head->next=NULL;
    head->num=0;
    head->score=0.0;
    /*在链表中插入节点*/
    p=head;  /*p 先指向头指针*/
    do
    {   printf("请输入学生的学号为：");
        scanf("%d",&new.num);
        if(new.num==0)            /*学号为 0 时循环结束*/
          break;
        printf("请输入学生的姓名为：");
        scanf("%s",new.name);
        printf("请输入学生的成绩为：");
        scanf("%f",&new.score);
        s=malloc(sizeof(ST));     /*开辟一个 ST 结构体类型的存储空间*/
        if(s==NULL)
        {   printf("没有足够的内存！请返回！");
          return;
    }
    strcpy(s->name,new.name);/*将姓名存入 s 节点中*/
    s->num=new.num;/*将学生存入 s 节点中*/
    ________________________________________
    s->next=NULL;/*将 s 节点的指针域赋值为空*/
    p->next=s;/*将 s 节点连接到链表的结尾*/
    p=s;/*p 指向新产生的节点*/
}while(1);
printf("节点已经插入，成功！\n");
/*统计不及格学生的人数*/
p=head->next;/*p 指向头节点*/
while(p!=NULL)/*只要 p 所指向节点的指针域不为空，循环不结束*/
{    sum+=p->score;
```

```
        if(p->score<60)
        count2++;
        p=p->next;  /*指针逐个节点后移*/
    }
    printf("\n这组同学的平均成绩为：%.2f\n",sum/count1);
    printf("这组同学中不及格的学生数为：%d",count2);
    getchar();
}
```

7.3 共用体与枚举类型

学习目标

1）掌握共用体类型的定义方法。
2）掌握共用体类型变量或数组元素各成员的引用方法。
3）掌握枚举类型的定义及枚举成员的引用方法。

实例 51 共用体类型的定义与变量引用——灵活应用存储空间

实例任务

定义一个共用体类型，并定义一个共用体类型的变量，分别对 3 个成员域赋值，然后输出各成员域的值。程序运行结果如图 7-14 所示。

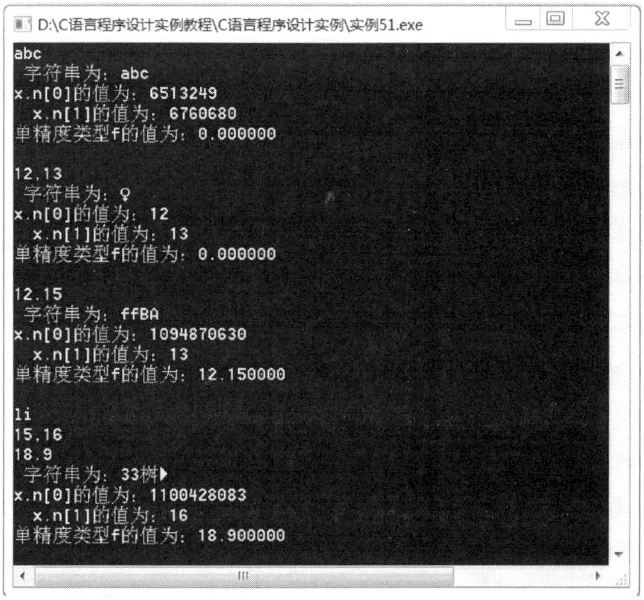

```
D:\C语言程序设计实例教程\C语言程序设计实例\实例51.exe
abc
 字符串为：abc
x.n[0]的值为：6513249
  x.n[1]的值为：6760680
单精度类型f的值为：0.000000

12,13
 字符串为：♀
x.n[0]的值为：12
  x.n[1]的值为：13
单精度类型f的值为：0.000000

12.15
 字符串为：ffBA
x.n[0]的值为：1094870630
  x.n[1]的值为：13
单精度类型f的值为：12.150000

li
15,16
18.9
 字符串为：33樹▶
x.n[0]的值为：1100428083
  x.n[1]的值为：16
单精度类型f的值为：18.900000
```

图 7-14 程序运行结果

程序代码

```
#include "stdio.h"
union num
{   char c[10];
    int n[2];
    float f;
};
main()
{   union num x;
    scanf("%s",&x.c);
    getchar();
    printf(" 字符串为：%s\n",x.c);
    printf("x.n[0]的值为：%d\n  x.n[1]的值为：%d\n",x.n[0],x.n[1]);
    printf("单精度型 f 的值为：%f\n\n",x.f);

    scanf("%d,%d",&x.n[0],&x.n[1]);
    getchar();
    printf(" 字符串为：%s\n",x.c);
    printf("x.n[0]的值为：%d\n  x.n[1]的值为：%d\n",x.n[0],x.n[1]);
    printf("单精度型 f 的值为：%f\n\n",x.f);

    scanf("%f",&x.f);
    getchar();
    printf(" 字符串为：%s\n",x.c);
    printf("x.n[0]的值为：%d\n  x.n[1]的值为：%d\n",x.n[0],x.n[1]);
    printf("单精度型 f 的值为：%f\n\n",x.f);

    scanf("%s",&x.c);
    getchar();
    scanf("%d,%d",&x.n[0],&x.n[1]);
    getchar();
    scanf("%f",&x.f);
    getchar();
    printf(" 字符串为：%s\n",x.c);
    printf("x.n[0]的值为：%d\n  x.n[1]的值为：%d\n",x.n[0],x.n[1]);
    printf("单精度型 f 的值为：%f\n\n",x.f);
    /*后面新赋的值依次覆盖前面的值*/
    getchar();
}
```

相关知识

1. 共用体类型的定义

共用体又称为联合体，它是与结构体类型相近的一种自定义类型。与结构体不同的是，它的各个成员分别占用同一存储空间。对于共用体的所有成员，新赋值的成员将覆盖原有成员所得到的值。共用体中最大成员的大小决定共用体类型元素存储空间的大小。在本实例中，共用体成员 c[10]占用 10 个字节的空间，因此该共用体类型变量占用的空间为 10 个字节。共用体的定义形式：

```
union 共用体标识符
{   类型名  成员变量名 1;
    类型名  成员变量名 2;
        …
    类型名  成员变量名 n;
}
```

2. 共用体类型变量的引用

共用体类型变量的引用方法与结构体相同，可以通过“*”和“->”来引用共用体成员的值。形式如下：

```
共用体变量.成员名;
共用体类型指针变量->成员名;
(*共用体类型变量指针).共用体成员;
```

实例 52

实例 52　枚举类型——输出给定月份的天数

实例任务

定义一个枚举类型，输入待查询的月份总数后，输出所查询的每个月份的天数。程序运行结果如图 7-15 所示。

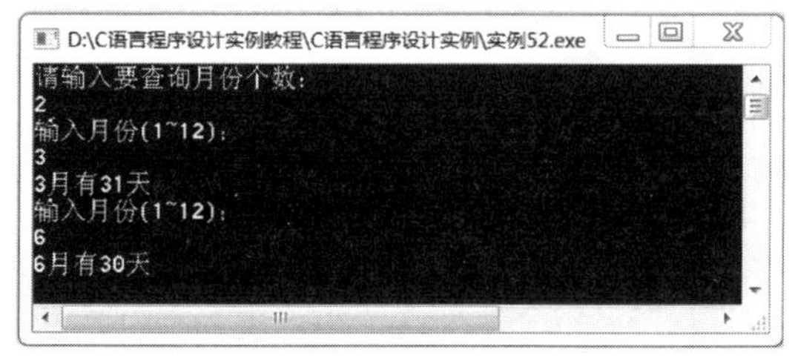

图 7-15　程序运行结果

程序代码

```
#include "stdio.h"
enum month {Jan=1,Feb,Mar,Apr,May,Jun,Jul,Aug,Sep,Oct,Nov,Dec};
/*定义枚举类型*/
main()
{   enum month mon;
    int i,n;
    printf("请输入要查询月份个数: \n");
    scanf("%d",&n);/*先确定要查询几个月份*/
    getchar();
    for(i=0;i<n;i++)
    {   printf("输入月份(1~12): \n");
        scanf("%d",&mon);/*输入欲查询的月份*/
        getchar();
        switch(mon)
        {   case Jan:
            case Mar:
            case May:
            case Jul:
            case Aug:
            case Oct:
            case Dec:
            {   printf("%d 月有%d 天\n",mon,31);
                break;
```

```
        }
        case Feb:
        {   printf("%d月有%d天\n",mon,28);
            break;
        }
        case Apr:
        case Jun:
        case Sep:
        case Nov:
        {   printf("%d月有%d天\n",mon,30);
            break;
        }
        default:
        {   printf("输入数据有误！");
            break;
        }
        }
    }
    getchar();
}
```

相关知识

1. 枚举类型的定义

在程序设计过程中，往往有一些有固定个数元素的量。如一年有 12 个月，一星期有 7 天，空间有东、西、南、北 4 个方向等，对于这样的数据结构可以通过枚举类型来定义。枚举类型是将变量所有的值一一列举出来、给定一个限定范围的数据结构。其定义形式如下：

```
enum  枚举类型标识符
{     标识符 [=整型常量 1] ,
      标识符 [=整型常量 2] ,
      …
      标识符 [=整型常量 n] ,
};
```

在定义枚举类型时，后面的整型常量是枚举成员的值。如果将整型常量表达式均省略，表示默认从 0 依次赋值为 0、1、2、3、……。枚举类型元素在被定义后，其身份均为常量，不能再为其赋值。

在定义枚举类型时，可以强制为各元素赋值，如：

```
enum week {sun=7,mon=1,tue,wed,thu,fri,sat};
```

则 sun 值为 7，mon 值为 1，tue 值为 2，依次类推为 3，4，5，6。

2. 枚举类型变量的定义与引用

枚举类型变量的定义可以在定义枚举类型的同时进行，也可以先定义枚举类型，再定义枚举类型变量。可以为下面 3 种形式之一：

```
enum week {sun,mon,tue,wed,thu,fri,sat};
enum week a,b,c;
```

或

```
enum week {sun,mon,tue,wed,thu,fri,sat} a,b,c;
```

或

```
enum {sun,mon,tue,wed,thu,fri,sat} a,b,c;
```

枚举类型变量被认为是有范围的整型变量，所赋的值也应该是枚举类型的。如果不是枚举类型，则应强制转换其类型为枚举类型。枚举类型变量赋值的一般形式为：

```
枚举变量=枚举值;
```

课堂精练

1）定义一个共用体类型，定义其变量后为其成员依次赋值，然后输出各成员的值。程序运行结果如图 7-16 所示。

图 7-16 程序运行结果（1）

根据程序运行结果，请将下面的程序补充完整并调试。

```
#include "stdio.h"
typedef union
{   int num;
    float f;
}UN;
main()
{   UN  x;
    x.num=10;
    x.f=10.5;
    printf("请输出 x.num 成员的值为：%d\n",x.num);
    ____________________________________
    getchar();
}
```

2）定义一个枚举类型，为第一个枚举成员赋值为 1，然后定义一个枚举类型数组并通过枚举成员为之赋值，输出各数组元素的值。程序运行结果如图 7-17 所示。

图 7-17 程序运行结果（2）

根据程序运行结果，请将下面的程序补充完整并调试。

```
#include "stdio.h"
main()
{   enum body {a=1,b,c,d} num[8],j;
    /*此处 a=1，后面默认依次值为 2，3，4*/
    int i;
    ____________________________
    for(i=0;i<8;i++)
    {   num[i]=j;
        ________________________
        if(j>d)
            j=a;
    }
    printf("依次输出各数组元素的值为：\n");
    for(i=0;i<8;i++)
       printf("%-5d",num[i]);
    getchar();
}
```

7.4 课后习题

7.4.1 实训

一、实训目的

1．进一步巩固结构体类型和共用体类型的定义与引用。

2．进一步复习链表的建立过程。

3．进一步巩固枚举类型的定义与枚举类型变量的引用方法。

二、实训内容

1．用结构体变量表示平面上的一个点（横坐标和纵坐标），输入两个点，求两点之间的距离。

2．用结构类型描述一个学生的有关数据，其中包含：姓名、学号、语文成绩、数学成绩、外语成绩、平均成绩、排名次序。输入全班学生（不超过 50 人）的数据（不包括平均成绩和排名次序），求出各人的平均成绩，并按平均成绩由高到低的顺序将学生排名次（要考虑并列名次），按名次顺序输出这些学生的所有数据。

3．16 个同学围成一圈，从第 1 个人开始按 1、2、3 的顺序报号，凡所报数字含 3 者退出圈子。找出最后留在圈子中的人原来的序号。

4．建立一个链表，每个节点包含的成员为职工号、工资。用 malloc 函数开辟新节点，要求链表包含 5 个节点，从键盘输入节点中的数据，然后把这些节点的数据打印出来；用函数 creat 来建立函数；用 list 函数来输出数据，这 5 个职工的号码为 10，11，12，13，14；用 insert 函数来新增一个职工的数据，这个新节点按职工号顺序插入；用 delete 函数来删除一个节点。

7.4.2 练习题

一、选择题

1. 若程序中有下面的说明和定义，则会发生的情况是____________。

```
struct abc
{   int x;char y;
}
truct abc s1,s2;
```

（A）编译出错　　（B）程序将顺利编译、连接、执行

（C）能顺利通过编译、连接，但不能执行　　（D）能顺利通过编译，但连接出错

2. 以下 scanf 函数调用语句中对结构体变量成员的引用不正确的是____________。

```
struct pupil
{   char name[20]; int age; int sex;
} pup[5],*p;  p=pup;
```

（A）scanf("%s",pup[0].name);　　（B）scanf("%d",&pup[0].age);

（C）scanf("%d",&(p->sex));　　（D）scanf("%d",p->age);

3. 以下对结构体变量 stul 中的成员 age 的非法引用是____________。

```
struct  student
{   int age;
    int num;
}stul,*p;  p=&stul;
```

（A）stul.age　　（B）student.age　　（C）p->age　　（D）(*p).age

4. 设有以下说明和定义语句，则下面表达式中值为 3 的是____________。

```
struct s
{   int i1;
    struct s *i2;
};
struct s a[3]={1,&a[1],2,&a[2],3,&a[0]},*ptr;
ptr=&a[1];
```

（A）ptr->i1++　　（B）ptr++->i1　　（C）*ptr->i1　　（D）++ptr->i1

5. 若要利用下面的程序段使指针变量 p 指向一个存储整型变量的存储单元，则横线处应填入的内容是____________。

```
int *p;
p=____________malloc(sizeof(int));
```

（A）int　　（B）int *　　（C）(*int)　　（D）(int *)

6. 设有如下定义，若要使 p 指向 data 中的 n 域，正确的赋值语句是____________。

```
struct sk
{   int n;
    float x;
}data,*p;
```

（A） p=&data.n;　　（B） *p=data.n;
（C） p=(struct sk *)&data.n;　　（D） p=(struct sk *)data.n;

7. 设有以下语句，则以下表达式的值为 6 的是____________。

```
struct st
{   int n;
    struct st *next;
};
struct st a[3]={5,&a[1],7,&a[2],9,'\0'},*p;
p=&a[0];
```

（A） p++->n　　（B） p->n++　　（C） (*p).n++　　（D） ++p->n

8. 以下程序的输出结果是____________。

```
struct stu
{   int x;
   int *y;
}*p;
int dt[4]={10,20,30,40};
struct stu a[4]={50,&dt[0],60,&dt[1],70,&dt[2],80,&dt[3]};
main()
{   p=a;
    printf("%d",++p->x);
    printf("%d",(++p)->x);
    printf("%d\n",++(*p->y));
}
```

（A） 50,20,20　　（B） 50,20,21　　（C） 51,60,21　　（D） 51,60,31

9. 以下对 C 语言中共用体类型数据的叙述正确的是____________。

（A） 可以对共有体变量名直接赋值
（B） 一个共用体变量中可以同时存放其所有成员
（C） 一个共有体变量中不能同时存放其所有成员
（D） 共用体类型定义中不能出现结构体类型的成员

10. 当说明一个共用体变量时，系统分配给它的内存是____________。

（A） 各成员所需内存量的总和
（B） 结构中第一个成员所需内存量
（C） 成员中占内存量最大者所需内存量
（D） 结构中最后一个成员所需内存量

11. 若有下面的说明和定义，则 sizeof(struct aa)的值是____________。

```
struct aa
{   int r1;
    double r2;
    float r3;
    union uu
    {   char u1[5]; long u2[2];
    } ua;
} mya;
```

（A） 30　　（B） 29　　（C） 24　　（D） 22

12．字符'0'的ASCII码的十进制数为48，且数组的第1个元素在低位，则以下程序的输出结果是______。

```
#include
main( )
{   union
    {   int i[2]; long k; char c[4];
    }r,*s=&r;
    s->i[0]=0x39;
    s->i[1]=0x38;
    printf("%c\n",s->c[0]) ;
}
```

（A）39　　（B）9　　（C）38　　（D）8

13．设有以下定义，则语句 printf("%d",sizeof(struct date)+sizeof(max));的执行结果是______。

```
typedef union
{   long i;int k[5];char c;
}DATE;
struct date
{   int cat;DATE cow;double dog;
}too;
DATE max;
```

（A）25　　（B）30　　（C）1　　（D）8

14．以下对枚举类型名的定义中正确的是______。

（A）enum a={one,two,three};　　（B）enum a {one=9,two=-1,three};

（C）enum a={"one","two","three"};　　（D）enum a {"one","two","three"};

15．设有定义 enum date {year,month,day} d;，则下列叙述中正确的是______。

（A）date 是类型，d 是变量，year 是常量

（B）date 是类型，d 和 year 是变量

（C）date 和 d 是类型，year 是常量

（D）date 和 d 是变量，year 是常量

16．设有定义 enum date {year,month,day} d;，则下列表达式正确的是______。

（A）year=1　　（B）d=year　　（C）d="year"　　（D）date="year"

二、填空题

1．若有以下定义，则表达式 pn->b/n.a*++pn->b 的值是______，表达式(*pn).a+pn->f 的值是______。

```
struct  num
{   int a;
    int b;
    float  f;
}n={1,3,5.0};
struct num *pn=&n;
```

2．以下程序的运行结果是______。

```
struct ks
{   int a;  int *b;
}s[4],*p;
main()
{   int n=1;
    printf("\n");
    for(i=0;i<4;i++)
    {   s[i].a=n;
        s[i].b=&s[i].a;
        n=n+2;
    }
    p=&s[0];  p++;
    printf("%d,%d\n",(++p)->a,(p++)->b);
}
```

3．结构数组中存有 3 人的姓名和年龄，以下程序输出 3 人中最年长者的姓名和年龄。请在______内填入正确内容。

```
stat struct man
{
    char name[20];
    int age;
}person[]={"li=ming",18, "wang-hua",19, zhang-ping",20 };
main()
{   struct man *p,*q;
    int old=0
    p=person;
    for( ;p__________;p++)
      if(old<p->age)
      {  q=p;
         ___________;
      }
    printf("%s %d",____________);
}
```

4．以下程序段的功能是统计链表中节点的个数，其中 first 为指向第一个节点的指针（链表不带头节点）。请在______内填入正确内容。

```
struct link
{   char data ;
    struct link *next;
};
....
struct link *p,*first;
int c=0;
p=first;
while(__________)
{    ____________;
     p=____________;
}
```

第 8 章　位运算

8.1　二进制转换

学习目标

1）掌握几种常用数制之间的转换方法。

2）理解位运算的实际应用。

3）能进行简单的位运算。

实例 53　二进制的运算及进制转换——二进制与其他进制的转换

实例任务

1）将十进制数 888 和 0.8125 转换成二进制数，转换过程如图 8-1 所示。

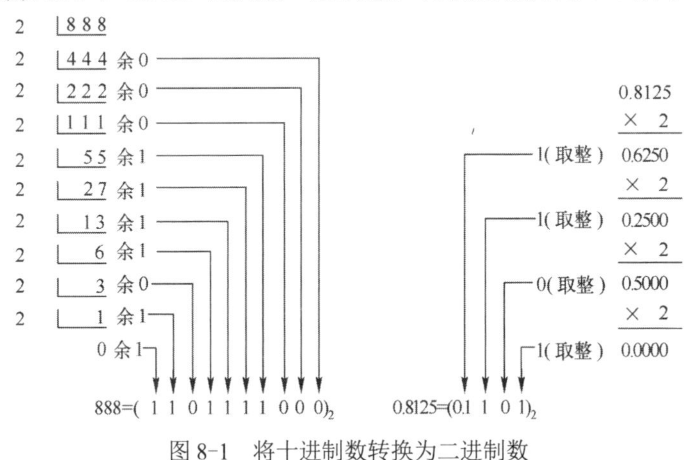

图 8-1　将十进制数转换为二进制数

2）将十进制数 888 与 0.8125 分别转换成八进制和十六进制数，转换过程如图 8-2 所示。

3）将二进制数 110101100110.011101111 转换为八进制数和十六进制数，转换过程如图 8-3 所示。

4）将八进制数 7654.32 和十六进制数 FDA0.B8 转换为对应的二进制数，转换过程如图 8-4 所示。

相关知识

1. 进位计数制

进位计数制是一种科学的计数方法，它是累计进位方式计数的数制。在日常生活中，人们最常用的是十进制数。

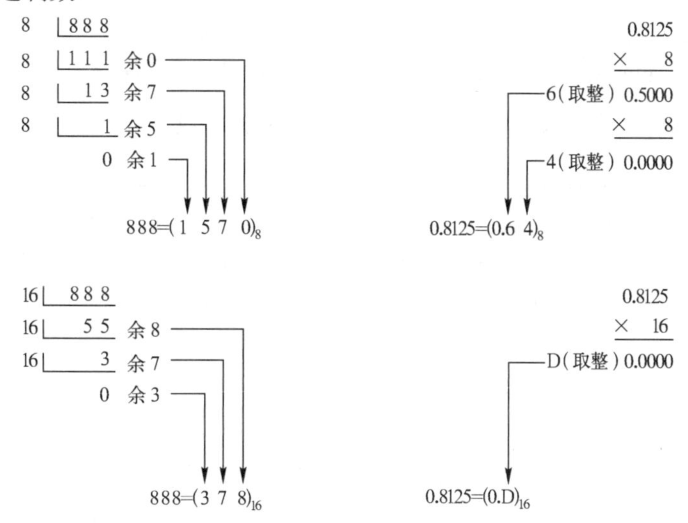

图 8-2 将十进制数转换为八进制数和十六进制数

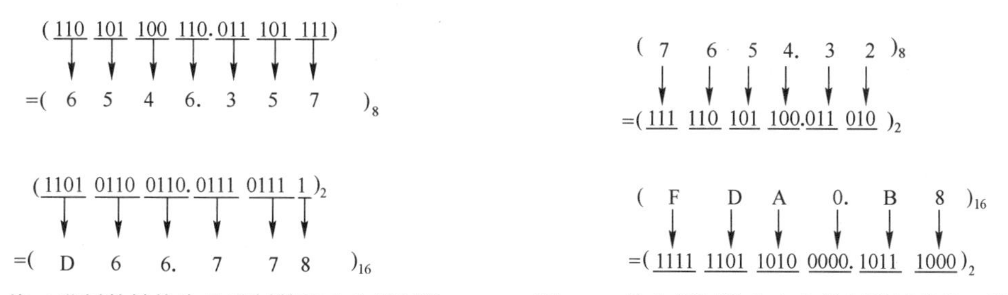

图 8-3 将二进制数转换为八进制数和十六进制数　　图 8-4 将八进制数和十六进制数转换为二进制数

进位计数制中用到两个概念：基数和数位的位权。基数是指该进制中可以使用的数码的个数。如十进制中，可以使用的数码是 0～9，故十进制的基数是 10。位权是一个数，所表示的值的大小等于该数码乘以一个以基数为底的整数次幂，这个整数次幂数是该位的位权。如

$$123.45=1\times10^{2}+2\times10^{1}+3\times10^{0}+4\times10^{-1}+5\times10^{-2}$$

则该数个位数上的位权为 10^0，十位数上的位权为 10^1，百位数上的位权为 10^2，十分位上的位权为 10^{-1}，百分位上的位权为 10^{-2}。

2．几种常用的数制

1）十进制。十进制是用 0、1、2、……、8、9 十个数码表示，遵循“逢十进一”的进位原则，其基数是 10。例如：

$$(23.4)_{10}=2\times10^{1}+3\times10^{0}+4\times10^{-1}$$

2）二进制。二进制是用 0，1 两个数码表示，遵循“逢二进一”的进位原则，其基数是 2。例如：

$$(1101.01)_{2}=1\times2^{3}+1\times2^{2}+0\times2^{1}+1\times2^{0}+0\times2^{-1}+1\times2^{-2}$$

3）八进制。八进制是用 0、1、2、……、6、7 八个数码表示，遵循“逢八进一”的进位原则，其基数是 8。例如：

$$(123.45)_{8}=1\times8^{2}+2\times8^{1}+3\times8^{0}+4\times8^{-1}+5\times8^{-2}$$

4）十六进制。十六进制是用 0、1、2、……、8、9、A、B、C、D、E、F 十六个数码表示，遵循"逢十六进一"的进位原则，其基数为16。例如：

$$(1AB.3C)_{16}=1\times16^{2}+A\times16^{1}+B\times16^{0}+3\times16^{-1}+C\times16^{-2}$$

3．将二进制数、八进制数、十六进制数转换成十进制数

其方法是：将该非十进制数只须按位权展开做一次十进制运算。例如：

$$(1101.01)_{2}=1\times2^{3}+1\times2^{2}+0\times2^{1}+1\times2^{0}+0\times2^{-1}+1\times2^{-2}$$
$$=8+4+0+1+0+0.25=(13.25)_{10}$$
$$(123.4)_{8}=1\times8^{2}+2\times8^{1}+3\times8^{0}+4\times8^{-1}$$
$$=64+16+3+0.5=(83.5)_{10}$$
$$(1AB.2)_{16}=1\times16^{2}+A\times16^{1}+B\times16^{0}+2\times16^{-1}$$
$$=256+160+11+0.125=(427.125)_{10}$$

4．将十进制数转换成二进制数、八进制数、十六进制数

其方法是：将该十进制数整数部分除以待转换进制数的基数，直到商为 0 为止；小数部分乘以待转换进制数的基数，取其整数部分，余下小数部分继续乘相应基数，直到积是整数或按要求保留的有效小数位数即可。

5．八进制数、十六进制数与二进制数之间的转换

其方法是采用 8421 码，它们的对应关系见表 8-1。

表 8-1 二进制、八进制与十六进制的对应关系

八进制	二进制	十六进制	二进制	十六进制	二进制
0	000	0	0000	8	1000
1	001	1	0001	9	1001
2	010	2	0010	A	1010
3	011	3	0011	B	1011
4	100	4	0100	C	1100
5	101	5	0101	D	1101
6	110	6	0110	E	1110
7	111	7	0111	F	1111

八进制数中最大代码为 7，7 可用 3 个二进制位（111）来表示，而其他八进制代码 0、1、2、3、4、5、6 更能用 3 个二进制位表示。故把二进制数转换为八进制数时，以小数点为中心，整数部分从小数点向前 3 个二进制位一组，小数部分从小数点向后 3 个二进制位一组（不足 3 位填 0 补足），这样每组就可用一位八进制数表示。如本实例中的$(\underline{110}\ \underline{101}\ \underline{100}\ \underline{110}.\underline{011}\ \underline{101}\ \underline{111})_{2}=(6546.357)_{8}$就是采用这样的转换方法。

同理，十六进制代码中最大者为 F，而 F 可用 4 位二进制位表示，故按以上转换方法把二进制数化为十六进制数。如本实例中的$(\underline{1101}\ \underline{0110}\ \underline{0110}.\underline{0111}\ \underline{0111}\ \underline{1})_{2}=(D66.778)_{16}$就是采用这样的转换方法。

课堂精练

1）将以下数制转换结果填写完整。

$(1101.11)_2=1\times 2^3+1\times 2^2+0\times 2^1+1\times 2^0+$________+________=(________)$_{10}$

$(321.6)_8=$________+________+________$+6\times 8^{-1}=$(________)$_{10}$

$(\mathrm{E2F.C})_{16}=$________+________+________+________=(________)$_{10}$

2）完成以下数制转换过程。

$(256.34)_{10}=$(________________)$_2$

$(5010.1)_{10}=$(________________)$_8$

$(1111.1)_{10}=$(________________)$_{16}$

$(\mathrm{EF42.C})_{16}=$(________________)$_2$

$(2410.2)_8=$(________________)$_{10}$

$(2410.2)_8=$(________________)$_2$

$(2410.2)_2=$(________________)$_{10}$

8.2 位运算与运算功能

学习目标

实例 54

1）理解位运算的实际应用。

2）能进行简单的位运算。

实例 54　位运算符与运算功能——两个数的几种位运算

实例任务

设 a=255，b=10，对两个数 a 和 b 进行位运算并输出结果。程序运行结果如图 8-5 所示。

```
D:\C语言程序设计实例教程\C语言程序设计实例\实例54.exe
The 255 & 10  is  10
The  255 | 10  is  255
The  255 ^ 10  is  245
The  ~ 255  is  -256
decimal                 shift left by    result
255             1             510
255             2             1020
255             3             2040
255             4             4080
255             5             8160
255             6             16320
255             7             32640
255             8             65280
decimal                 shift right by   result
255             1             127
255             2             63
255             3             31
255             4             15
255             5             7
255             6             3
255             7             1
255             8             0
```

图 8-5　程序运行结果

程序代码

```
#include  "stdio.h"
main()
{   int  a=255,b=10,i;                           /*定义 3 个整型变量*/
    printf("The %d & %d  is  %d\n",a,b,a&b); /*计算两个数的与运算*/
    printf("The  %d | %d  is  %d\n",a,b,a|b); /*计算两个数的或运算*/
    printf("The  %d ^ %d  is  %d\n",a,b,a^b); /*计算两个数的异或运算*/
    printf("The  ~ %d  is  %d\n",a,~ a);      /*计算 a 进行取反运算的值*/
    printf("decimal \t\tshift left by \t result\n");
    for(i=1;i<9;i++)
    {    b=a<<i; /*使 a 左移 i 位*/
         printf("%d\t\t %d\t\t %d\n",a,i,b);          /*输出当前左移结果*/
    }
    printf("decimal \t\tshift right by \t result\n");
    for(i=1;i<9;i++)
    {   b=a>>i;      /*使 a 右移 i 位*/
        printf("%d\t\t %d\t\t %d\n",a,i,b);           /*输出当前右移结果*/
    }
    getchar();
}
```

相关知识

1．位运算符

位运算是指进行二进制位的运算。它的运算对象不是以字节为单位，而是对内存中存储数据的二进制位进行运算。每一个二进制位的值是 0 或 1。一个字节由 8 个二进制位组成，其中最右边的一位称为“最低位”或“最低有效位”，最左边的一位是“最高位”或“最高有效位”。

参与位运算的运算数据只能是整型数据或字符型数据，不能是实型等其他类型数据。

由于所有的数据在计算机中均以二进制形式存储，因此计算机最基本的计算功能仅为二进制加法和逻辑运算。

C 语言提供了 6 种位运算符。其中除了运算符“~”是单目运算符之外，其他的都是双目运算符，如表 8-2 所示。

表 8-2　位运算符

位运算符	含　义	例　子	运算功能
&	按位与	a&b	a 和 b 按位与
|	按位或	a|b	a 和 b 按位或
^	按位异或	a^b	a 和 b 按位异或
~	按位取反	~a	a 按位取反
<<	左移	a<<2	a 左移 2 位
>>	右移	a>>2	a 右移 2 位

2．按位与运算符（&）

按位与运算符&是双目运算符，其功能是对两个运算数据的对应二进制位进行与运算。

参与运算的数据以二进制补码方式出现，其运算规则是只有对应的两个二进制位均为 1 时，结果位才为 1，否则为 0。即：

0&0=0　0&1=0　1&0=0　1&1=1

例如，设 a=5，b=7，计算 c=a&b 的结果值。

变量 a 的二进制补码表示为 00000101，变量 b 的二进制补码表示为 00000111。按位与运算的过程如下。

```
    00000101    （a 的二进制补码）
&   00000111    （b 的二进制补码）
    00000101    （c=a&b）
```

对于负数，要按其补码进行运算，例如，设 a=-4，b=7，计算 c=a&b 的结果值。变量 a 二进制补码表示为 11111100，变量 b 二进制补码表示为 00000111。位与运算过程如下。

```
    11111100    （a 的二进制补码）
&   00000111    （b 的二进制补码）
    00000100    （c=a&b）
```

由按位与运算的规则可知，一个数的某二进制位与 0 相与，结果为 0；与 1 相与，结果保留原值。据此，按位与运算有如下两个特殊用途。

1）清零：如果想将一个数 a 的某些位置变为 0，即其全部的二进制位均为 0，只须找另一个数 b，其相应位为 0，然后与 a 进行按位与运算即可。

例如，设 a=11101011，将 a 的左起 2、3、5 位置 0，将结果存入变量 c 中。

此题要将 a 的第 2、3、5 位置 0，所以取一个数 b，其左起的第 2、3、5 位为 0，其他位为 1，即 b=10010111，然后将 a 与 b 按位与运算，结果存入变量 c 中。

```
    11101011    （a）
&   10010111    （b）
    10000011    （c=a&b）
```

2）获取或保留一个数中的特定位：如果想获取数 a 的某些位或将数 a 的某些位保留，就与一个数 b 进行与运算，数 b 在该位取 1。

例如，设 a=01101011，取 a 的左起第 3、4、5、8 位的值，将结果存入变量 c 中。

此题要取 a 的左起第 3、4、5、8 位的值，所以取一个数 b，其左起的第 3、4、5、8 位为 1，其他位为 0，即 b=00111001，然后将 a 与 b 按位与运算，结果存入变量 c 中。

```
    01101011    （a）
&   00111001    （b）
    00101001    （c=a&b）
```

3．按位或运算符（|）

按位或运算符 | 是双目运算符，其功能是对两个运算数据的对应二进制位进行或运算。其运算规则是只有对应的两个二进制位均为 0 时，结果位才为 0，否则为 1。即：

0|0=0　0|1=1　1|0=1　1|1=1

参与运算的数据以二进制补码方式出现。

例如，设 a=9，b=5，计算 c=a|b 的结果值。

此题变量 a 的二进制补码表示为 00001001，变量 b 的二进制补码表示为 00000101。按位或运算的过程如下。

```
  00001001        (a的二进制补码)
| 00000101        (b的二进制补码)
  00001101        (c=a|b)
```

由按位或运算的规则可知，一个数的某二进制位与 1 相或，结果为 1；与 0 相或，结果保留原值。据此，位或运算的特殊用途是将一个数的某些特定位置 1。

例如，设 a=0101010110011001，将 a 低八位置 1，高八位保留原值，结果存入变量 c 中。

此题要将 a 的低八位均置 1，高八位保留原值，所以取一个数 b，使其低八位均为 1，高八位均为 0，即 b=0000000011111111。然后将 a 与 b 按位或运算，结果存入变量 c 中。

```
  01010101 10011001        (a)
| 00000000 11111111        (b)
  00000000 100111001       (c=a|b)
```

显然，按位或运算的结果使 a 的低八位均置为 1，而高八位保留了原值。

4. 按位异或运算符（^）

按位异或运算符^是双目运算符，其功能是对两个运算数据的对应二进制位进行异或运算。其运算规则是对应的两个二进制位的值不同时，结果位才为 1，否则为 0。即：

0|0=0　0|1=1　1|0=1　1|1=0

参与运算的数据以二进制补码方式出现。

例如，设 a=7，b=9，计算 c=a^b 的结果值。

计算过程如下：

```
  00000111        (a的二进制补码)
^ 00001001        (b的二进制补码)
  00001110        (c=a^b)
```

由按位异或运算的规则可知，一个数的某二进制位与 1 相或，可使 1 变 0，0 变 1；与 0 相异或，结果保留原值。据此，按位异或运算有如下 3 个特殊用途。

1）保留原值。一个数与 0 进行异或运算，保留原值。

例如，设 a=01010110，b=00000000，令 c=a^b，则变量 c 得到的是 a 的原值。

2）使特定位翻转。即将特定位中的 1 变为 0，0 变为 1。

例如，设 a=11010011，将 a 低四位翻转，使 1 变为 0，0 变为 1，高四位不变。计算结果存入变量 c 中。

此题要使 a 低四位翻转，高四位不变，因此设一个数 b，使其低四位为 1，高四位为 0，即 b=00001111。然后将 a 与 b 按位异或运算，结果存入变量 c 中。计算过程如下：

```
  11010011        (a)
^ 00001111        (b)
  11011100        (c=a^b)
```

3）交换两个变量的值，而不借助于临时变量。

前面讲过，如果交换两个变量的值，要借助一个临时变量。设有两个变量 a 和 b，想将这两个变量 a 和 b 的值交换，需要设置一个临时变量 c，交换变量值的语句组为：

```
c=a;a=b;b=c;
```

这里使用按位异或运算就可以不借助临时变量而实现 a 和 b 两个变量的交换。交换变量的语句组为：

```
a=a^b;b=b^a;a=a^b;
```

例如，设 a=3，b=4，交换变量 a 和 b 的值。可以使用以下的赋值语句实现：

```
a=a^b;b=b^a;a=a^b;
```

具体计算过程如下：

00000011	（a）	00000100	（b）	00000111	（a）
^ 00000100	（b）	^ 00000111	（a）	^ 00000011	（b）
00000111	（a=a^b）	00000011	（b=b^a）	00000100	（a=a^b）

这样实现了两个变量 a 和 b 的交换，即 a=4，b=3。

5．按位取反运算符（~）

按位取反运算符~为单目运算符，其功能是把运算数据按二进制位取反。其运算规则是操作数的某位二进制位为 1 时，取反为 0；反之，当它为 0 时，取反为 1。

例如，~9 是对十进制数 9(00001001)按位取反，其运算为：~(00001001)，结果为：11110110。

下面举一个例子说明~运算符的应用。

若某系统是以 8 位表示一个整数，假设有一个整数 a，想使其最低一位为 0，则可以用 a=a&0376，0376 的二进制数为 11111110。如果 a 的值是八进制数 075，则 a&0376 的运算可表示如下：

```
  00111101
& 11111110
----------
  00111100
```

a 的最后一个二进制数变成了 0，但如果将 C 的源程序移植到以 16 位存放一个整数的计算机系统上，想将 a 的最后一位变成 0，就不能用 a=a&0376，而应该为 a=a&0177776，0177776 的二进制数为 1111111111111110。这样改动使程序的移植性很差。但如果改用 a=a&~1，那么对 8 位和 16 位存放的一个整数的系统都适用，不必进行任何修改。因为在以 8 位存储一个整数时，1 的二进制补码形式为 00000001，~1 的二进制补码形式为 11111110。在以 16 位存储一个整数时，1 的二进制补码形式为 0000000000000001，~1 的二进制补码形式为 1111111111111110。

关于~运算符要注意：~运算符的优先级别高于其他的位运算符、算术运算符、关系运算符和逻辑运算符。例如：~a&b，先进行~a 运算，再进行&运算。

6．按位左移运算符（<<）

按位左移运算符<<为双目运算符，其功能是将运算数据中的每个二进制位向左移动若干位，从左边移出去的高位部分被丢弃，右边空出的低位部分补零。例如，a=a<<2，将 a 的二进制数左移 2 位，右补 0。若 a=5，即二进制数 00000101，左移 2 位得 00010100，即十进制数 20。由此可见，按位左移运算相当于乘法运算，按位左移 1 位相当于该数乘以 2，按位左移 n 位相当于该数乘以 2^n，但该结论只适用于该数按位左移时被溢出舍弃的高位中不包含 1 的情况。

按位左移运算的速度比乘法运算速度快得多，因此，在处理数据的乘法运算时，采用按位位移运算可以获得快得多的运算速度。

7. 按位右移运算符（>>）

按位右移运算符>>为双目运算符，其功能是将运算数据中的每个二进制位向右移动若干位，从右边移出的低位部分被丢弃。对于无符号数，左边空出的高位部分补 0。对于有符号数，如果符号位为 0（即为正数），则空出的高位部分补 0；如果符号位为 1（即为负数），空出的高位部分补 0 还是补 1，与使用的计算机系统有关。有的计算机系统补 0，称为逻辑右移；有的计算机系统补 1，称为算术右移。

例如，设 a=15，则 a>>2 表示把 00001111 按位右移为 00000011，结果为 a=3。

由此可以看出：按位右移运算可以实现除数为 2 的整除运算，按位右移 1 位相当于该数除以 2，按位右移 *n* 位相当于该数除以 2^n。这样就可以将所有对 2 的整除运算转移为位移运算，从而提高了程序的运行效率。

8. 位运算的复合赋值运算符

C 语言不仅提供了算术复合赋值运算符号，而且提供了由位操作运算符和赋值运算符复合构成的位运算复合赋值运算符。

位运算复合赋值运算符的运算规则是：首先进行两个操作数的位运算，然后将结果赋值给左操作数。这种运算规则如表 8-3 所示。

表 8-3 位运算复合赋值运算规则

运 算 符	含 义	例 子	等 价 于
<<=	左移赋值	a<<=2	a=a<<2
>>=	右移赋值	a>>=2	a=a>>2
&=	按位与赋值	a&=b	a=a&b
|=	按位或赋值	a|=b	a=a|b
^=	按位异或赋值	a^=b	a=a^b

关于位运算的复合赋值运算符有以下几点说明。

1）位运算复合赋值运算中，左操作数只能是变量，不能是表达式或常量，因为不能把一个表达式的值赋给一个常量或表达式。

2）位运算复合赋值运算符与赋值运算符属于同一优先级别，结合顺序为从右向左。

课堂精练

1）输入变量的值，然后按要求进行运算。程序运行结果如图 8-6 所示。

图 8-6 程序运行结果（1）

根据程序运行结果，请将下面的程序补充完整并调试。

```
#include "stdio.h"
main()
{   unsigned a,b,c,d;
    int n;
    scanf("%o,%d",&a,&n);
    ____________________      /*将 a 右端 n 位移到 b 的高位中*/
    c=a>>n;                   /*将 a 右移 n 位，左端补 0*/
    ____________________      /*c 与 b 求或运算，存放到 d 中*/
    printf("a=%o\n",a);
    printf("a=%o\n",b);
    printf("a=%o\n",c);
    printf("a=%o\n",d);
    getchar();
}
```

2）获取一个无符号数据从第 *p* 位开始的 *n* 位二进制数据，假设数据右端对齐，第 1 位二进制数在数据的最右端，获取结果要求右对齐。程序运行结果如图 8-7 所示。

图 8-7　程序运行结果（2）

根据程序运行结果，将下面的程序补充完整并调试。

```
#include  "stdio.h"
/* 函数 getbits 获得从第 p 位开始的 n 位二进制数 */
unsigned int getbits(unsigned int x,unsigned int p,unsigned n)
                                            /*定义函数*/
{   unsigned int a,b;
    ______________________    /* a 右移 p+1 位（从 0 开始）: 0000 0000 0000 1111*/
    ______________________    /*0 取反再左移 n 位，再赋给变量 b*/
    /* 运算过程为:
    0:              0000 0000 0000 0000
    ~0:             1111 1111 1111 1111
    ~0<<4:          1111 1111 1111 0000
    ~(~0<<4):       0000 0000 0000 1111
    a&b 的结果为:    0000 0000 0000 1111   */
    return  a&b;  /*返回 a&b 的值*/
}
main()
{   unsigned int a=123,b;          /*a 的二进制形式为: 0000 0000 0111 1011*/
    b=getbits(a,2,4);              /*调用函数 getbits */
    printf("a=%u\tb=%u\n",a,b);
    printf("a=%x\tb=%x\n",a,b);
    getchar();
}
```

8.3 课后习题

8.3.1 实训

一、实训目的

1. 进一步巩固C语言位运算符和位运算的基本知识。
2. 进一步掌握按位左移运算和按位右移运算的基本使用方法。

二、实训内容

1. 编写一个函数getbits，从一个16位的单元中取出某几位（即该几位保留原值，其余位为0）。函数调用形式为：getbits(value,n1,n2)，其中value为该16位（2个字节）中的数据值，n1为欲取出的起始位，n2为欲取出的结束位。如：getbits(0101675,5,8)表示对八进制数0101675取出它的从左面开始的第5～8位。

2. 编写一个函数getbits(value)，从一个16位的二进制数中取出它的奇数位（即从左边起的第1、3、5、……、15位）。参数value为该16位（2个字节）中的数据值。

8.3.2 练习题

一、选择题

1. 若整型变量a、b的值分别为13、22，则a&b=______________。
   （A）4　　（B）0　　（C）22　　（D）13
2. 若整型变量a的值为-3，则a<<2=______________。
   （A）0　　（B）12　　（C）-12　　（D）-24
3. 若整型变量a的值为96，则a>>3=______________。
   （A）11　　（B）12　　（C）-11　　（D）9
4. 以下叙述中不正确的是______________。
   （A）表达式a&=b等价于a=a&b
   （B）表达式a|=b等价于a=a|b
   （C）表达式a!=b等价于a=a!b
   （D）表达式a^=b等价于a=a^b
5. 若x=2，y=3，则x&y的结果是______________。
   （A）0　　（B）2　　（C）3　　（D）5
6. 在位运算中，操作数每左移一位，则结果相当于______________。
   （A）操作数乘以2　　（B）操作数除以2
   （C）操作数除以4　　（D）操作数乘以4
7. 已知小写字母a的ASCII码为97，大写字母A的ASCII码为65。以下程序的输出结果为______________。

```
main()
{   unsigned int  a=32,b=66;
    printf("%c\n",a|b);
}
```

（A）66　　　（B）98　　　（C）b　　　（D）B

二、填空题

1．若有以下语句，则 c 的二进制数是____________。

```
char  a=3,b=6,c;
c=a^b>>2;
```

2．设 a=00101101，若想通过 a^b 运算使 a 的高四位取反，低四位不变，则 b 的二进制数应该是____________。

3．设有定义 char a,b;，若想通过 a&b 运算保留 a 的第 3 位和第 6 位的值，则 b 的二进制数应该是____________。

第 9 章　文件

9.1 文件的定义与引用

学习目标

1）掌握文件类型指针的定义方法。
2）掌握文件的打开和关闭方法。
3）掌握文件的读写操作。
4）掌握文件定位函数的使用方法。
5）掌握文件状态检测函数的使用方法。

实例 55

实例 55　文件的概念——读写文件

实例任务

编写一段程序，从键盘读入数据，并将这些数据写入 test 文件中，再将它们从 test 文件中读出并显示在屏幕上。程序运行结果如图 9-1 所示。

图 9-1　程序运行结果

程序代码

```
#include  "stdio.h"
#include  "stdlib.h"
void  main  ( )
{   FILE  *fp ;                                   /*定义文件型指针变量 fp*/
    int  n=0;                                     /*用来统计存入的字符串的字符个数*/
    char  ch,s[100];                              /*定义字符型变量 ch*/
    printf("请输入数据：\n");
    if((fp=fopen("test","w"))==NULL)              /*以只写的方式打开文件 test*/
    {  printf("不能打开文件！\n");
       exit(0);
    }
    while((ch=getchar( ))!=EOF)                   /*判断输入 EOF 时结束字符的输入*/
    /*EOF 的输入指是使用组合键 Ctrl+Z,也有系统用 Ctrl+D*/
    {   fputc(ch,fp) ;    /*使用 fputc 函数将读取的字符逐个写入 fp 指定的文件中*/
        n++;
    }
    fclose(fp) ;                  /*关闭 fp 指定的文件*/
    printf( "\n 从文件中读取数据进行输出：\n" ) ;
    if((fp=fopen("test","r"))==NULL)       /*以只读的方式打开文件 test*/
```

```
        {   printf("不能打开文件! \n");
            exit(0);
        }
        else
            fgets(s,n,fp);     /*使用 fgets 函数从 fp 所指文件中读 n 个字符存入 s 数组中*/
        printf("%s",s);
        getchar();
    }
```

相关知识

1. 文件概述

文件（File）是程序设计中的一个非常重要的概念。所谓“文件”，是指存储在外部介质上的一组相关数据的有序集合。这个数据集有一个名称，称为文件名。一组数据是以文件的形式存放在外部介质（如磁盘）上的。操作系统是以文件为单位对数据进行管理的，也就是说，如果想找到存储在外部介质上的数据，就必须先按文件名找到指定的文件，然后再读取文件中的数据。要向外部介质上存储数据也必须先建立一个文件（以文件名标识），才能向它输出数据。

可以从不同的角度对文件进行不同的分类。从用户的角度看，文件可分为普通文件和设备文件两种；从文件编码的方式来看，文件可分为 ASCII 码文件和二进制文件两种。

2. 普通文件和设备文件

普通文件是指驻留在磁盘或其他外部介质上的一个有序数据集，可以是源文件、目标文件或可执行文件，也可以是一组待输入处理的原始数据或一组输出的结果。源文件、目标文件或可执行文件称为程序文件，输入输出数据的设备称为设备文件。

设备文件是指与主机相连的输入输出设备。在操作系统中，可以把输入输出设备看作一个文件来管理，把它们的输入和输出等同于对磁盘文件的读和写。例如，终端键盘是输入文件，从磁盘输入就是从标准输入文件输入数据，前面经常使用的 scanf、getchar 函数就属于这类输入；显示器和打印机是输出文件，在屏幕上显示的有关信息就是要输出的标准输出文件，前面经常使用的 printf、putchar 函数就属于这类输出。

3. 二进制文件

二进制文件是把内存中的数据按二进制的编码方式原样输出到磁盘文件上存放，例如，数 5678 在内存中的存储形式为：

```
00010110    00101110
```

它只占 2 个字节，在磁盘上也只占 2 个字节。

二进制文件也可以在屏幕上显示，但一个字节并不对应一个字符，不能直接输出字符形式，其内容无法读懂。一般，中间结果数据需要暂时保存在外存上以后又需要输入到内存，常用二进制文件保存。C 语言系统在处理这些文件时，并不区分类型，将它们都看成字符流，按字节进行处理。

4. 文本文件

ASCII 码文件也称为文本文件，这种文件在磁盘中存放时一个字符对应一个字节，用于存放对应的 ASCII 码。本实例中的 test 文件就是一个文本文件。以 ASCII 码形式输出时与字符一一对应，一个字节代表一个字符，因而便于对字符进行逐个处理，也便于输出字符。但一般占存储空间较多，而且要花费转换时间（二进制形式和 ASCII 码之间的转换）。例如，数 5678 在内存中占 4 个字节，它的存储形式如下。

ASCII 码：	00110101	00110110	00110111	00111000
十进制码：	5	6	7	8

ASCII 码文件可以在屏幕上按字符显示，例如，源程序文件就是 ASCII 码文件，用 DOS 命令 TYPE 可显示文件的内容。由于是按字符显示，因此能读懂文件的内容。

文本文件是一种典型的顺序文件，其文件的逻辑结构又属于流式文件。文本文件中除了存储文件的有效字符信息（包括能用 ASCII 码字符表示的回车、换行等信息）外，不能存储其他任何信息，因此文本文件不能存储声音、动画、图像和视频等信息。

设某个文件的内容是下面一行文字：

中华人民共和国 CHINA 1949。

如果以文本方式存储，计算机中存储的是下面的代码（以十六进制表示，计算机内部仍以二进制方式存储）：

D6D0 BBAA C8CB C3F1 B9B2 BACD B9FA 20 43 48 49 4E 41 20 31 39 34 39 A1A3

其中，D6D0、BBAA、C8CB、C3F1、B9B2、BACD、B9FA 分别是“中华人民共和国”7 个汉字的机内码，20 是空格的 ASCII 码，43、48、49、4E、41 分别是 5 个英文字母“CHINA”的 ASCII 码，31、39、34、39 分别是数字“1949”的 ASCII 码，A1A3 是标点“。”的机内码。可以看出，文本文件中的信息是按单个字符编码存储的，如 1949 分别存储“1”“9”“4”“9”这 4 个字符的 ASCII 编码，如果将 1949 存储为 079D（对应二进制为 0000 0111 1001 1101，即十进制 1949 的等值数），则该文件一定不是文本文件。

实例 56　文件的打开与关闭——奇偶数的不同去向

实例任务

文件 DATA 包含一组整数。编写程序读出 DATA 中的所有整数，并将所有奇数写入文件 ODD 中，将所有偶数写入文件 EVEV 中。程序运行结果如图 9-2 所示。

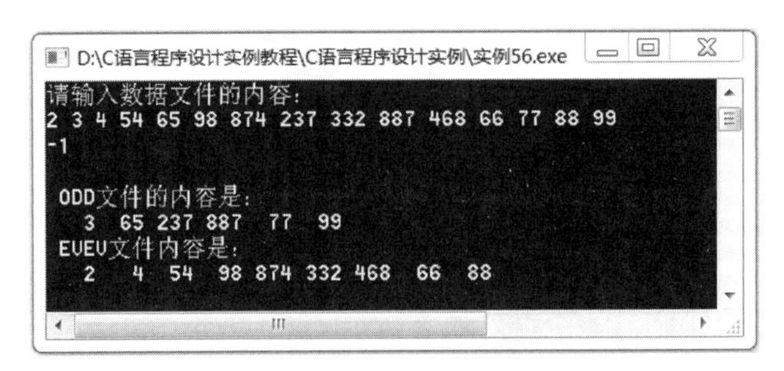

实例 56

图 9-2　程序运行结果

程序代码

```
#include  "stdio.h"
```

```
main()
{   FILE  *f1,*f2,*f3;                    /*定义三个文件型指针变量*/
    int number,i;
    printf("请输入数据文件的内容: \n" );
    f1=fopen("DATA","w");                 /*以只写的方式打开文件 DATA*/
    for(i=1;i<=30;i ++)                   /*循环变量设置*/
    {   scanf("%d",&number);              /*键盘输入数字赋给变量 number*/
        if(number==-1) break ;            /*键盘输入数字-1 则终止循环*/
        putw(number,f1 ) ;                /*数据写入 f1 指定的文件中*/
        /*putw 将输入的一组整数逐个写入文件 DATA 中，以-1 结束，并关闭 DATA*/
     }
     fclose(f1) ;                         /*关闭 f1*/
     f1=fopen("DATA","r");                /*以只读的方式打开文件 DATA*/
     f2=fopen("ODD","w");                 /*以只写的方式打开文件 ODD*/
     f3=fopen("EVEN" ,"w" ) ;             /*以只写的方式打开文件 EVEN*/
     while((number=getw(f1))!=EOF)        /*循环判断文件是否结束*/
     {   if(number%2==0)
            putw(number,f3) ;             /*数字为偶数时，写入 f3 指定文件*/
         else
            putw(number,f2);              /*数字为奇数时，写入 f2 指定文件*/
     }
     fclose(f1);  fclose(f2);  fclose(f3);          /*关闭文件*/
     f2=fopen("ODD","r");  f3=fopen("EVEN","r"); /*以不同方式打开文件*/
     printf(" \n ODD 文件的内容是:  \n" );
     while((number=getw(f2))!=EOF )/* getw 函数将整数逐个读出，直到文件结尾*/
        printf("%4d",number);             /*显示文件内容*/
     printf("\n EVEV 文件内容是:  \n" );
     while((number=getw(f3))!=EOF)
        printf("%4d",number);
     printf("\n");
     fclose(f2);
     fclose(f3);
     getchar();
}
```

相关知识

1. 文件函数

人们一直在使用 scanf 和 printf 函数来读写数据。这些都是面向 I/O 的控制台函数，利用键盘进行输入，利用显示器进行输出。只要数据比较少，这种方式就会非常奏效。但是，实际应用中面临的都是大量数据，例如某所学校所有学生的基本信息和成绩信息，这种情况下就会出现两个问题。

1）通过终端处理大量数据，会浪费很多的时间，而且非常烦琐。

2）程序执行完毕或者关闭计算机时，所有数据都会丢失。

因此，必须找到一种更加灵活的方法将数据存储到磁盘上，在任何需要的时候都可以读取数据，而不破坏数据。解决的方法是引入“文件”这一概念来存储数据。C 语言支持大量文件基本操作函数，包括命名一个文件、打开一个文件、从文件里读出数据、将数据写入文件、关闭文件、定位文件等。

C 语言中有两种不同的文件处理方法。第一种是低级 I/O，使用的是 UNIX 系统调用；第二种是高级 I/O，使用的是 C 标准 I/O 函数库。在本章里将讨论第二种方法中比较重要的一些文件处理函数，如表 9-1 所示。

表 9-1 较重要的高级 I/O 文件处理函数

文 件 名	操 作
fopen()	创建一个新文件或打开一个已存在的文件
fclose()	关闭已打开的文件
getc()/fgetc()	从文件读出一个字符
putc()/fputc()	将一个字符写到文件中
getw()	从文件读出一个整数
putw()	将一个整数写到文件中
fprintf()	格式化方式将一组数据写到文件中
fscanf()	格式化方式从文件读出一组数据
fread()	从文件读出一组数据
fwrite()	将一组数据写到文件中
fgets()	从文件读取字符串到数组
fputs()	将字符串写入文件
fseek()	将文件内当前访问位置移动到需要的位置
ftell()	给出文件内当前位置相对于文件开始处的偏移量
rewind()	使文件内当前访问位置定位到文件开始处
ferror()	检测函数读写错误
feof()	判断文件尾标志
clearer()	使文件错误标志和结束标志置为 0

2. 文件类型指针

在 C 语言中用一个指针变量指向一个文件，这个指针称为文件指针。通过文件指针可以对它所指的文件进行各种操作。定义文件指针的一般形式如下：

```
FILE  *指针变量表识符;
```

其中，“FILE”应为大写，它实际上是由系统定义的一种结构体，该结构体中含有文件号、文件操作模式和文件当前位置等信息。在编写源程序时不必关心 FILE 结构的细节。例如：

```
FILE  *fp;
```

上述代码表示 fp 是一个指向 FILE 类型结构体的指针变量，通过 fp 即可找到某个文件信息的结构体变量，然后按该结构体变量提供的信息找到该文件，实施对文件的操作。习惯上也把 fp 笼统地称为指向一个文件的指针。如果有 *n* 个文件，一般应定义 *n* 个 FILE 类型的指针变量，使它们分别指向 *n* 个文件，以实现对文件的访问。

3. 文件的打开

在进行文件处理时，首先要打开一个文件，其次对文件进行操作，最后在操作完成之后关闭文件。文件的打开操作通过 fopen 函数来实现。

如果要将一个文件存储到外存上，那么对于操作系统来说，必须要确定以下几件事情：

①需要打开的文件名，也就是准备访问的文件的名字；②文件的数据结构，也就是让哪一个文件指针变量指向被打开的文件；③文件的打开模式（读还是写等）。

文件名是一个字符串，对于操作系统来说，一个文件必须具有一个合法的文件名。它包含两个部分：文件名称和可选择使用的文件扩展名，如 PROG.C。

文件的数据结构由 FILE 来定义。所有文件都必须在使用之前先定义。FILE 是标准 I/O 函数库中定义的一个结构体。

当要打开一个文件时，必须确定要用什么方式来处理文件。例如，人们可以写入数据，也可以从文件中读出数据。

下面就是定义和打开一个文件的格式：

```
FILE *fp;
fp = fopen ( "filename", "mode");
```

注意，filename 和 mode 都是用字符串来表示的，它们都用英文状态下的双引号""括起来。

第一条语句是定义一个指向 FILE 类型结构体的文件型指针变量 fp；第二条语句是打开一个文件名为 filename 的文件，如果运行成功，fopen 将指向 filename 的文件类型指针赋给 fp，这个指针包含文件 filename 的所有信息；否则 fopen 返回一个空指针值 NULL。同时，第二条语句中的 mode（模式）表示打开文件的方式，根据不同需要，文件的打开方式常用以下几种。

1）只读方式

只能从文件读取数据，也就是说，只能使用读取数据的文件处理函数，同时要求文件本身已经存在。如果文件不存在，则 fopen 的返回值为 NULL，打开文件失败。由于文件类型不同，只读方式有两种不同参数，r 用于处理文本文件（如.c 文件和.txt 文件），rb 用于处理二进制文件（如.exe 文件和.zip 文件）。

2）只写方式

只能向文件输出数据，也就是说，只能使用写数据的文件处理函数。如果文件存在，则删除文件的全部内容，准备写入新的数据。如果文件不存在，则建立一个以当前文件名命名的新文件。如果创建或打开成功，则 fopen 返回文件的地址，否则返回 NULL。同样，只写模式也有两种不同参数，w 用于处理文本文件，wb 用于处理二进制文件。

3）追加方式

一种特殊的写方式。如果文件存在，则准备从文件的末端写入新的数据，文件原有的数据保持不变。如果文件不存在，则建立一个以当前文件名命名的新文件。如果创建或打开成功，则 fopen 返回文件的地址，否则返回 NULL。其中参数 a 用于处理文本文件，ab 用于处理二进制文件。

4）读/写方式

可以从文件读取数据，也可以向文件写数据。此模式下有几个参数。“r+”和“rb+”要求文件已经存在，如果文件不存在，则打开文件失败。“w+”和“wb+”，如果文件已经存在，则删除当前文件的内容，然后对文件进行读写操作；如果文件不存在，则建立新文件，开始对文件进行读写操作。“a+”和“ab+”，如果文件已经存在，则从当前文件末端开始，对文件进行读写操作；如果文件不存在，则建立新文件，然后对文件进行读写操作。

4．文件的关闭

C 语言中，文件的关闭是通过 fclose 函数来实现的。以文件指针 fp 为例，调用形式如下：

```
fclose( fp );
```

函数返回值：int 类型，如果为 0，则表示文件关闭成功，否则表示失败。

文件处理完成之后，最后一步操作是关闭文件，要保证所有数据已经正确读写完毕，以清除与当前文件相关的内存空间。在关闭文件之后，不可以再对文件进行任何操作。

实例 57　文件的读写——将数据写入文件

实例任务

编写一个程序，打开文件 INVENTORY，将下列数据写入文件中。

```
Item name    Number    Price    Quantity
AAA-1        111       17.50    115
BBB-2        125       36.00     75
CCC-3        247       31.75    104
```

程序运行结果如图 9-3 所示。

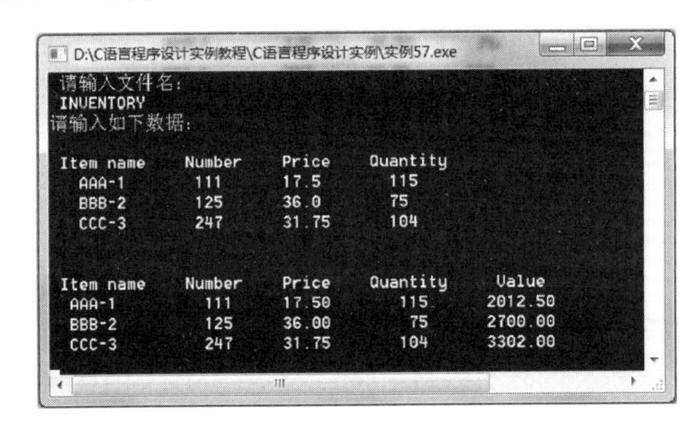

图 9-3　程序运行结果

程序代码

```
#include "stdio.h"
main()
{   FILE*fp;                          /*定义文件型指针变量*/
    int number,quantity,i;            /*定义整型变量*/
    float  price,value;               /*定义浮点型变量*/
    char item[10],filename[10];       /*定义字符数组*/
    printf(" 请输入文件名: \n " );
    scanf("%s",filename);             /*键盘输入文件名并赋给 filename*/
    fp=fopen(filename,"w");           /*以只写的方式打开文件*/
    printf("请输入如下数据: \n\n");
    printf(" Item name    Number    Price    Quantity\n" ) ;
    for(i=1;i<=3;i++)                 /*循环输入信息并写入 fp 文件中*/
    {   fscanf(stdin,"%s%d%f%d",item,&number,&price,&quantity);
```

```
            fprintf(fp," %s  % d  %.2f  %d ",item,number,price,quantity);
        }
        fclose(fp);                        /*关闭文件*/
        fprintf(stdout,"\n\n");
        fp=fopen(filename,"r");            /*以只读的方式打开文件*/
        printf( " Item name   Number   Price   Quantity   Value\n" );
        for(i=1;i<=3;i++)                  /*循环读取fp文件中信息并显示*/
        {   fscanf(fp,"%s%d%f%d",item,&number,&price,&quantity);
            value=price*quantity;
            fprintf(stdout,"  %-8s  % 7d  %8.2f  %8d  %11.2f \n",item,number,
price,quantity,value);
        }
        fclose(fp);
        getchar();
    }
```

相关知识

1. getc 和 fgetc 函数

getc 和 fgetc 函数完全相同，两者之间可以完全替换。功能是从指定的文件中读入一个字符。函数调用形式如下：

```
ch= fgetc(fp);
```

或

```
ch= getc(fp);
```

对 getc 和 fgetc 函数的使用有以下几点说明。

1）ch 是字符变量，fp 是文件类型指针变量。

2）在 getc 和 fgetc 函数调用中，读取的文件必须是以读或写方式打开的。

3）读取字符的结果也可以不向字符变量赋值，但读出的字符不能保存。例如：fgetc(fp);。

4）在文件内部有一个位置指针，用来指向文件的当前读写字节。在文件打开时，该指针总指向文件的第一个字节。使用 getc 或 fgetc 函数后，该位置指针将向后移动一个字节，因此可以连续多次使用 getc 或 fgetc 函数读取多个字符。但注意，文件指针和文件内部的位置指针不是一回事。文件指针是指向整个文件的，须在程序中定义和说明，只要不重新赋值，文件指针的值是不变的。而文件内部的位置指针用于指示文件内部的当前读写位置，每读一次，该指针向后移动一次，它不需要在程序中定义和说明，而是由系统自动设置的。

2. putc 和 fputc 函数

putc 和 fputc 函数的功能是把一个字符写入指定的文件中。函数调用格式如下：

```
putc(ch, fp);
```

或

```
fputc(ch, fp);
```

其中 ch 是要输出的一个字符常量或变量，fp 是文件类型指针变量。

getc 和 putc 每执行一次，文件指针就向下移动一个字符。其中文件结束符 EOF（End Of

File）位于文件的最后一个字符之后，是整个文件的结束标志，是头文件 stdio.h 中定义的符号常量，其值为-1。因此，当遇到 EOF 时，文件读操作结束，并将 EOF 作为函数的返回值。

3．getw 函数和 putw 函数

getw 和 putw 是对字（整数）操作的函数。它们与 getc 和 putc 类似，区别在于 getw 与 putw 是每次读写一个字（整数），并用于待处理数据仅为整型数的情况。其调用形式为：

```
putw( integer , fp );
getw( fp );
```

函数返回值：如果成功读/写，则返回当前读入/写入的信息，为一个整数，否则返回 EOF。

4．fprintf 函数和 fscanf 函数

前面使用函数一次处理一个字符或者一个整数，编译器还支持其他格式化读写函数，如 fprintf 和 fscanf 函数，这两个函数能够处理一组混合信息。fprintf 和 fscanf 函数的功能与前面使用的 printf 和 scanf 函数的功能相似，其区别在于 fprintf 和 fscanf 函数的读写对象不是键盘和显示器，而是磁盘文件，并且第一个参数是指向文件的指针。

1）fprintf 函数的一般调用格式如下：

```
fprintf ( fp ,"格式控制符", 输出列表);
```

其中，fp 指向一个以写模式打开的文本文件，格式控制符表示输出项的格式，输出列表中包含待输出的变量、常量或字符串。例如：

```
fprintf ( f1 , "%s  % d  %f", name , age , 7.5);
```

这里，name 是字符数组名，age 是整型变量。

2）fscanf 函数的一般调用格式如下：

```
fscanf ( fp , "格式控制符", 输入表列);
```

这条语句将从 fp 所指的文本文件中按照格式控制符指定格式读出数据。例如：

```
fscanf ( f2 , "%s  %d", item , &quantity);
```

当遇到文件结束符时，返回 EOF。

注意：系统自动定义了 3 个指针文件 stdin、stdout 和 stderr，分别指向终端输入、终端输出和标准出错输出。如果程序中指定要从 stdin 所指的文件输入数据，就是指从终端键盘输入数据；如果指定要向 stdout 所指的文件写入数据，就是将数据显示到显示屏上。

5．fread 函数和 fwrite 函数

getc 函数和 putc 函数可以用来读写文件中的一个字符，但是实际应用中常常要求一次读写一组数据（如一个数组元素、一个结构体变量的值等），ANSI C 标准提出设置两个函数（fread 函数和 fwrite 函数），它们用来读写一个数据块。它们的一般调用形式为：

```
fread( buffer,size,count,fp);
fwrite(buffer,size,count,fp);
```

对上述格式中各参数的具体说明如下。

1）buffer：数据块的指针。对 fread 函数来说，它是内存块的起始地址，输入的数据存入此内存块中；对 fwrite 函数来说，它是要输出数据的起始地址。

2）size：表示每个数据块的字节数。

3）count：用来指定每读/写一次，输入或输出数据块的个数（每个数据块具有 size 字节）。

4）fp：文件型指针。

如果文件以二进制形式打开，用 fread 函数和 fwrite 函数就可以读写任何类型的信息，例如：

```
fread(fname,4,6,fp);
```

其中 fname 是一个实型数组名，一个实型变量占 4 个字节。这个函数从 fp 所指的文件读入 6 次（每次 4 个字节），存储到数组 fname 中。

设有一个如下的结构体类型：

```
struct st
{   char num[8];              /*学号*/
    char name[10];            /*姓名*/
    float mk[5];              /*成绩数组，存放 5 门课程的成绩*/
} pers [30] ;
```

结构体数组 pers 有 30 个元素，每个元素包含一个学生的数据（包括学号、姓名和 5 门课程的成绩），并假设 pers 数组的 30 个元素都已有数据值，文件指针 fp 所指文件已经正确打开，则可以用下面的 for 语句和 fwrite 函数将这 30 个元素中的数据输出到 fp 所指的磁盘文件中：

```
for (i=0; i<30; i++)
   fwrite (&pers[i],sizeof(struct st),1,fp);
```

以上 for 循环中，每执行一次 fwrite 函数调用，就从&pers[i]地址开始输出由第 3 个参数指定的 1 个数据块，每个数据块包含 sizeof(struct st)个字节，也就是一次整体输出一个结构体变量中的值。

同样，也可以用下面的 for 语句和 fread 函数从上面建立的文件中再次将每个学生的数据逐个读入到 pers 数组中。这时，文件必须以读的方式打开。

```
for (i=0; i<30; i++)
   fread(&pers[i], sizeof(struct st), 1, fp);
```

如果 fread 或 fwrite 调用成功，则函数返回值为 count 的值，即输入或输出数据项的完整个数。

6．fgets 函数和 fputs 函数

字符串读写函数有 fgets 和 fputs 函数，它以字符串为单位进行读写，每次可以从文件中读出或向文件中写入一个字符串。

fgets 函数的功能是从指定文件中读一个字符串到字符数组中，其调用格式如下：

```
fgets( 字符数组名,n,文件指针);
```

其中，n 是一个正整数，表示从文件中读出的字符串不超过 n-1 个字符。如果在读入 n-1 个字符结束之前遇到换行符或 EOF，则读入结束。在读入的最后一个字符后加上串结束标志'\0'，该函数返回值为字符数组的首地址。例如：

```
fgets(str,n,fp);
```

这句代码的意义是从 fp 所指的文件中读出 n-1 个字符送入数组 str 中。

fputs 函数的功能是向指定文件写入一个字符串，其调用格式为：

```
fputs(字符串,文件指针);
```

其中字符串可以是字符串常量，也可以是字符数组名或字符指针变量。写入成功时，函数值为 0；写入失败时，函数值为非 0。例如：

```
fputs("China",fp);
```

这句代码的意义是将字符串“China”写入 fp 所指文件。

实例 58　文件的定位与检测函数——字母定位与逆序输出

实例任务

首先，创建文件 RAMDOM 并写入如下内容：

位置	0	1	2	…	25
字符	A	B	C	…	Z

进行两次读操作，第一次读出 5 的倍数的位置处内容，并与其位置一起输出到屏幕上；第二次从文件尾向开始处，按字母表逆序逐个读出每个字符并将其显示在屏幕上。程序运行结果如图 9-4 所示。

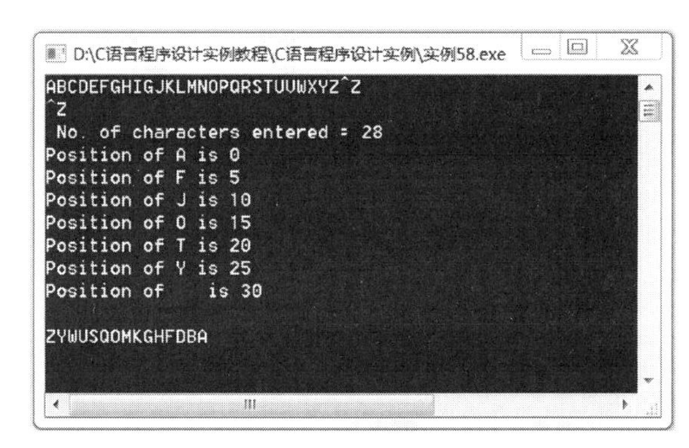

图 9-4　程序运行结果

程序代码

```
#include "stdio.h"
main()
{   FILE *fp;
    long n;
    char ch;
    fp=fopen("RANDOM","w");              /*以只写的方式打开文件 RANDOM*/
    printf("请输入 A-Z 的字母序列：");
    while((ch=getchar())!=EOF)           /*判断输入是否以 Ctrl+Z 结束*/
       putc(ch,fp);                      /*将输入的字符写入数据到文件*/
    printf("存放文件中的字符数是：%ld\n",ftell(fp));
    /*通过 ftell(fp)来取得指针偏移量来获取字符数*/
    fclose(fp);                          /*关闭文件*/
    fp=fopen("RANDOM","r");              /*以读的方式打开文件 RANDOM*/
    n=0L;
```

```
    while(feof(fp) ==0)                         /*文件未结束判别条件*/
    {   fseek(fp,n,0);                          /*文件定位*/
        printf("字符\"%c\"的位置编号是: %ld\n",getc(fp),ftell(fp));
                                                /*显示数据信息*/
        n=n+5L;                                 /*间隔 5 个字符定位*/
    }
    putchar('\n');
    fseek(fp,-1L,2 ) ;                          /*定位到文件最后一个字符之后*/
    do
    {   putchar(getc(fp));                      /*输出字符*/
    } while(!fseek(fp,-2L,1));                  /*指针前移 2 个位置并判断是否超过首位置*/
    printf("\n");
    fclose(fp);
    getchar();
}
```

相关知识

1. 实例解析

在本实例中，第一次读的时候，当读完 Z 之后，下一个位置是 30，即 fseek (fp, n, 0)中参数 n 的值为 30，已经过 EOF，则读操作结束，返回 0，循环停止。

第二次读的时候，使用语句：

```
fseek (fp, -1L, 2);
```

此时将访问位置定位在最后一个字符，为了从后向前依次读取每个字符，函数应该调用：

```
fseek (fp, -2L, 1);
```

即每次读完一个字符后，要从当前位置移动到下一个字符的位置。之所以是-2L，是因为负号决定了移动方向。下面主要来解决这样一个问题：想要逐个读出字符，那为什么是-2L 而不是-1L？这是因为读取每个字符时是从高位读向低位（图 9-5 中自左向右），而题目要求的字符访问方向恰恰与之相反（图中自右向左）。例如，此时的访问位置指向 EOF（^Z）的后面，如果读取 Z 则必须将访问位置移动到 Y 的后面，即需要移动 2 个字节，然后读取 Z。但是当 Z 读取完毕之后，访问位置位于 Z 后，所以若要继续读取 Y，则必须向前移动 2 个字节，即移动到 X 后，然后读取 Y，以此类推。

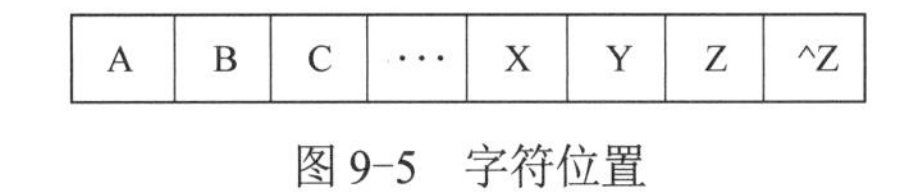

图 9-5　字符位置

此外上面的调用语句：fseek (fp , -2L , 1);，也用来检查是否已经经过第一个字符，如果已经经过，则使操作结束，返回 0，循环停止。

2. 文件的定位

到目前为止，讨论的都是对文件的顺序读/写，也就是从文件头逐个读/写至文件尾。但是有些时候，读/写一个数据之后，并不需要访问下一个数据，而是访问其他位置的数据，这就是文件随机访问。标准 I/O 库中的 fseek、ftell 和 rewind 函数可以解决这一问题。

（1）fseek 函数和随机读写

fseek 函数的功能是将文件内当前访问位置移动到需要的位置，调用形式为：

```
fseek (文件指针,偏移量,起始点);
```

其中，文件指针指向正在被使用的文件；偏移量是一个 int 或 long 型数，偏移量是正数表示向末尾处移动，是负数表示向开始处移动；起始点表示从何处开始计算位移量，规定的起始点有 3 种，即文件首、当前位置和文件尾。这 3 种起始点的表示方法如表 9-2 所示。

表 9-2　3 种起始点的表示方法

相对位置起始点	符号常量	整　数　值	说　　明
文件头	SEEK_SET	0	相对偏移量的参照位置为文件头
文件尾	SEEK_END	2	相对偏移量的参照位置为文件尾
文件当前位置	SEEK_CUR	1	相对偏移量的参照位置为文件指针的当前位置

表 9-3 列出了 fseek 函数的一些应用实例。

表 9-3　fseek 函数的应用实例

语　　句	含　　义
fseek(fp , 0L , 0);	使当前位置重置到文件开始处（与 rewind 函数类似）
fseek(fp , 0L , 1);	停留在当前位置
fseek(fp , 0L , 2);	使当前位置重置到文件末尾处（即指向 EOF）
fseek(fp , m , 0);	从文件开始处向末尾方向移动到第 *m*+1 个字节处
fseek(fp , m , 1);	从当前位置向末尾方向前进 *m* 个字节
fseek(fp , -m, 1);	从当前位置向文件开始处方向后退 *m* 个字节
fseek(fp , -m, 2);	从末尾位置向头方向后退 *m* 个字节（即指向倒数第 *m* 个字符，从 1 开始计数）

利用 fseek 函数可以实现随机读写操作，如果定位成功，fseek 返回 0；如果定位越界（低于开始处，高于末尾处），则发生错误，并返回-1。

（2）ftell 函数

ftell 函数用文件指针作参数，并返回一个 long 型整数，表示相对于文件开始处的字节偏移量，如果 f 返回值为-1，表示出错。这个函数用于保存文件内当前访问位置，其调用形式为：

```
n = ftell (fp);
```

n 表示相对于文件开始处的字节偏移量，意思是已经读/写了 *n* 个字节。例如：

```
n=ftell(fp);
if(n==-1L)
   printf("error\n");
```

变量 n 存放文件的当前位置，如果调用出错（如文件不存在），则输出“error”。

（3）rewind 函数

rewind 函数用文件指针作参数，并将文件内当前访问位置重置至文件开始处，该函数无返回值。其调用形式为：

```
rewind (fp);
```

3. 文件状态检测函数

对文件进行读写操作时，可能会出现各种错误，如越过文件结束标志 EOF 读数据、缓冲区溢出、要使用的文件未打开、同时对同一个文件进行两种操作、文件以非法文件名打开等。如果没有注意到这些错误，执行时就会导致提前终止或输出错误。但是，C 语言提供了一组函数用来检查文件的 I/O 错误，这组函数是 feof、ferror 和 clearerr。

（1）feof 函数

feof 函数用于在文件处理过程中检测文件指针是否到达文件末尾，其一般调用形式：

```
feof(fp);
```

如果文件指针指到文件末尾（结束字符 EOF），则返回值为非 0；否则返回值为 0。例如：

```
if (feof (fp))
   printf ("End of data.\n");
```

这条语句表示当达到文件结束条件时，显示“End of data .”。

（2）ferror 函数

ferror 函数是文件出错检测函数，它也只使用文件指针作函数参数。如果检测到对当前文件的操作出错，则返回值为非 0；否则返回值为 0。例如：

```
if (ferror (fp)!= 0)
   printf ("An error has occurred.\n");
```

这条语句表示如果出现读写错误，则出现提示信息“An error has occurred .”。

在调用 fopen 时，一定会返回一个文件指针。如果由于某种原因不能打开文件，则返回一个空指针。这种机制也可以用来判断文件打开是否成功，例如：

```
if (fp == NULL)
   printf ("File could not be opened.\n");
```

如果文件打开失败，则输出提示语句“File could not be opened .”。

（3）clearerr 函数

当文件操作出错后，文件状态标志为非 0，此后所有的文件操作均无效。如果希望继续对文件进行操作，必须使用 clearerr 函数清除此错误标志后，才可以继续操作。此函数使用文件指针作函数参数，其一般调用形式为：

```
clearerr(fp);
```

例如，文件指针到文件末尾时会产生文件结束标志，必须执行此函数后，才可以继续对文件进行操作。因此，在执行 fseek(fp,0L,SEEK_SET) 和 fseek(fp,0L,SEEK_END)语句后，要注意调用此函数。

课堂精练

1）从键盘上输入两个学生的数据并写入一个文件，再读出这两个学生的数据。程序运行结果如图 9-6 所示。

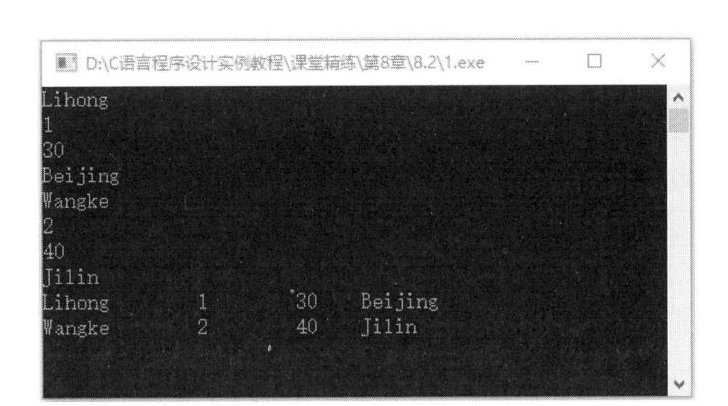

图 9-6 程序运行结果（1）

根据程序运行结果，请将下面的程序补充完整并调试。

```
#include "stdio.h"
struct stu
{   char name[10];
    int num;
    int age;
    char addr[15];
}boya[2],boyb[2],*pp,*qq;
main()
{   FILE *fp;
    char ch;
    int i;
    pp=boya;
    qq=boyb;
    if((fp=fopen("stu_list","wb+"))==NULL)
    {   printf("不能打开文件，按任意键退出！");
        getchar();
        exit(1);
    }
    for(i=0;i<2;i++,pp++)
        scanf("%s%d%d%s",pp->name,&pp->num,&pp->age,pp->addr);
    pp=boya;
    for(i=0;i<2;i++,pp++)
        ____________________________________________
    rewind(fp); /*把文件内的指针移动文件开头*/
    for(i=0;i<2;i++,qq++)
        fscanf(fp,"%s%d%d%s\n",qq->name,&qq->num,&qq->age,qq->addr);
                                          /*从文件中读出数据*/
    ____________________________________________
    for(i=0;i<2;i++,qq++)
      printf("%s   %5d  %7d   %s\n",qq->name,qq->num,qq->age,qq->addr);
    fclose(fp);
    getchar();
}
```

2）建立 text 文件，输入一串字符，保存到文件 text 中，然后从文件中定位，获取当前位置。程序运行结果如图 9-7 所示。

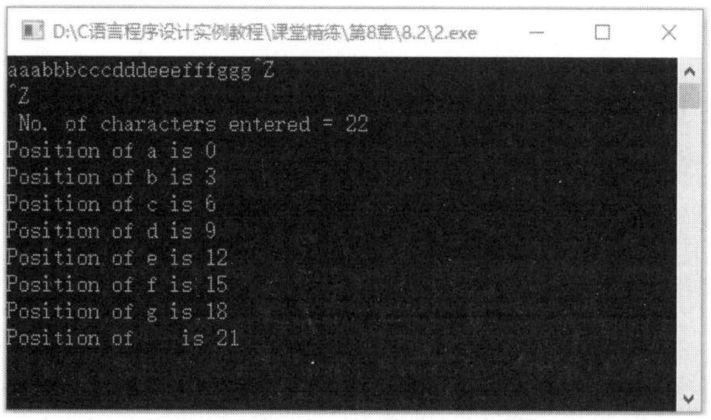

```
D:\C语言程序设计实例教程\课堂精练\第8章\8.2\2.exe
aaabbbcccdddeeefffggg^Z
^Z
 No. of characters entered = 22
Position of a is 0
Position of b is 3
Position of c is 6
Position of d is 9
Position of e is 12
Position of f is 15
Position of g is 18
Position of   is 21
```

图 9-7　程序运行结果（2）

根据程序运行结果，请将下面的程序补充完整并调试。

```
#include  <stdio.h>
main()
{   FILE  *fp ;
    long  n ;
    char  ch ;
    fp = fopen("text" , "w") ;          /*以只写的方式打开文件 RANDOM*/
    ____________________________        /*判断输入是否以 Ctrl+Z 结束*/
    {   putc( ch ,fp ) ;                /*写入数据到文件*/
    }
    printf( " No. of characters entered = %ld\n" , ftell( fp ) ) ;
                                        /*通过 ftell ( fp )获取字符数*/
    fclose( fp ) ;                      /*关闭文件*/
    fp = fopen( "text" , "r") ;         /*以只读的方式打开文件 RANDOM*/
    n = 0L ;
    while(feof(fp) == 0)                /*文件未结束判别条件*/
    {   fseek( fp ,n , 0 );             /*文件定位*/
        ____________________________    /*显示数据信息*/
        n = n + 3L ;                    /*间隔 3 个字符定位*/
    }
    putchar( '\n' ) ;
    getchar();
}
```

9.2 课后习题

9.2.1 实训

一、实训目的

1．进一步理解文件的概念与应用。

2．进一步巩固文件的读写操作。

3．进一步巩固文件定位函数与文件状态检测函数的使用。

二、实训内容

1．从键盘输入一个字符串，将其中的小写字母全部转化成大写字母，然后输出到一个磁盘文件 test 中保存，输入的字符串以“!”结束。

2．有 5 个学生，每个学生有 3 门课的成绩，从键盘输入以上数据（包括学生号、姓名、3 门课成绩），计算出平均成绩，将原有数据和计算出的平均分数存放在磁盘文件 student 中。

9.2.2 练习题

一、选择题

1．系统的标准输入文件是指________。

（A）键盘　（B）显示器　（C）软盘　（D）硬盘

2．若执行 fopen 函数时发生错误，则函数的返回值是________。

（A）地址值　（B）0　（C）1　（D）EOF

3．若要用 fopen 函数打开一个新的二进制文件，该文件要既能读也能写，则文件打开模式的参数应是________。

（A）ab+　（B）wb+　（C）rb+　（D）ab

4．fscanf 函数的正确调用形式是________。

（A）fscanf(fp,格式字符串,输出列表)

（B）fscanf(格式字符串,输出列表,fp);

（C）fscanf(格式字符串,文件指针,输出列表);

（D）fscanf(文件指针,格式字符串,输入列表);

5．fgetc 函数的作用是从指定文件读入一个字符，该文件的打开方式必须是________。

（A）只写　（B）追加　（C）读或读写　（D）答案 B 和 C 都正确

6．函数调用语句：fseek(fp,-20L,2);的含义是________。

（A）将文件位置指针移到距离文件头 20 个字节处

（B）将文件位置指针从当前位置向后移动 20 个字节

（C）将文件位置指针从文件末尾处后退 20 个字节

（D）将文件位置指针移到离当前位置 20 个字节处

7．利用 fseek 函数可实现的操作是________。

（A）fseek(文件类型指针,起始点,位移量);

（B）fseek(fp,位移量,起始点);

（C）fseek(位移量,起始点,fp);

（D）fseek(起始点,位移量,文件类型指针);

8．在执行 fopen 函数时，ferror 函数的初值是________。

（A）TURE　（B）-1　（C）1　（D）0

9．下面程序向文件输出的结果是________。

```
#include  "stdio.h"
main()
{    FILE  *fp=fopen("TEST","wb");
     fprintf(fp, "%d%5.of%c%d",58,76273.0,'-',2278);
     fclose(fp);}
```

（A）58 75273 – 22278　　（B）5876273.000000 – 2278

（C）5876273 – 2278　　（D）因为文件为二进制文件而不可读

二、填空题

1．程序运行时输入“Win Tc”，输出结果是________________。

```
#include <stdio.h>
main()
{   FILE  *fp;
    char  ch;
    if((fp=fopen("file.dat","w")) ==NULL)
    {   printf("Cannot  open  file\n");
        exit(0);
    }
    ch=getchar();
    while(ch!= '#')
    {   fputc(ch,fp);
        putchar(ch);
        ch=getchar();
    }
    fclose(fp);
}
```

2．下述程序实现文件的复制，文件名来自 main 函数中的参数，请填空。

```
#include <stdio.h>
void  fcopy(FILE  *out,FILE  *in)
{   char  k;
    do
    {   k=fgetc(______________);
        if(feof(fin))
        break;
        fputc(______________);
    }while(1);
}
void  main(int  argc, char  *argv[])
{   FILE  *fin,*fout;
    if(argc!=3)
       return;
    if(fin=fopen(argv[2], "rb")=NULL)
       return;
    fout=______________;
    fcopy(fout,fin);
    fclose(fin);
    fclose(fout);
}
```

第10章 综合项目实训

10.1 实训1——学生成绩管理系统

10.1.1 项目实训目的

本实例涉及结构体、单链表、文件等方面的知识。通过该实训，训练学生的基本编程能力，了解管理信息系统的开发流程，熟悉C语言中的文件和单链表的各种基本操作，掌握利用单链表存储结构实现对学生成绩管理的基本原理，为进一步开发出高质量的管理信息系统打下坚实的基础。

10.1.2 系统功能描述

如图10-1所示，该学生成绩管理系统主要用单链表来实现，它包括五大功能模块。

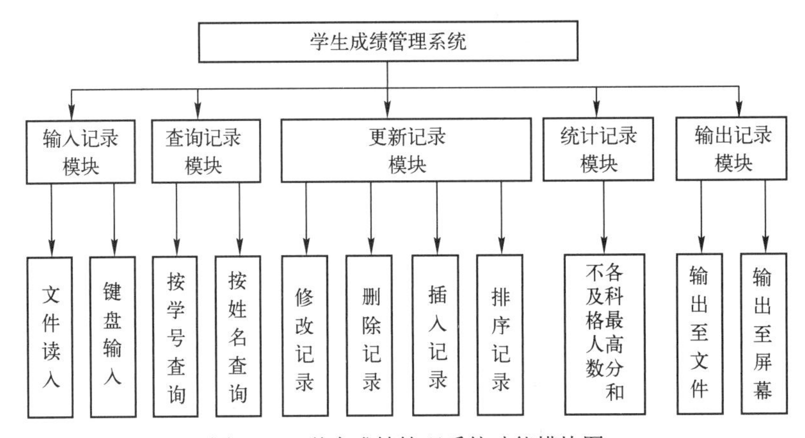

图10-1 学生成绩管理系统功能模块图

1. 输入记录模块

将数据存入单链表中，记录可以从以二进制形式存储的数据文件中读入，也可以从键盘逐个输入学生记录。学生记录由学生的基本信息和成绩信息字段组成。当从数据文件中读入记录时，是在以单条记录为单位存储的数据文件中将记录逐条复制到单链表中。

2. 查询记录模块

该模块主要完成在单链表中查找满足相关条件的学生记录。用户可以按学生的学号或姓名来查找学生信息。若找到该学生的记录，则返回指向该记录的指针；否则，返回一个值为NULL的空指针，并输出未找到该学生记录的提示。

3．更新记录模块

该模块主要完成对数据记录的维护，实现对学生记录的修改、删除、插入和排序操作。系统进行了上述操作之后，需要将修改的记录重新存入源数据文件。

4．统计记录模块

该模块主要完成对各门功课最高分和不及格人数的统计。

5．输出记录模块

该模块主要完成两个任务。第一，实现对学生记录的存盘操作，即将单链表中的各节点中存储的学生记录信息写入数据文件；第二，实现将单链表中存储的学生记录以表格的形式在屏幕上打印输出。

10.1.3　系统总体设计

1．功能模块设计

（1）main()主函数执行流程

主函数 main()首先以可读写方式打开数据文件，此文件默认为“C:\student”，若文件不存在，则自动创建该文件。当成功打开文件后，则从文件中一次读取一条记录，添加到新建的单链表中，然后执行主菜单和进入主循环操作，进行按键判断。按键判断处理流程如下。

1）按键的有效值为 0～9，其他数字都视为错误按键。

2）若输入 0（即变量 select=0），则会继续判断在对记录修改后是否进行了存盘操作；若未存盘，则全局变量 selectflag=1，系统会提示用户是否需要进行数据的存盘操作；这时用户输入 Y 或 y，则系统会进行存盘操作。最后，系统执行退出学生成绩管理系统的操作。

3）若输入 1，则调用 Add()函数，执行添加学生记录的操作。

4）若输入 2，则调用 Del()函数，执行删除学生记录操作。

5）若输入 3，则调用 Qur()函数，执行查询学生记录操作。

6）若输入 4，则调用 Modify()函数，执行修改学生记录操作。

7）若输入 5，则调用 Insert()函数，执行插入学生记录操作。

8）若输入 6，则调用 Tongji()函数，执行统计学生记录操作。

9）若输入 7，则调用 Sort()函数，执行排序学生记录操作。

10）若输入 8，则调用 Save()函数，执行保存学生记录至数据文件的操作。

11）若输入 9，则调用 Disp()函数，执行将学生记录以表格形式输出至屏幕的操作。

12）若输入 0～9 之外的值，则调用 Wrong()函数，给出按键错误的提示。

（2）输入记录模块

该模块的功能是将数据存入单链表。当从数据文件读出记录时，它调用了 fread(p,sizeof(Node),1,fp)文件读取函数，从文件中读取一条学生记录并存入指针变量 p 所指的节点中，并且此操作在 main()函数中执行。若该文件中没有数据，系统会提示单链表为空，没有任何学生记录可操作，此时，用户应输入 1，调用 Add(1)函数输入新的学生记录，从而完成在单链表中添加节点的操作。注意：这里的字符串和数值的输入分别采用了对应的函数来实现，即在函数中完成输入数据的任务，并对数据进行条件判断，直到满足条件为止；这样大大减少了代码的重复和冗余，符合模块化程序设计的特点。

（3）查询记录模块

该模块的功能是在单链表中按学生的学号或姓名查找满足相关条件的记录。在查询函数 Qur(1)中，1 为指向保存了学生成绩信息的单链表的首地址的指针变量。将单链表中的指针定位操作设计成一个单独的函数 Node，若找到该记录，则返回指向该节点的指针；否则，返回一个空指针。

（4）更新记录模块

该模块主要实现了对学生记录的修改、删除、插入和排序操作。因为学生的记录是以单链表结构存储的，所以这些操作在单链表中完成。下面分别介绍这 4 个功能模块。

- 修改记录：修改系统内已经存在的学生记录。
- 删除记录：删除系统内已经存在的学生记录。
- 插入记录：向系统内添加新的学生记录。
- 排序记录：对系统中的学生记录进行排序处理。

C 语言中的排序算法很多，如冒泡排序、插入排序等。本系统使用的是插入排序。在单链表中插入排序的基本步骤如下。

1）新建一个单链表 1，用来保存排序结果，其初始值为待排序单链表中的头节点。

2）从待排序单链表中取出下一个节点，将其总分字段值与单链表 1 中的各节点中的总分字段的值进行比较，直到在链表 1 中找到总分字段值小于取出节点的总分字段值的节点时，系统将待排序单链表中取出的节点插入到此节点之前，作为其前驱。否则，将取出的节点放在单链表 1 的尾部。

3）重复第 2）步，直到待排序单链表取出节点的指针域为 NULL，即此节点为链表的尾部节点。

（5）统计记录模块

该模块主要通过循环读取指针变量 p 所指的当前节点的数据域中的各字段的值，并对各个成绩字段进行逐个判断的形式，完成单科最高分学生的查找和各科不及格人数的统计。

（6）输出记录模块

当把记录输出到文件时，调用 fwrite(p,sizeof(Node),1,fp)函数，将 p 指针所指节点的各字段的值写入文件指针 fp 所指的文件。当把记录输出到屏幕时，调用 void Disp(Link 1)函数，将单链表 1 中存储的学生记录以表格的形式在屏幕上显示出来。

2. 数据结构设计

（1）学生成绩信息结构体

学生成绩信息结构体 student 用来存储学生的基本信息，它将作为单链表的数据域。为了简化程序，这里只取了 3 门课程的成绩。

```
typedef  struct  student
{    char     num[10];                    /* 保存学号*/
     char     name[15];                   /* 保存姓名*/
     int      cgrade;                     /* 保存 C 语言成绩*/
     int      mgrade;                     /* 保存数学成绩*/
```

```
        int      egrade;                  /* 保存英语成绩*/
        int      total;                   /* 保存总分*/
        float    ave;                     /* 保存平均分*/
        int      mingci;                  /* 保存名次*/
    };
```

（2）单链表 node 结构体

```
    typedef  struct  node
    {   struct  student  data;            /*数据域*/
        struct  student  *next;           /*指针域*/
    }Node, *Link;  /*Node 是 node 类型的结构体变量，*Link 是 node 类型的指针变量*/
```

3．函数功能描述

● 函数 printheader()

函数原型：void printheader()

printheader()函数用于在以表格形式显示学生记录时，输出显示表头。

● 函数 printdata()

函数原型：void printdata(Node *pp)

printdata()函数用于在以表格形式显示学生记录时，输出显示单链表 pp 中的学生信息。

● 函数 stringinput()

函数原型：void stringinput(char *t, int lens, char *notice)

stringinput()函数用于输入字符串，并进行字符串长度验证（须满足长度<lens）。t 用于保存输入的字符串，notice 用于保存 printf()中输出的提示信息。

● 函数 numberinput()

函数原型：int numberinput(char *notice)

numberinput()函数用于输入数值型数据，并对输入的数据进行验证（须满足 0≤数据≤100）。

● 函数 Disp()

函数原型：void Disp(Link l)

Disp()函数用于显示单链表 l 中存储的学生记录，内容为 student 结构体中定义的内容。

● 函数 Locate()

函数原型：Node *Locate(Link l, char findmess[], char nameornum[])

Locate()函数用于定位单链表中符合要求的节点，并返回指向该节点的指针。参数 findmess[]用于保存要查找的具体内容，nameornum[]用于保存按什么字段在单链表 l 中查找。

● 函数 Add()

函数原型：void Add(Link l)

Add()函数用于在单链表 l 中增加学生记录的节点。

● 函数 Qur()

函数原型：void Qur(Link l)

Qur 函数用于在单链表 l 中按学号或姓名查找满足条件的学生记录，并显示出来。

● 函数 Del()

函数原型：void Del(Link l)

Del()函数用于在单链表 l 中找到满足条件的学生记录的节点，然后删除该节点。

- 函数 Modify()

函数原型：void Modify(Link l)

Modify()函数用于在单链表 l 中修改学生记录。

- 函数 Insert()

函数原型：void Insert(Link l)

Insert()函数用于在单链表 l 中插入学生记录。

- 函数 Tongji()

函数原型：void Tongji(Link l)

Tongji()函数用于在单链表 l 中完成学生记录的统计工作，统计该班的总分第一名、单科第一名和各科不及格人数。

- 函数 Sort()

函数原型：void Sort(Link l)

Sort()函数用于在单链表 l 中完成利用插入排序算法实现单链表的按总分字段降序排序。

- 函数 Save()

函数原型：void Save(Link l)

Save()函数用于将单链表 l 中的数据写入磁盘中的数据文件。

- 主函数 main()

main()函数是整个学生成绩管理系统的控制部分。

10.1.4 程序实现

经过前面的功能模块分析和系统总体设计后，便可在此基础上进行程序设计了。本节将详细介绍此项目实训的具体实现过程。

1. 程序预处理

程序预处理包括加载头文件，定义结构体、常量和变量，并进行初始化，具体代码如下：

```
#include "stdio.h"          /*标准输入输出函数库*/
#include "stdlib.h"         /*标准函数库*/
#include "string.h"         /*字符串函数库*/
#include "conio.h"          /*屏幕操作函数库*/
#define HEADER1 "  --------------------STUDENT------------------------  \n"
#define HEADER2 "   |   number    |     name    |Comp|Math|Eng|  sum  |  ave
|mici  | \n"
#define HEADER3 "   |---------------|---------------|----|----|----|-
-------|-------|-----|  "
#define FORMAT "    |   %-10s |%-15s|%4d|%4d|%4d| %4d   | %.2f  |%4d  |\n"
#define  DATA   p->data.num,p->data.name,p->data.egrade,p->data.mgrade,
p-> data.cgrade,p
                ->data.total,p->data.ave,p->data.mingci
```

```
#define END     "     -------------------------------------------- \n"
int saveflag=0;                  /*是否需要存盘的标志变量*/
typedef struct  student          /*定义与学生有关的数据结构，标记为 student*/
{   char num[10];                /*学号*/
    char name[15];               /*姓名*/
    int cgrade;                  /*C 语言成绩*/
    int mgrade;                  /*数学成绩*/
    int egrade;                  /*英语成绩*/
    int total;                   /*总分*/
    float ave;                   /*平均分*/
    int mingci;                  /*名次*/
};
typedef struct  node             /*定义每条记录或节点的数据结构，标记为 node*/
{   struct student data;         /*数据域*/
    struct node *next;           /*指针域*/
}Node,*Link;   /*Node 为 node 类型的结构体变量，*Link 为 node 类型的指针变量*/
```

2．主函数 main()

主函数 main()主要实现了对整个系统的控制及相关模块函数的调用，具体代码如下：

```
main()
{   Link l;                 /*定义链表*/
    FILE *fp;               /*文件指针*/
    int select;             /*保存选择结果变量*/
    char ch;                /*保存(y,Y,n,N)*/
    int count=0;            /*保存文件中的记录条数（或节点个数）*/
    Node *p,*r;             /*定义记录指针变量*/
    l=(Node*)malloc(sizeof(Node));
    if(!l)
    {   printf("\n allocate memory failure ");   /*如没有申请到，显示提示信息*/
        return ;            /*返回主界面*/
    }
    l->next=NULL;  r=l;   fp=fopen("C:\\student","ab+");
    if(fp==NULL)
    {   printf("\n=====>can not open file!\n");
        exit(0);
    }
    while(!feof(fp))
    {   p=(Node*)malloc(sizeof(Node));
        if(!p)
        {  printf(" memory malloc failure!\n");
           exit(0);
        }
           if(fread(p,sizeof(Node),1,fp)==1)  /*从文件中一次读取一条学生成绩记录*/
           {   p->next=NULL;
               r->next=p;
               r=p;
               count++;
           }
    }
    fclose(fp); /*关闭文件*/
    printf("\n=====>open  file  success,the  total  records  number  is  :
```

```
%d.\n",count);
        menu();
        while(1)
        {   system("cls");
            menu();
            p=r;
            printf("\n  Please Enter your choice(0~9):");     /*显示提示信息*/
            scanf("%d",&select);
            if(select==0)
            {   if(saveflag==1)  /*若对链表的数据有修改且未进行存盘操作，则此标志为1*/
                {   getchar();
                    printf("\n=====>Whether save the modified record to
file?(y/n):");
                    scanf("%c",&ch);
                    if(ch=='y'||ch=='Y')  Save(l);
                }
                printf("=====>thank you for useness!");
                getchar();  break;
            }
            switch(select)
            {       case 1:Add(l);break;                /*增加学生记录*/
                    case 2:Del(l);break;                /*删除学生记录*/
                    case 3:Qur(l);break;                /*查询学生记录*/
                    case 4:Modify(l);break;             /*修改学生记录*/
                    case 5:Insert(l);break;             /*插入学生记录*/
                    case 6:Tongji(l);break;             /*统计学生记录*/
                    case 7:Sort(l);break;               /*排序学生记录*/
                    case 8:Save(l);break;               /*保存学生记录*/
                    case 9:system("cls");Disp(l);break; /*显示学生记录*/
                    default: Wrong();getchar();break;   /*按键有误，必须为数值0-9*/
            }
        }
        getchar();
    }
```

3．系统主菜单函数

系统主菜单函数 menu()的功能是显示系统的主菜单界面，提示用户进行选择，完成相应的任务。具体代码如下：

```
void menu()
{   system("cls");          /*调用DOS命令，清屏.与clrscr()功能相同*/
    textcolor(10);          /*在文本模式中选择新的字符颜色*/
    gotoxy(10,5);           /*在文本窗口中设置光标*/
    cprintf("                 The Students' Grade Management System \n");
    gotoxy(10,8);
    cprintf("*************************Menu********************************\n");
    gotoxy(10,9);
    cprintf("     * 1 input   record          2 delete record            *\n");
    gotoxy(10,10);
    cprintf("     * 3 search  record          4 modify record            *\n");
    gotoxy(10,11);
    cprintf("     * 5 insert  record          6 count  record            *\n");
```

```
    gotoxy(10,12);
    cprintf("    * 7 sort   record              8 save   record            *\n");
    gotoxy(10,13);
    cprintf("    * 9 display record             0 quit   system            *\n");
    gotoxy(10,14);
    cprintf("*****************************************************************\n");
}
```

4. 表格显示记录

由于记录显示操作经常执行，因此将这部分由独立的函数来实现，以减少代码的重复。以表格形式显示单链表 l 中存储的学生记录，内容是 student 结构体中定义的内容。具体代码如下：

```
void Disp(Link l)
{   Node *p l->next;
    if(!p)
    {
        printf("\n=====>Not student record!\n");
        getchar();
        return;
    }
    printf("\n\n");
    printheader();     /*输出表头*/
    while(p)           /*逐条输出单链表中存储的学生信息*/
    {   printdata(p);
        p=p->next;
        printf(HEADER3);
    }
    getchar();
}
void printheader()     /*格式化输出表头*/
{   printf(HEADER1);
    printf(HEADER2);
    printf(HEADER3);
}
void printdata(Node *pp)    /*格式化输出表中数据*/
{   Node* p;
    p=pp;
    printf(FORMAT,DATA);
}
void Wrong()     /*输出按键错误的提示信息*/
{   rintf("\n*****Error:input has wrong! press any key to continue*****\n");
    getchar();
}
void Nofind()   /*输出未找到此学生的提示信息*/
{   printf("\n=====>Not find this student!\n");
}
```

5. 记录查找后定位

当用户进入系统后，对某个学生进行处理前需要在单链表 l 中按条件查找记录信息。此功能由函数 Node *Locate(Link l,char findmess[ ],char nameornum[ ])实现，具体代码如下：

```
Node* Locate(Link l,char findmess[ ],char nameornum[ ])
{   Node *r;
    if(strcmp(nameornum,"num")==0)  /*按学号查询*/
    {   r=l->next;
        while(r)
        {   if(strcmp(r->data.num,findmess) ==0)     return r;
                                              /*找到 findmess 值的学号*/
            r=r->next;
        }
    }
    else if(strcmp(nameornum,"name")==0) /*按姓名查询*/
    {   r=l->next;
        while(r)
        {   if(strcmp(r->data.name,findmess) ==0) return r;
                                              /*找到 findmess 值的学生姓名*/
            r=r->next;
        }
    }
    return 0;     /*若未找到，返回一个空指针*/
}
```

6. 格式化输入数据

该系统要求用户只能输入字符型和数值型数据，所以这里定义了两个函数 stringinput 和 numberinput 来单独处理这两个类型的数据并对输入的数据进行验证，具体代码如下：

```
void stringinput(char *t,int lens,char *notice)
                                /*输入字符串并进行长度验证（长度<lens）*/
{    char n[255];
     do{    printf(notice);         /*显示提示信息*/
            scanf("%s",n);          /*输入字符串*/
            if(strlen(n)>lens)
            printf("\n exceed the required length! \n");
                                    /*进行长度校验，超过 lens 值则重新输入*/
    }while(strlen(n)>lens);
    strcpy(t,n);                    /*将输入的字符串复制到字符串 t 中*/
}
int numberinput(char *notice)    /*输入分数，0<=分数<=100)*/
{   int t=0;
    do
    {   printf(notice);
        scanf("%d",&t);
        if(t>100 || t<0)
             printf("\n score must in [0,100]! \n"); /*进行分数校验*/
    }while(t>100 || t<0);
    return t;
}
```

7. 增加学生记录

如果系统内的学生数据为空，则通过 Add 函数向系统内添加学生记录，具体代码如下：

```
void Add(Link l)
{   Node *p,*r,*s;            /*临时的结构体指针变量*/
    char ch,flag=0,num[10];
    r=l;
    s=l->next;
    system("cls");
    Disp(l);                  /*先输出已有的学生信息*/
    while(r->next!=NULL)  r=r->next;  /*将指针移至于链表末尾，准备添加记录*/
    while(1)          /*一次可输入多条记录，直至添加学号为 0 的记录节点*/
    {   while(1)      /*输入学号，保证该学号没被使用，若学号为 0，则退出添加记录操作*/
        {   stringinput(num,10,"input number(press '0'return menu):");
                                  /*格式化输入学号并检验*/
            flag=0;
            if(strcmp(num,"0")==0)
                return;
            s=l->next;
            while(s)  /*查询该学号是否存在，若存在则要求重新输入一个未被占用的学号*/
            {   if(strcmp(s->data.num,num) ==0)
                {   flag=1;
                    break;
                }
                s=s->next;
            }
            if(flag==1) /*提示用户是否重新输入*/
            {   getchar();
                printf("=====>The number %s is not existing,try again?
(y/n):",num);
                scanf("%c",&ch);
                if(ch=='y'||ch=='Y')
                    continue;
                else
                    return;
            }
            else  break;
        }
        p=(Node *)malloc(sizeof(Node));        /*申请内存空间*/
        if(!p)
        {
             printf("\n allocate memory failure ");
             return;
        }
        strcpy(p->data.num,num);       /*将字符串 num 复制到 p->data.num 中*/
        stringinput(p->data.name,15,"Name:");
        p->data.cgrade=numberinput("C language Score[0-100]:");
        p->data.mgrade=numberinput("Math Score[0-100]:");
        p->data.egrade=numberinput("English Score[0-100]:");
        p->data.total=p->data.egrade+p->data.cgrade+p->data.mgrade;
                                       /*计算总分*/
        p->data.ave=(float)(p->data.total/3);          /*计算平均分*/
        p->data.mingci=0;
        p->next=NULL;                  /*表明这是链表的尾部节点*/
        r->next=p;                     /*将新建的节点加入链表尾部中*/
        r=p;
```

```
        saveflag=1;
    }
    return;
}
```

8．查询学生记录

用户可以对系统内的学生信息按学号或姓名进行查询，若此学生记录存在，则输出此学生记录，具体代码如下：

```
void Qur(Link l)
{   int select;                 /*1：按学号查，2：按姓名查，其他：返回主界面（菜单）*/
    char searchinput[20];       /*保存用户输入的查询内容*/
    Node *p;
    if(!l->next)                /*若单链表为空*/
    {   system("cls");
        printf("\n=====>No student record!\n");
        getchar();
        return;
    }
    system("cls");
    printf("\n    =====>1 Search by number  =====>2 Search by name\n");
    printf("     please choice[1,2]:");
    scanf("%d",&select);
    if(select==1)               /*按学号查询*/
    {   stringinput(searchinput,10,"input the existing student number:");
        p=Locate(l,searchinput,"num");
        if(p)
        {   printheader();
            printdata(p);
            printf(END);
            printf("press any key to return");
            getchar();
        }
        else
          Nofind();
        getchar();
    }
    else if(select==2)          /*按姓名查询*/
    {    stringinput(searchinput,15,"input the existing student name:");
         p=Locate(l,searchinput,"name");
         if(p)
         { printheader();
           printdata(p);
           printf(END);
           printf("press any key to return");
           getchar();
         }
         else
           Nofind();
         getchar();
     }
     else
```

```
        Wrong();
        getchar();
    }
```

9．删除学生记录

在删除操作时，系统会按用户要求先找到该学生记录的节点，然后从单链表中删除该节点，具体代码如下：

```
void Del(Link l)
{   int sel;
    Node *p,*r;
    char findmess[20];
    if(!l->next)
    {   system("cls");
        printf("\n=====>No student record!\n");
        getchar();
        return;
    }
    system("cls");
    Disp(l);
    printf("\n       =====>1 Delete by number       =====>2 Delete by name\n");
    printf("       please choose[1,2]:");
    scanf("%d",&sel);
    if(sel==1)
    {   stringinput(findmess,10,"input the existing student number:");
        p=Locate(l,findmess,"num");
        if(p)  /*p!=NULL*/
        {   r=l;
            while(r->next!=p)
                r=r->next;
            r->next=p->next;        /*将p所指节点从单链表中去除*/
            free(p);                /*释放内存空间*/
            printf("\n=====>delete success!\n");
            getchar();
            saveflag=1;
        }
        else
            Nofind();
        getchar();
    }
    else if(sel==2)                 /*先按姓名查询到该记录所在的节点*/
    {   stringinput(findmess,15,"input the existing student name");
        p=Locate(l,findmess,"name");
        if(p)
        {   r=l;
            while(r->next!=p)
                r=r->next;
            r->next=p->next;
            free(p);
            printf("\n=====>delete success!\n");
            getchar();
            saveflag=1;
```

```
            }
            else
                Nofind();
            getchar();
        }
        else
            Wrong();
        getchar();
    }
```

10．修改学生记录

在修改学生记录的操作中，系统会先按输入的学号查找到该记录，然后提示用户修改学号之外的值（学号不能修改），具体代码如下：

```
void Modify(Link l)
{   Node *p;
    char findmess[20];
    if(!l->next)
    {   system("cls");
        printf("\n=====>No student record!\n");
        getchar();
        return;
    }
    system("cls");
    printf("modify student recorder");
    Disp(l);
    stringinput(findmess,10,"input the existing student number:");
                                                    /*输入并检验该学号*/
    p=Locate(l,findmess,"num");                     /*查询到该节点*/
    if(p)   /*若p!=NULL,表明已经找到该节点*/
    {   printf("Number:%s,\n",p->data.num);
        printf("Name:%s,",p->data.name);
        stringinput(p->data.name,15,"input new name:");
        printf("C language score:%d,",p->data.cgrade);
        p->data.cgrade=numberinput("C language Score[0-100]:");
        printf("Math score:%d,",p->data.mgrade);
        p->data.mgrade=numberinput("Math Score[0-100]:");
        printf("English score:%d,",p->data.egrade);
        p->data.egrade=numberinput("English Score[0-100]:");
        p->data.total=p->data.egrade+p->data.cgrade+p->data.mgrade;
        p->data.ave=(float)(p->data.total/3);
        p->data.mingci=0;
        printf("\n=====>modify success!\n");
        Disp(l);
        saveflag=1;
    }
    else
        Nofind();
        getchar();
}
```

11. 插入学生记录

在插入学生记录的操作中，系统会先按学号查找到要插入的节点的位置，然后在该学号之后插入一个新的节点，具体代码如下：

```
void Insert(Link l)
{   Link p,v,newinfo;          /*p 指向插入位置，newinfo 指向新插入的记录*/
    char ch,num[10],s[10];     /*s[]保存插入位置之前的学号，num[]保存新记录的学号*/
    int flag=0;
    v=l->next;
    system("cls");
    Disp(l);
    while(1)
    {   stringinput(s,10,"please input insert location after the Number:");
        flag=0;v=l->next;
        while(v)           /*查询该学号是否存在，flag=1 表示该学号存在*/
        {   if(strcmp(v->data.num,s) ==0)
            {   flag=1;
                break;
            }
            v=v->next;
        }
        if(flag==1)
          break;
        else
        {   getchar();
            printf("\n=====>The  number  %s  is  not  existing,try  again?
(y/n):",s);
            scanf("%c",&ch);
            if(ch=='y'||ch=='Y')
                continue;
            else
                eturn;
        }
    }
    stringinput(num,10,"input new student Number:");
                                         /*新记录的输入操作与 Add()相同*/
    v=l->next;
    while(v)
    {   if(strcmp(v->data.num,num) ==0)
        {  printf("=====>Sorry,the new number:'%s' is existing !\n",num);
           printheader();
           printdata(v);
           printf("\n");
           getchar();
           return;
        }
        v=v->next;
    }
    newinfo=(Node *)malloc(sizeof(Node));
    if(!newinfo)
    {   printf("\n allocate memory failure ");
```

```
            return;
        }
        strcpy(newinfo->data.num,num);
        stringinput(newinfo->data.name,15,"Name:");
        newinfo->data.cgrade=numberinput("C language Score[0-100]:");
        newinfo->data.mgrade=numberinput("Math Score[0-100]:");
        newinfo->data.egrade=numberinput("English Score[0-100]:");
        newinfo->data.total=newinfo->data.egrade+newinfo->data.cgrade+
newinfo->data.mgrade;
        newinfo->data.ave=(float)(newinfo->data.total/3);
        newinfo->data.mingci=0;
        newinfo->next=NULL;
        saveflag=1;       /*在main()中对该全局变量进行判断，若为1，则进行存盘操作*/
        p=l->next;
        while(1)
        {   if(strcmp(p->data.num,s) ==0)    /*在单链表中插入一个节点*/
            {   newinfo->next=p->next;
                p->next=newinfo;
                break;
            }
             p=p->next;
        }
        Disp(l);
        printf("\n\n");
        getchar();
    }
```

12. 统计学生记录

在统计学生记录的操作中，系统会统计该班的总分第一名、单科第一名和各科不及格人数，并输出统计结果，具体代码如下：

```
void Tongji(Link l)
{   Node *pm,*pe,*pc,*pt,*r=l->next;;      /*用于指向分数最高的节点*/
    int countc=0,countm=0,counte=0;       /*保存三门成绩中不及格的人数*/
    if(!r)
    {   system("cls");
        printf("\n=====>Not student record!\n");
        getchar();
        return;
    }
    system("cls");
    Disp(l);
    pm=pe=pc=pt=r;
    while(r)
    {   if(r->data.cgrade<60)
             countc++;
        if(r->data.mgrade<60)
             countm++;
        if(r->data.egrade<60)
             counte++;
        if(r->data.cgrade>=pc->data.cgrade)
             pc=r;
```

```
            if(r->data.mgrade>=pm->data.mgrade)
                pm=r;
            if(r->data.egrade>=pe->data.egrade)
                pe=r;
            if(r->data.total>=pt->data.total)
                pt=r;
            r=r->next;
        }
        printf("\n---------------the TongJi result------------------\n");
        printf("C Language<60:%d (ren)\n",countc);
        printf("Math     <60:%d (ren)\n",countm);
        printf("English   <60:%d (ren)\n",counte);
        printf("-----------------------------------------------------\n");
        printf("The highest student by total   score   name:%s total    score:
%d\n",pt->data.name,pt->data.total);
        printf("The highest student by English score   name:%s total score:
%d\n",pe->data.name,pe->data.egrade);
        printf("The highest student by Math    score   name:%s total score:
%d\n",pm->data.name,pm->data.mgrade);
        printf("The highest student by C       score   name:%s total score:
%d\n",pc->data.name,pc->data.cgrade);
        printf("\n\npress any key to return");
        getchar();
    }
```

13. 排序学生记录

在排序学生记录的操作中，系统按插入排序算法实现单链表的按总分字段的降序排序，并输出排序前和排序后的结果，具体代码如下：

```
    void Sort(Link l)
    {   Link ll;  Node *p,*rr,*s;  int i=0;
        if(l->next==NULL)
        {   system("cls");
            printf("\n=====>Not student record!\n");
            getchar();
            return;
        }
        ll=(Node*)malloc(sizeof(Node));  /*用于创建新的节点*/
        if(!ll)
        {   printf("\n allocate memory failure ");
            return;
        }
        ll->next=NULL;
        system("cls");
        Disp(l);                            /*显示排序前的所有学生记录*/
        p=l->next;
        while(p) /*p!=NULL*/
        {   s=(Node*)malloc(sizeof(Node));/*新建节点用于保存从原单链表中取出的节点信息*/
            if(!s)
            {   printf("\n allocate memory failure ");
                return;
            }
```

```
        s->data=p->data;                /*填数据域*/
        s->next=NULL;                   /*指针域为空*/
        rr=ll;  /*rr链表用于存储插入单个节点后已排序的单链表，ll是这个单链表的头指针*/
        while(rr->next!=NULL && rr->next->data.total>=p->data.total)
            rr=rr->next;           /*指针移至总分比p所指的节点的总分小的节点位置*/
        if(rr->next==NULL)
            rr->next=s;
        else
        {   s->next=rr->next;
            rr->next=s;
        }
        p=p->next;                 /*原单链表中的指针下移一个节点*/
    }
    l->next=ll->next;              /*ll中存储的是已排序的单链表的头指针*/
    p=l->next;                     /*已排序的头指针赋给p，准备填写名次*/
    while(p!=NULL)                 /*当p不为空时，进行下列操作*/
    {   i++;
        p->data.mingci=i;
        p=p->next;
    }
    Disp(l);
    saveflag=1;
    printf("\n    =====>sort complete!\n");
}
```

14．存储学生记录

在存储学生记录的操作中，系统会将单链表中的数据写入磁盘的数据文件中。如果用户对数据进行了修改但没有进行存盘操作，那么在退出时系统会提示用户存盘，具体代码如下：

```
void Save(Link l)
{   FILE* fp;  Node *p;  int count=0;
    fp=fopen("c:\\student","wb");  /*以只写方式打开二进制文件*/
    if(fp==NULL)  /*打开文件失败*/
    {   printf("\n=====>open file error!\n");
        getchar();
        return;
    }
    p=l->next;
    while(p)
    {   if(fwrite(p,sizeof(Node),1,fp) ==1)
        {   p=p->next;
            count++;
        }
        else
            break;
    }
    if(count>0)
    {   getchar();
        printf("\n\n\n\n\n=====>save file complete,total saved's record
number is:%d\n",count);
        getchar();
```

```
            saveflag=0;
        }
        else
        {   system("cls");
            printf("the current link is empty,no student record is saved!\n");
            getchar();
        }
        fclose(fp);       /*关闭此文件*/
    }
```

至此，整个学生成绩管理系统介绍完毕。当用户刚进入该系统时，其主界面如图 10-2 所示。

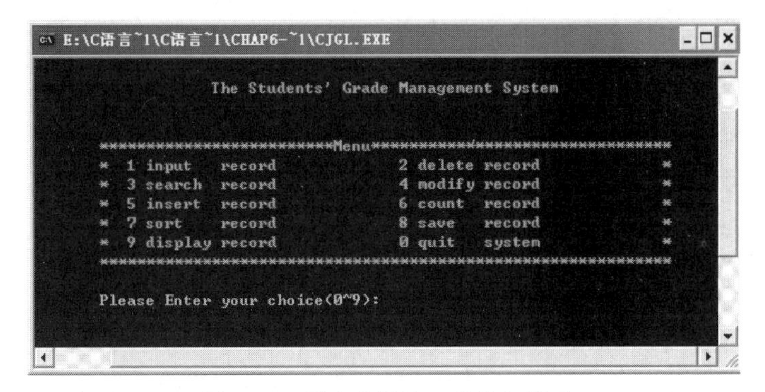

图 10-2　学生成绩管理系统主界面

按〈1〉键并按〈Enter〉键，即可进入如图 10-3 所示的添加学生记录界面。

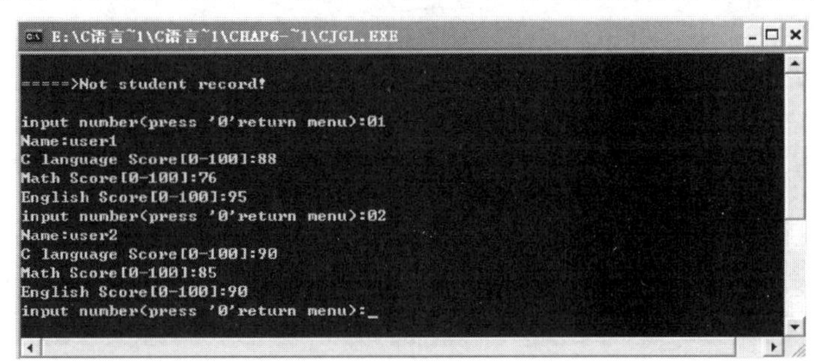

图 10-3　添加学生记录界面

添加记录之后，按〈9〉键并按〈Enter〉键来查看学生记录信息，如图 10-4 所示。

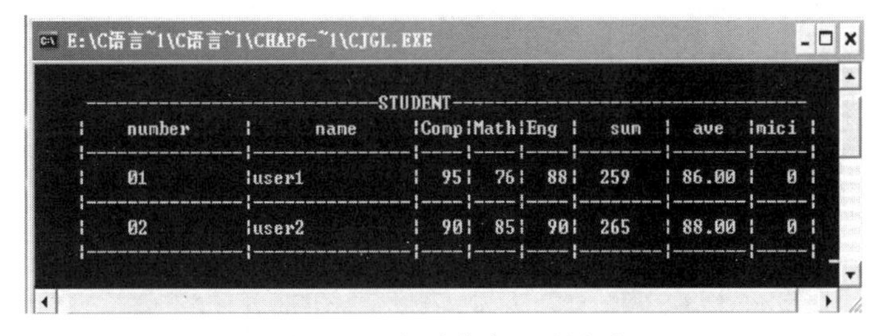

图 10-4　查看学生记录界面

按〈2〉键并按〈Enter〉键，即可进入如图 10-5 所示的删除学生记录界面。

```
E:\C语言~1\C语言~1\CHAP6-~1\CJGL.EXE
 ----------------------------------STUDENT----------------------------------
 |     number      |          name         |Comp|Math|Eng |  sum  |  ave  |mici |
 |-----------------|-----------------------|----|----|----|-------|-------|-----|
 |     02          |user2                  | 90 | 85 | 90 | 265   | 88.00 |   1 |
 |-----------------|-----------------------|----|----|----|-------|-------|-----|
 |     01          |user3                  | 80 | 87 | 90 | 257   | 85.00 |   2 |
 |-----------------|-----------------------|----|----|----|-------|-------|-----|

      =====>1 Delete by number        =====>2 Delete by name
     please choose[1,2]:02
input the existing student nameuser2

=====>delete success!
```

图 10-5 删除学生记录界面

按〈3〉键并按〈Enter〉键，即可进入如图 10-6 所示的查询学生记录界面。

```
E:\C语言~1\C语言~1\CHAP6-~1\CJGL.EXE
     =====>1 Search by number  =====>2 Search by name
     please choose[1,2]:1
nput the existing student number:02
 ----------------------------------STUDENT----------------------------------
 |     number      |          name         |Comp|Math|Eng |  sum  |  ave  |mici |
 |-----------------|-----------------------|----|----|----|-------|-------|-----|
 |     02          |user2                  | 90 | 85 | 90 | 265   | 88.00 |   0 |
 ------------------------------------------------------------------------------
ress any key to return
```

图 10-6 查询学生记录界面

按〈4〉键并按〈Enter〉键，即可进入如图 10-7 所示的修改学生记录界面。

```
E:\C语言~1\C语言~1\CHAP6-~1\CJGL.EXE
 ----------------------------------STUDENT----------------------------------
 |     number      |          name         |Comp|Math|Eng |  sum  |  ave  |mici |
 |-----------------|-----------------------|----|----|----|-------|-------|-----|
 |     01          |user1                  | 95 | 76 | 88 | 259   | 86.00 |   0 |
 |-----------------|-----------------------|----|----|----|-------|-------|-----|
 |     02          |user2                  | 90 | 85 | 90 | 265   | 88.00 |   0 |
 |-----------------|-----------------------|----|----|----|-------|-------|-----|
input the existing student number:01
Number:01,
Name:user1,input new name:user3
C language score:88,C language Score[0-100]:90
Math score:76,Math Score[0-100]:87
English score:95,English Score[0-100]:80

=====>modify success!

 ----------------------------------STUDENT----------------------------------
 |     number      |          name         |Comp|Math|Eng |  sum  |  ave  |mici |
 |-----------------|-----------------------|----|----|----|-------|-------|-----|
 |     01          |user3                  | 80 | 87 | 90 | 257   | 85.00 |   0 |
 |-----------------|-----------------------|----|----|----|-------|-------|-----|
 |     02          |user2                  | 90 | 85 | 90 | 265   | 88.00 |   0 |
 |-----------------|-----------------------|----|----|----|-------|-------|-----|
```

图 10-7 修改学生记录界面

按〈5〉键并按〈Enter〉键，即可进入如图 10-8 所示的插入学生记录界面。

```
E:\C语言~1\C语言~1\CHAP6-~1\cjgl.exe
 |     number      |          name         |Comp|Math|Eng |  sum  |  ave  |mici |
 |-----------------|-----------------------|----|----|----|-------|-------|-----|
 |     01          |user1                  | 95 | 90 | 90 | 275   | 91.00 |   0 |
 |-----------------|-----------------------|----|----|----|-------|-------|-----|
 |     02          |user2                  | 92 | 90 | 85 | 267   | 89.00 |   0 |
 |-----------------|-----------------------|----|----|----|-------|-------|-----|
please input insert location  after the Number:02
input new student Number:03
Name:user3
C language Score[0-100]:80
Math Score[0-100]:70
English Score[0-100]:90

 ----------------------------------STUDENT----------------------------------
 |     number      |          name         |Comp|Math|Eng |  sum  |  ave  |mici |
 |-----------------|-----------------------|----|----|----|-------|-------|-----|
 |     01          |user1                  | 95 | 90 | 90 | 275   | 91.00 |   0 |
 |-----------------|-----------------------|----|----|----|-------|-------|-----|
 |     02          |user2                  | 92 | 90 | 85 | 267   | 89.00 |   0 |
 |-----------------|-----------------------|----|----|----|-------|-------|-----|
 |     03          |user3                  | 90 | 70 | 80 | 240   | 80.00 |   0 |
 |-----------------|-----------------------|----|----|----|-------|-------|-----|
```

图 10-8 插入学生记录界面

按〈6〉键并按〈Enter〉键后，即可进入如图 10-9 所示的统计学生记录界面。

```
E:\C语言~1\C语言~1\CHAP6-~1\CJGL.EXE
 ---------------------------------STUDENT--------------------------------------
 |     number      |        name         |Comp|Math|Eng |   sum   |  ave   |mici |
 |-----------------|---------------------|----|----|----|---------|--------|-----|
 |     01          |user3                | 80 | 87 | 90 |  257    | 85.00  |  0  |
 |-----------------|---------------------|----|----|----|---------|--------|-----|
 |     02          |user2                | 90 | 85 | 90 |  265    | 88.00  |  0  |
 |-----------------|---------------------|----|----|----|---------|--------|-----|

---------------------------------the TongJi result--------------------------------
C Language<60:0 (ren)
Math      <60:0 (ren)
English   <60:0 (ren)
-----------------------------------------------------------------------------------
The highest student by total   scroe   name:user2 totoal score:265
The highest student by English score   name:user2 totoal score:90
The highest student by Math    score   name:user3 totoal score:87
The highest student by C       score   name:user2 totoal score:90

press any key to return
```

图 10-9　统计学生记录界面

按〈7〉键并按〈Enter〉键，即可进入如图 10-10 所示的排序学生记录界面。

```
E:\C语言~1\C语言~1\CHAP6-~1\CJGL.EXE
 ---------------------------------STUDENT--------------------------------------
 |     number      |        name         |Comp|Math|Eng |   sum   |  ave   |mici |
 |-----------------|---------------------|----|----|----|---------|--------|-----|
 |     01          |user3                | 80 | 87 | 90 |  257    | 85.00  |  0  |
 |-----------------|---------------------|----|----|----|---------|--------|-----|
 |     02          |user2                | 90 | 85 | 90 |  265    | 88.00  |  0  |
 |-----------------|---------------------|----|----|----|---------|--------|-----|

 ---------------------------------STUDENT--------------------------------------
 |     number      |        name         |Comp|Math|Eng |   sum   |  ave   |mici |
 |-----------------|---------------------|----|----|----|---------|--------|-----|
 |     02          |user2                | 90 | 85 | 90 |  265    | 88.00  |  1  |
 |-----------------|---------------------|----|----|----|---------|--------|-----|
 |     01          |user3                | 80 | 87 | 90 |  257    | 85.00  |  2  |
 |-----------------|---------------------|----|----|----|---------|--------|-----|
```

图 10-10　排序学生记录界面

按〈8〉键并按〈Enter〉键，即可进入如图 10-11 所示的保存学生记录界面。

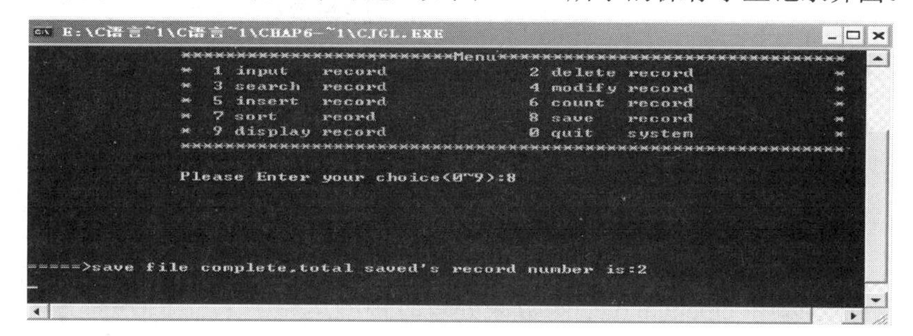

图 10-11　保存学生记录界面

10.2 实训 2——电子时钟

10.2.1 项目实训目的

本实训中涉及时间结构体、数组、绘图等方面的知识。通过本实训，训练学生的基本编程能力，使学生熟悉 C 语言图形模式下的编程，掌握利用 C 语言相关函数开发电子时钟的基本原理，为进一步开发出高质量的程序打下坚实的基础。

10.2.2 系统功能描述

电子时钟主要有 4 个功能模块组成。

1．电子时钟界面显示模块

该模块主要调用了 C 语言图形系统函数和字符屏幕处理函数画出时钟程序的主界面。主界面包括电子时钟界面和帮助界面两个部分。电子时钟界面包括一个模拟时钟运转的钟表和一个显示时间的数字钟表。帮助界面主要包括一些按键的操作说明。

2．电子时钟按键控制模块

该模块主要完成两大功能。第一，读取用户按键的键值；第二，通过对键盘按键值的判断，执行相应的操作，如光标移动、修改时间等。

3．时钟动画处理模块

该模块通过对相关条件的判断和时钟指针坐标点的计算，完成时针、分针、秒针的擦除和重绘，以达到模拟时钟运转的功能。

4．数字时钟处理模块

该模块主要实现数字时钟的显示和数字时钟的修改。数字时钟的修改，用户可以先按〈Tab〉键定位需要修改内容的位置，然后通过按向上键〈↑〉或向下键〈↓〉来修改当前时间。

10.2.3 系统总体设计

1．功能模块设计

（1）电子时钟执行主流程

电子时钟执行主流程如图 10-12 所示。首先，程序调用 initgraph()函数，使系统进入图形模式，然后通过使用 line()、arc()、outtextxy()和 circle()等函数来绘制主窗体及电子时钟界面，最后调用 clockhandle()函数来处理时钟的运转及时钟的数字显示。在 clockhandle()函数中，使用了 bioskey()函数来获取用户的按键值，当用户按〈Esc〉键时，程序从 clockhandle()函数中返回而退出。

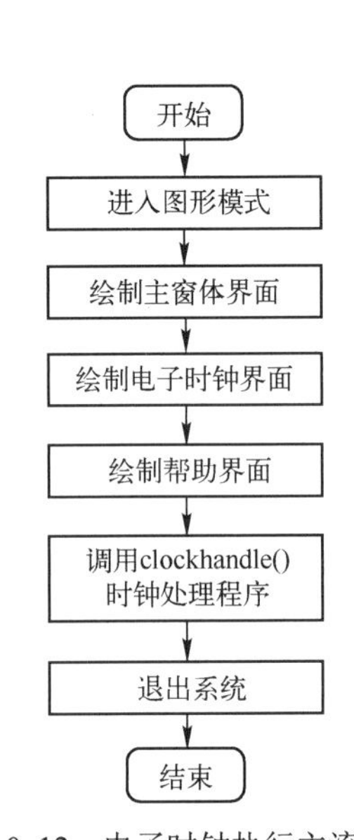

图 10-12 电子时钟执行主流程图

（2）电子时钟界面显示

电子时钟界面中模拟时钟运转的动画时钟的时间刻度是用大小不同的圆点来表示的，3 根长度不同但有一端在相同坐标位置的线分别表示时针、分针、秒针。

（3）电子时钟按键控制模块

该模块使用 bioskey()函数来读取用户按键的键值，然后调用 keyhandle()函数对按键值进行判断，执行相应的操作。具体按键判断过程如下。

1）若用户按〈Tab〉键，程序会调用 clearcursor()函数来清除上一个位置的光标，然后调用 drawcursor()函数在新位置处绘制一个光标。

2）若用户按下向上键，程序会调用 timeupchange()函数增加相应的时、分、秒值。

3）若用户按下向下键，程序会调用 timedownchange()函数减少相应的时、分、秒值。

4）若用户按〈Esc〉键，程序会结束时钟运行，退出系统。

（4）时钟动画处理模块

该模块是本程序核心部分，它实现了时钟运转的模拟。这部分的重点和难点在于时针、分针、秒针的擦除和随后的重绘工作。擦除和重绘工作的难点在于每次绘制时指针坐标值的计算。下面分别介绍时钟运转时指针坐标值的计算和时钟动画的处理流程。

1）坐标值的计算。

在电子时钟中，时、分、秒 3 根指针有一个共同的端点，即圆形时钟的圆心。另外，这 3 根指针的长短不同且分布在不同的圆弧上，但每根指针每次转动的圆弧是相同的。时钟运转时，若秒针转动 60 次（即 1 圈），则分针转动 1 次（即 1/60 圈）；若分针转动 60 次（即 1 圈），则时针转动 5 次（即 1/12 圈）；若分针转动 1 次（即 1/60 圈），则时针转动 1/（即 60*12）圈。这样秒针每转动一次所经过的弧度为 $2\pi/60$，并且指针转动时指针另一端的坐标值可以以圆心为参考点计算出来。

如图 10-13 所示，设圆心 O 的坐标为 (x, y)，圆的半径为 r，秒针从 12 点整的位置移动到了 K 点位置，那么，可求得 K 点的坐标值为 $(x+r\sin\alpha, y-r\cos\alpha)$。可用相似的办法求得时针、分针、秒针在圆弧上任意位置的坐标值。

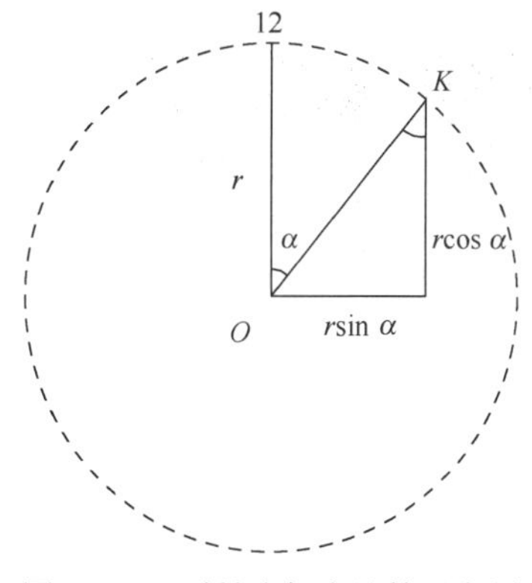

图 10-13 时针坐标点计算示意图

假设时针、分针、秒针的长度分别为 a、b、c，那么时针、分针、秒针另一端的坐标值分别为$(x+a\sin\alpha, y-a\cos\alpha)$、$(x+b\sin\alpha, y-b\cos\alpha)$、$(x+c\sin\alpha, y-c\cos\alpha)$，$\alpha$的变化值范围为 $0\sim2\pi$。在本程序中，a、b、c 的取值分别为 50、80、98，单位为像素。对于时针、分针、秒针，若小时、分钟、秒数分别为 h、m、s，则对应的α的取值分别为$(h\times60+m)\times2\pi/(60\times12)$、$m\times2\pi/60$、$s\times2\pi/60$。需要说明的是，对于小时的$\alpha$的取值，已经将小时数转换成分钟数，因为时针每转动一次，分针转动一圈，所以小时的α取值为$(h\times60+m)\times2\pi/(60\times12)$。严格来说，对于分钟的$\alpha$取值也应类似于小时的$\alpha$取值，只不过这里进行了简化。

2）时钟动画处理流程。

① 获取系统当前时间，将其保存在 time 结构类型的变量中，同时绘制初始的时针、分针、秒针并在时钟下方的数字时钟中显示当前的时间。

② 进入 for 循环，直至用户按〈Esc〉键退出循环。

③ 打开 PC 扬声器，发出嘀嗒声，并利用一个 while 循环产生一秒的延时。

④ 清除原来的秒针，绘制从圆心至新坐标点处的秒针，并更新数字时钟的秒钟值。

⑤ 若分钟值有变化，执行与步骤④类似的动作。

⑥ 若时钟值有变化，也执行与步骤④类似的动作。

⑦ 调用 bioskey()函数获取用户按键值，若为 ESC 值，退出 for 循环，否则跳至步骤②。

⑧ 退出时钟程序。

（5）数字时钟处理模块

在该模块中，每隔一秒调用 gettime()函数获取系统时间，然后调用 digetclock()函数在相应的位置显示时、分、秒值。数字时钟的修改，主要由当前光标位置和向上键〈↑〉或向下键〈↓〉共同决定。例如，若当前光标在分钟显示位置，且按下向上键，程序会将当前时间的分钟值增加 1，即增加一分钟。若加 1 后分钟值等于 60，则将当前分钟值设置为 0，最后调用 settime()函数来设置新的系统时间。

2．数据结构设计

（1）time 结构体

```
struct time  /* time 结构体定义在 dos.h 文件中，可以用来保存系统的当前时间*/
{   unsigned char ti_min;    /* 分钟 */
    unsigned char ti_hour;   /* 小时 */
    unsigned char ti_hund;   /* 百分之一秒 */
    unsigned char ti_sec;    /* 秒 */
};
```

（2）全局变量

double h,m,s：此 3 个全局变量分别用来保存时、分、秒数。

double x,x1,x2,y,y1,y2：保存数字时钟中小时、分钟、秒在屏幕中显示的坐标值。

struct time t[1]：定义一个 time 结构体类型的数组，此数组只有 t[0]一个元素。

3．功能函数描述

● 函数 keyhandle()

函数原型：int keyhandle(int key, int count)

keyhandle()函数用于对用户的按键值 key 进行判断，然后调用 timeupchange(count)或 timedownchange(count)函数或直接按〈Tab〉键，其中 count 的值为 1、2、3，1 表示小时、2 表示分钟、3 表示秒钟。按〈Tab〉键后，count 值加 1。

● 函数 timeupchange()

函数原型：int timeupchange(int count)

timeupchange()函数用于增加时、分、秒数，然后将新的时间设置为系统当前时间。

● 函数 timedownchange()

函数原型：int timedownchange(int count)

timedownchange()函数用于减少时、分、秒数，然后将新的时间设置为系统当前时间。

● 函数 digitclock()

函数原型：viod digitclock(int x, int y, int clock)

digitclock()函数用于在(x, y)位置显示 clock 值，clock 值为时、分、秒数。

● 函数 drawcursor()

函数原型：viod drawcursor(int count)

drawcursor()函数用于对 count 进行判断后，在相应位置绘制一条直线作为光标。

- 函数 clearcursor()

函数原型：viod clearcursor (int count)

clearcursor ()函数用于对 count 进行判断后，擦除原来的光标。

- 函数 clockhandle()

函数原型：viod clockhandle()

clockhandle()函数用于实现时钟指针转动和数字时钟的显示。

10.2.4　程序实现

1．程序预处理

程序预处理包括加载头文件，定义常量、变量、结构体数组和函数声明。

```
#include<graphics.h>
#include<stdio.h>
#include<math.h>
#include<dos.h>
#define PI 3.1415926                 /*定义常量*/
#define UP 0x4800                    /*向上键：修改时间*/
#define DOWN 0x5000                  /*向下键：修改时间*/
#define ESC 0x11b                    /*Esc 键：退出系统*/
#define TAB 0xf09                    /*Tab 键：移动光标*/
int keyhandle(int,int);              /*键盘按键判断，并调用相关函数处理*/
int timeupchange(int);               /*处理上移按键*/
int timedownchange(int);             /*处理下移按键*/
int digithour(double);               /*将 double 型的小时数转换成 int 型*/
int digitmin(double);                /*将 double 型的分钟数转换成 int 型*/
int digitsec(double);                /*将 double 型的秒钟数转换成 int 型*/
void digitclock(int,int,int );       /*在指定位置显示时、分、秒数*/
void drawcursor(int);                /*绘制一个光标*/
void clearcursor(int);               /*清除前一个光标*/
void clockhandle();                  /*时钟处理*/
double h,m,s;                        /*全局变量：小时，分，秒*/
double x,x1,x2,y,y1,y2;              /*全局变量：坐标值*/
struct time t[1];                    /*定义一个 time 结构体类型的数组*/
```

2．主函数 main()

main()函数主要实现电子时钟的初始化操作，以及对 clockhandle()函数的调用。

```
main()
{   int driver, mode=0,i,j;
    driver=DETECT;                   /*自动检测显示设备*/
    initgraph(&driver, &mode, "");   /*初始化图形系统*/
    setlinestyle(0,0,3);             /*设置当前画线宽度和类型：设置三点宽实线*/
    setbkcolor(0);/                  /*用调色板设置当前背景颜色*/
    setcolor(9);                     /*设置当前画线颜色*/
    line(82,430,558,430);
    line(70,62,70,418);
```

```
line(82,50,558,50);
line(570,62,570,418);
line(70,62,570,62);
line(76,56,297,56);
line(340,56,564,56);                /*画主体框架的边直线*/
/*arc(int x, int y, int stangle, int endangle, int radius)*/
arc(82,62,90,180,12);
arc(558,62,0,90,12);
setlinestyle(0,0,3);
arc(82,418,180,279,12);
setlinestyle(0,0,3);
arc(558,418,270,360,12);            /*画主体框架的边角弧线*/
setcolor(15);
outtextxy(300,53,"CLOCK");          /*显示标题*/
setcolor(7);
rectangle(342,72,560,360);          /*画一个矩形，作为时钟的框架*/
setwritemode(0); /*规定画线方式。mode=0，则表示画线时将所画位置原信息覆盖*/
setcolor(15);
outtextxy(433,75,"CLOCK");          /*时钟的标题*/
setcolor(7);
line(392,310,510,310);
line(392,330,510,330);
arc(392,320,90,270,10);
arc(510,320,270,90,10);
setcolor(5);
for(i=431;i<=470;i+=39)  /*绘制数字时钟的时、分、秒的分隔符*/
   for(j=317;j<=324;j+=7)
   {  setlinestyle(0,0,3);
      circle(i,j,1);
   }
setcolor(15);
line(424,315,424,325);    /*在运行电子时钟前先画一个光标*/
for(i=0,m=0,h=0;i<=11;i++,h++)        /*绘制表示小时的圆点*/
{  x=100*sin((h*60+m)/360*PI)+451;
   y=200-100*cos((h*60+m)/360*PI);
   setlinestyle(0,0,3);
   circle(x,y,1);
}
for(i=0,m=0;i<=59;m++,i++)            /*绘制表示分钟或秒钟的圆点*/
{  x=100*sin(m/30*PI)+451;
   y=200-100*cos(m/30*PI);
   setlinestyle(0,0,1);
   circle(x,y,1);
}
setcolor(4);
outtextxy(184,125,"HELP");
setcolor(15);
outtextxy(182,125,"HELP");
setcolor(5);
outtextxy(140,185,"TAB : Cursor move");
outtextxy(140,225,"UP  : Time ++");
outtextxy(140,265,"DOWN: Time --");
outtextxy(140,305,"ESC : Quit system!");
```

```
        outtextxy(140,345,"Version : 2.0");
        setcolor(12);
        outtextxy(150,400,"Nothing is more important than time!");
        clockhandle();   /*开始调用时钟处理程序*/
        closegraph();    /*关闭图形系统*/
        return 0;        /*表示程序正常结束，向操作系统返回一个 0 值*/
        getchar();
    }
```

3. 时钟动画处理模块

该模块由 clockhandle()函数来实现。旧时钟的擦除用 setwritemode(mode)函数设置画线的方式来实现。如果 mode=1，则表示画线时用现在特性的线与所画之处原有的线进行异或（XOR）操作。实际上，画出的线是原有线与现在特性的线进行异或后的结果。因此，当线的特性不变时，进行两次画线操作相当于没有画线，即在当前位置处清除了原来的画线。

```
void clockhandle()
{   int k=0,count;
    setcolor(15);
    gettime(t);  /*获取系统时间，保存在 time 结构体类型的数组变量中*/
    h=t[0].ti_hour;
    m=t[0].ti_min;
    x=50*sin((h*60+m)/360*PI)+451;         /*时针的 x 坐标值*/
    y=200-50*cos((h*60+m)/360*PI);         /*时针的 y 坐标值*/
    line(451,200,x,y);                     /*绘制时针*/
    x1=80*sin(m/30*PI)+451;                /*分针的 x 坐标值*/
    y1=200-80*cos(m/30*PI);                /*分针的 y 坐标值*/
    line(451,200,x1,y1);                   /*绘制分针*/
    digitclock(408,318,digithour(h));      /*在数字时钟中，显示当前的小时数*/
    digitclock(446,318,digitmin(m));       /*在数字时钟中，显示当前的分钟数*/
    setwritemode(1);
    for(count=2;k!=ESC;)
    {                    /*开始循环，直至用户按下 Esc 键结束循环*/
        setcolor(12);/*淡红色*/
        sound(500);    /*以指定频率打开 PC 扬声器，这里频率为 500Hz*/
        delay(700);    /*发一个频率为 500Hz 的音调，维持 700ms*/
        sound(200);    /*两种不同频率的音调，可仿真钟表转动时的嘀嗒声*/
        delay(300);
        nosound();     /*关闭 PC 扬声器*/
        s=t[0].ti_sec;
        m=t[0].ti_min;
        h=t[0].ti_hour;
        x2=98*sin(s/30*PI)+451;   /*秒针的 x 坐标值*/
        y2=200-98*cos(s/30*PI);   /*秒针的 y 坐标值*/
        line(451,200,x2,y2);
        while(t[0].ti_sec==s&&t[0].ti_min==m&&t[0].ti_hour==h)
        {   gettime(t);     /*取得系统时间*/
            if(bioskey(1)!=0)
            {
                k=bioskey(0);
                count=keyhandle(k,count);
```

```
                    if(count==5)
                        count=1;
                }
            }
            setcolor(15);
            digitclock(485,318,digitsec(s)+1);    /*数字时钟增加1 s*/
            setcolor(12);
            x2=98*sin(s/30*PI)+451;
            y2=200-98*cos(s/30*PI);
            line(451,200,x2,y2);
            if(t[0].ti_min!=m)          /*分钟处理，若分钟数有变化，消除当前分针*/
            {   setcolor(15);           /*白色*/
                x1=80*sin(m/30*PI)+451;
                y1=200-80*cos(m/30*PI);
                line(451,200,x1,y1);
                m=t[0].ti_min;
                digitclock(446,318,digitmin(m));  /*在数字时钟中显示新的分钟数*/
                x1=80*sin(m/30*PI)+451;
                y1=200-80*cos(m/30*PI);
                line(451,200,x1,y1); /*绘制新的分针*/
             }
             if((t[0].ti_hour*60+t[0].ti_min)!=(h*60+m))
                                      /*小时处理，若小时数有变化，消除当前时针*/
             {   setcolor(15);
                 x=50*sin((h*60+m)/360*PI)+451;
                 y=200-50*cos((h*60+m)/360*PI);
                 line(451,200,x,y);
                 h=t[0].ti_hour;
                 digitclock(408,318,digithour(h));
                 x=50*sin((h*60+m)/360*PI)+451;
                 y=200-50*cos((h*60+m)/360*PI);
                 line(451,200,x,y);
             }
        }
    }
```

4. 时钟按键控制模块

该模块由函数 keyhandle()来实现，该函数接收用户按键信息，对按键值进行判断，并调用相应函数来执行相关操作，具体代码如下。

```
int keyhandle(int key,int count)          /*键盘控制 */
{   switch(key)
    {   case UP: timeupchange(count-1);   /* count 的初始值为 2，此处减 1*/
                 break;
        case DOWN:timedownchange(count-1); /* count 的初始值为 2，此处减 1*/
                  break;
        case TAB:setcolor(15);
        clearcursor(count);    /*清除原来的光标*/
        drawcursor(count);     /*显示一个新的光标*/
        count++;
        break;
    }
```

```
    return count;
}
int timeupchange(int count) /*处理光标上移的按键*/
{   if(count==1)
    {   t[0].ti_hour++;
        if(t[0].ti_hour==24)
            t[0].ti_hour=0;
        settime(t);
    }
    if(count==2)
    {   t[0].ti_min++;
        if(t[0].ti_min==60)
            t[0].ti_min=0;
        settime(t);
    }
    if(count==3)
    {   t[0].ti_sec++;
        if(t[0].ti_sec==60)
            t[0].ti_sec=0;
        settime(t);
    }
}
int timedownchange(int count)  /*处理时、分、秒数减少的情况*/
{   if(count==1)
    {   t[0].ti_hour--;
        if(t[0].ti_hour==0)
            t[0].ti_hour=23;
        settime(t);
    }
    if(count==2)
    {   t[0].ti_min--;
        if(t[0].ti_min==0)
            t[0].ti_min=59;
        settime(t);
    }
    if(count==3)
    {   t[0].ti_sec--;
        if(t[0].ti_sec==0)
            t[0].ti_sec=59;
        settime(t);
    }
}
int digithour(double h)  /*将double型的小时数转换成int型*/
{   int i;
    for(i=0;i<=23;i++)
    {   if(h==i)
            return i;
    }
}
int digitmin(double m)  /*将double型的分钟数转换成int型*/
{   int i;
    for(i=0;i<=59;i++)
    {   if(m==i)
```

```
            return i;
        }
}
int digitsec(double s)    /*将 double 型的秒钟数转换成 int 型*/
{   int i;
    for(i=0;i<=59;i++)
    {   if(s==i)
            return i;
    }
}
```

5. 数字时钟处理模块

在该模块中，每隔一秒调用一次 gettime()函数获取系统时间，然后调用 digitclock()函数在相应的位置显示时、分、秒数。数字时钟的修改，主要由当前光标位置和向上键〈↑〉或向下键〈↓〉两者共同来决定。具体代码如下。

```
void digitclock(int x,int y,int clock)  /*在指定位置显示数字时钟:时\分\秒*/
{   char buffer1[10];
    setfillstyle(0,2);
    bar(x,y,x+15,328);
    if(clock==60)
    clock=0;
    sprintf(buffer1,"%d",clock);
    outtextxy(x,y,buffer1);
}
void drawcursor(int count)    /*根据 count 的值，画一个光标*/
{   switch(count)
    {   case 1:line(424,315,424,325);
             break;
        case 2:line(465,315,465,325);
             break;
        case 3:line(505,315,505,325);
             break;
    }
}
void clearcursor(int count)    /*根据 count 的值，清除前一个光标*/
{   switch(count)
    {   case 2:line(424,315,424,325);
             break;
        case 3:line(465,315,465,325);
             break;
        case 1:line(505,315,505,325);
             break;
    }
}
```

至此完成整个电子时钟系统的设计。当用户运行电子时钟时，其主界面如图 10-14 所示。此时，用户可以按电子时钟主界面中左边的帮助说明按相应的按键，即按〈Tab〉键移动光标、按向上键〈↑〉或向下键〈↓〉来增加或减少光标位置处的值、按〈Esc〉键退出电子时钟。

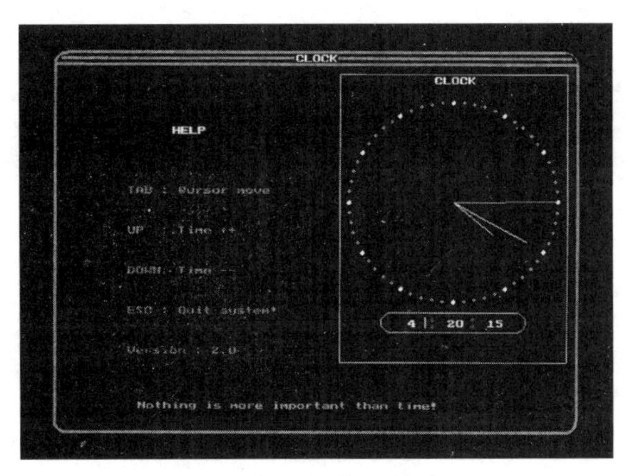

图 10-14　电子时钟

10.3 项目练习

1．练习目的

通过项目练习，培养学生的基本编程能力，提高学生分析问题和解决问题的综合能力，培养学生的团队合作精神。练习中涉及结构体、数组、文件等方面的知识，通过项目练习，学生可以了解管理信息系统的开发流程，熟悉 C 语言的文件和结构体数组的各种基本操作，能掌握利用数组存取结构实现电话簿管理的原理，为进一步开发出高质量的信息管理系统打下坚实的基础。

2．练习内容

自行设计电话簿管理系统，利用计算机对通信录进行统一管理，包括输入、显示、删除、查询、修改、插入、排序和存储记录等功能，实现通信录管理的系统化、规范化和自动化。

附录

附录 A 标准 ASCII 码字符集

标准 ASCII 码字符集共有 128 个字符，其十进制编码范围为 0～127，表中 DEC 表示 ASCII 码的十进制编码，HEX 表示 ASCII 码的十六进制编码，CHA 表示具体符号。

在 ASCII 码字符集的前 32 个字符为非打印字符，这些字符一般为控制字符。表 A-1 中前 32 个字符为对应控制字符的代号。

表 A-1 标准 ASCII 码字符集

DEC	HEX	CHA	DEC	HEX	CHA
0	00	NUL	27	1B	ESC
1	01	SOH	28	1C	FS
2	02	STX	29	1D	GS
3	03	ETX	30	1E	RS
4	04	EOT	31	1F	US
5	05	ENQ	32	20	SPACEBAR
6	06	ACK	33	21	!
7	07	BEL	34	22	“
8	08	BS	35	23	#
9	09	HT	36	24	$
10	0A	LF	37	25	%
11	0B	VT	38	26	‘
12	0C	FF	39	27	&
13	0D	CR	40	28	(
14	0E	SO	41	29	)
15	0F	SI	42	2A	*
16	10	DLE	43	2B	+
17	11	DC1	44	2C	,
18	12	DC2	45	2D	—
19	13	DC3	46	2E	.
20	14	DC4	47	2F	/
21	15	NAK	48	30	0
22	16	SYN	49	31	1
23	17	ETB	50	32	2
24	18	CAN	51	33	3
25	19	EM	52	34	4
26	1A	SUB	53	35	5

（续）

DEC	HEX	CHA	DEC	HEX	CHA
54	36	6	91	5B	[
55	37	7	92	5C	\
56	38	8	93	5D	]
57	39	9	94	5E	^
58	3A	:	95	5F	-
59	3B	;	96	60	`
60	3C	<	97	61	a
61	3D	=	98	62	b
62	3E	>	99	63	c
63	3F	?	100	64	d
64	40	@	101	65	e
65	41	A	102	66	f
66	42	B	103	67	g
67	43	C	104	68	h
68	44	D	105	69	i
69	45	E	106	6A	j
70	46	F	107	6B	k
71	47	G	108	6C	l
72	48	H	109	6D	m
73	49	I	110	6E	n
74	4A	J	111	6F	o
75	4B	K	112	70	p
76	4C	L	113	71	q
77	4D	M	114	72	r
78	4E	N	115	73	s
79	4F	O	116	74	t
80	50	P	117	75	u
81	51	Q	118	76	v
82	52	R	119	77	w
83	53	S	120	78	x
84	54	T	121	79	y
85	55	U	122	7A	z
86	56	V	123	7B	{
87	57	W	124	7C	|
88	58	X	125	7D	}
89	59	Y	126	7E	~
90	5A	Z	127	7F	Del

附录 B　C 语言关键字

C 语言的 32 个关键字：

auto	break	case	char	const	continue	default	do
double	else	enum	extern	float	for	goto	if
int	long	register	return	short	signed	static	sizeof
struct	switch	typedef	union	unsigned	void	volatile	while

auto：声明自动变量

double：声明双精度变量或函数

int：声明整型变量或函数

struct：声明结构体变量或函数

break：跳出当前循环

else：条件语句否定分支（与 if 连用）

long：声明长整型变量或函数

switch：用于开关语句

case：开关语句分支

enum：声明枚举类型

register：声明寄存器变量

typedef：用以给数据类型取别名

char：声明字符型变量或函数

extern：声明变量是在其他文件正声明

return：子程序返回语句（可带参数，也可不带参数）

union：声明共用数据类型

const：声明只读变量

float：声明浮点型变量或函数

short：声明短整型变量或函数

unsigned：声明无符号类型变量或函数

continue：结束当前循环，开始下一轮循环

for：一种循环语句

signed：声明有符号类型变量或函数

void：声明函数无返回值或无参数，声明无类型指针

default：开关语句中的“其他”分支

goto：无条件跳转语句

sizeof：计算数据类型长度

volatile：说明变量在程序执行中可被隐含地改变

do：循环语句的循环体

while：循环语句的循环条件

static：声明静态变量

if：条件语句

附录 C 常用的 C 库函数

库函数并不是 C 语言的一部分，它是由编译程序根据一般用户的需要编制并提供给用户使用的一组程序。每一种 C 编译系统都提供了一批库函数，不同的编译系统所提供的库函数的数目、函数名以及函数功能不完全相同。ANSIC 标准提出了一批建议提供的标准库函数。它包括了目前多数 C 编译系统所提供的库函数，但也有一些是某些 C 编译系统未曾实现的。考虑到通用性，本书列出 Win-TC 版提供的部分常用库函数。

由于 Win-TC 库函数的种类和数目很多（例如，还有屏幕和图形函数、时间日期函数、与本系统有关的函数等，每一类函数又包括各种功能的函数），限于篇幅，本附录不能全部介绍，只从教学需要的角度列出最基本的。读者在编制 C 程序时可能要用到更多的函数，请查阅有关的 Win-TC 库函数手册。

（1）数学函数

当使用数学函数时，应在源文件中使用命令：#include "math.h"，如表 C-1 所示。

表 C-1　数学函数

函数名	函数与形参类型	功能	返回值
acos	double acos(x); double x;	计算 $\cos^{-1}(x)$的值 $-1\leqslant x\leqslant 1$	计算结果
asin	double asin(x); double x;	计算 $\sin^{-1}(x)$的值 $-1\leqslant x\leqslant 1$	计算结果
atan	double atan(x); double x;	计算 $\tan^{-1}(x)$的值	计算结果
atan2	double atan2(x,y); double x,y;	计算 $\tan^{-1}(x/y)$的值	计算结果
cos	double cos(x); double x;	计算 $\cos(x)$的值 x 的单位为弧度	计算结果
cosh	double cosh(x); double x;	计算 x 的双曲余弦函数 $\cosh(x)$的值	计算结果
exp	double exp(x); double x;	求 e^x 的值	计算结果
fabs	double fabs(x); double x;	求 x 的绝对值	计算结果
floor	double floor(x); double x;	求出不大于 x 的最大整数	该整数的双精度实数
fmod	double fmod(x,y); double x,y;	求整除 x/y 的余数	返回余数的双精度实数
frexp	double frexp(val,eptr); double val; int *eptr;	把双精度数 *val* 分解成数字部分（尾数）和以 2 为底的指数，即 $val=x*2^n$，n 存放在 eptr 指向的变量中	数字部分 x $0.5\leqslant x<1$
log	double log(x); double x;	求 $\log_e x$ 即 $\ln x$	计算结果
log10	double log10(x); double x;	求 $\log_{10} x$	计算结果
modf	double modf(val,iptr); double val; int *iptr;	把双精度数 *val* 分解成数字部分和小数部分，把整数部分存放在 ptr 指向的变量中	*val* 的小数部分
pow	double pow(x,y); double x,y;	求 x^y 的值	计算结果
sin	double sin(x); double x;	求 $\sin(x)$的值 x 的单位为弧度	计算结果
sinh	double sinh(x); double x;	计算 x 的双曲正弦函数 $\sinh(x)$的值	计算结果
sqrt	double sqrt (x); double x;	计算 $\sqrt{x}$,x≥0	计算结果

（续）

函　数　名	函数与形参类型	功　　能	返　回　值
tan	double tan(*x*); double *x*;	计算 tan(*x*)的值 *x* 的单位为弧度	计算结果
tanh	double tanh(*x*); double *x*;	计算 *x* 的双曲正切函数 tanh(*x*)的值	计算结果

（2）字符函数

当使用字符函数时，应在源文件中使用命令：#include "ctype.h"，如表 C-2 所示。

表 C-2　字符函数

函　数　名	函数和形参类型	功　　能	返　回　值
isalnum	int isalnum(ch); int ch;	检查 ch 是否为字母或数字	是字母或数字，返回 1；否则，返回 0
isalpha	int isalpha(ch); int ch;	检查 ch 是否为字母	是字母，返回 1；否则，返回 0
iscntrl	int iscntrl(ch); int ch;	检查 ch 是否为控制字符（其 ASCII 码在 0 和 0xlF 之间）	是控制字符，返回 1；否则，返回 0
isdigit	int isdigit(ch); int ch;	检查 ch 是否为数字	是数字，返回 1；否则，返回 0
isgraph	int isgraph(ch); int ch;	检查 ch 是否为图形字符（其 ASCII 码在 0x21 和 0x7e 之间），不包括空格	是图形字符，返回 1；否则，返回 0
islower	int islower(ch); int ch;	检查 ch 是否为小写字母（a～z）	是小字母，返回 1；否则，返回 0
isprint	int isprint(ch); int ch;	检查 ch 是否为可打印字符（其 ASCII 码在 0x21 和 0x7e 之间），不包括空格	是可打印字符，返回 1；否则，返回 0
ispunct	int ispunct(ch); int ch;	检查 ch 是否为标点字符（不包括空格）即除字母、数字和空格以外的所有可打印字符	是标点字符，返回 1；否则，返回 0
isspace	int isspace(ch); int ch;	检查 ch 是否为空格、跳格符（制表符）或换行符	是，返回 1；否则，返回 0
issupper	int isalsupper(ch); int ch;	检查 ch 是否为大写字母（A～Z）	是大写字母，返回 1；否则，返回 0
isxdigit	int isxdigit(ch); int ch;	检查 ch 是否为一个十六进制数字（即 0～9，或 A 到 F，a～f）	是，返回 1；否则，返回 0
tolower	int tolower(ch); int ch;	将 ch 字符转换为小写字母	返回 ch 对应的小写字母
toupper	int touupper(ch); int ch;	将 ch 字符转换为大写字母	返回 ch 对应的大写字母

（3）字符串函数

当使用字符串函数时，应在源文件中使用命令：#include "string.h"，如表 C-3 所示。

表 C-3　字符串函数

函　数　名	函数和形参类型	功　　能	返　回　值
strcat	char *strcat(str1,str2); char *str1,*str2;	把字符 str2 接到 str1 后面，取消原来 str1 最后面的串结束符'\0'	返回 str1
strchr	char *strchr(str1,ch); char *str; int ch;	找出 str 指向的字符串中第一次出现字符 ch 的位置	返回指向该位置的指针，如找不到，则返回 NULL
strcmp	int *strcmp(str1,str2); char *str1,*str2;	比较字符串 str1 和 str2	str1<str2，为负数 str1=str2，返回 0 str1>str2，为正数
strcpy	char *strcpy(str1,str2); char *str1,*str2;	把 str2 指向的字符串复制到 str1 中去	返回 str1

（续）

函 数 名	函数和形参类型	功 能	返 回 值
strlen	unsigned intstrlen(str); char *str;	统计字符串 str 中字符的个数（不包括终止符'\0'）	返回字符个数
strncat	char *strncat(str1,str2,count); char *str1,*str2; unsigned int count;	把字符串 str2 指向的字符串中最多 *count* 个字符连到 str1 后面，并以 NULL 结尾	返回 str1
strncmp	int strncmp(str1,str2,count); char *str1,*str2; unsigned int count;	比较字符串 str1 和 str2 中至多前 *count* 个字符	str1<str2，为负数 str1=str2，返回 0 str1>str2，为正数
strncpy	char *strncpy(str1,str2,count); char *str1,*str2; unsigned int count;	把 str2 指向的字符串中最多前 *count* 个字符复制到 str1 中	返回 str1
strnset	void *setnset(buf,ch,count); char *buf; char ch; unsigned int count;	将字符 ch 复制到 buf 指向的数组前 *count* 个字符中	返回 buf
strset	void *strset(buf,ch); void *buf;char ch;	将 buf 所指向的字符串中的全部字符都变为字符 ch	返回 buf
strstr	char *strstr(str1,str2); char *str1,*str2;	寻找 str2 指向的字符串在 str1 指向的字符串中首次出现的位置	返回 str2 指向的字符串首次出现的位置。否则，返回NULL

（4）输入输出函数

当使用输入输出函数时，应在源文件中使用命令：#include "stdio.h"，如表 C-4 所示。

表 C-4　输入输出函数

函 数 名	函数和形参类型	功 能	返 回 值
clearer	void clearer(fp); FILE *fp;	清除文件指针错误指示器	无
close	int close(fp); int fp;	关闭文件（非 ANSI 标准）	关闭成功则返回 0；不成功则返回−1
creat	int creat(filename,mode); char *filename; int mode;	以 mode 所指定的方式建立文件（非 ANSI 标准）	成功则返回正数； 否则返回−1
eof	int eof(fp); int fp;	判断 fp 所指的文件是否结束	文件结束则返回 1； 否则返回 0
fclose	int fclose(fp); FILE *fp;	关闭 fp 所指的文件，释放文件缓冲区	关闭成功则返回 0；不成功则返回非 0
feof	int feof(fp); FILE *fp;	检查文件是否结束	文件结束则返回非 0； 否则返回 0
ferror	int ferror(fp); FILE *fp;	测试 fp 所指的文件是否有错误	无错误则返回 0； 否则返回非 0
fflush	int fflush(fp); FILE *fp;	将 fp 所指文件的全部控制信息和数据存盘	存盘正确则返回 0； 否则返回非 0
fgets	char *fgets(buf,n,fp); char *buf; int n; FILE *fp;	从 fp 所指的文件读取一个长度为 $n-1$ 的字符串，存入起始地址为 buf 的空间	返回地址 buf；若遇文件结束或出错，则返回 EOF
fgetc	int fgetc(fp); FILE *fp;	从 fp 所指的文件中取得下一个字符	返回所得到的字符；出错则返回 EOF
fopen	FILE *fopen(filename,mode); char *filename,*mode;	以 mode 指定的方式打开名为 filename 的文件	成功则返回一个文件指针；否则返回 0
fprintf	int fprintf(fp,format,args,…); FILE *fp; char *format;	把 args 的值以 format 指定的格式输出到 fp 所指的文件中	实际输出的字符数
fputc	int fputc(ch,fp); char ch; FILE *fp;	将字符 ch 输出到 fp 所指的文件中	成功则返回该字符；出错则返回 EOF
fputs	int fputs(str,fp); char str; FILE *fp;	将 str 指定的字符串输出到 fp 所指的文件中	成功则返回 0；出错返回 EOF

（续）

函 数 名	函数和形参类型	功 能	返 回 值
fread	int fread(pt,size,n,fp); char *pt; unsigned size,n; FILE *fp;	从 fp 所指定文件中读取长度为 *size* 的 *n* 个数据项，存入 pt 所指向的内存区	返回所读的数据项个数，若文件结束或出错，则返回 0
fscanf	int fscanf(fp,format,args,…); FILE *fp; char *format;	从 fp 指定的文件中按 format 指定的格式将读入的数据送到 args 所指向的内存变量中（args 是指针）	已输入的数据个数
fseek	int fseek(fp,offset,base); FILE *fp; long offset; int base;	将 fp 指定文件的位置指针移到以 base 所指出的位置为基准、以 offset 为位移量的位置	返回当前位置；否则返回–1
siell	FILE *fp; long ftell(fp);	返回 fp 所指定的文件中的读写位置	返回文件中的读写位置；否则返回 0
fwrite	int fwrite(ptr,size,n,fp); char *ptr; unsigned size,n; FILE *fp;	把 ptr 所指向的 $n \times size$ 个字节输出到 fp 所指向的文件中	写到 fp 文件中的数据项的个数
getc	int getc(fp); FILE *fp;	从 fp 所指向的文件中读出下一个字符	返回读出的字符；若文件出错或结束，则返回 EOF
getchar	int getchar();	从标准输入设备中读取下一个字符	返回字符；若文件出错或结束，则返回–1
gets	char *gets(str); char *str;	从标准输入设备中读取字符串，并存入 str 指向的数组	成功返回 str，否则返回 NULL
open	int open(filename,mode); char *filename; int mode;	以 mode 指定的方式打开已存在的名为 filename 的文件（非 ANSI 标准）	返回文件号（正数）；若打开失败，则返回–1
printf	int printf(format,args,…); char *format;	在 format 指定字符串的控制下，将输出列表 args 的指针输出到标准设备	输出字符的个数；若出错，则返回负数
prtc	int prtc(ch,fp); int ch; FILE *fp;	把一个字符 ch 输出到 fp 所指的文件中	输出字符 ch；若出错，则返回 EOF
putchar	int putchar(ch); char ch;	把字符 ch 输出到 fp 标准输出设备	返回换行符；若失败，则返回 EOF
puts	int puts(str); char *str;	把 str 指向的字符串输出到标准输出设备；将'\0'转换为回车符	返回换行符；若失败，则返回 EOF
putw	int putw(w,fp); int i; FILE *fp;	将整数 w（即一个字节）写到 fp 所指的文件中（非 ANSI 标准）	返回读出的字符；若文件出错或结束，则返回 EOF
read	int read(fd,buf,count); int fd; char *buf; unsigned int count;	从文件号 fp 所指定文件中读 *count* 个字节到由 buf 指示的缓冲区（非 ANSI 标准）中	返回真正读出的字节个数；若文件结束，则返回 0，出错则返回–1
remove	int remove(fname); char *fname;	删除以 fname 为文件名的文件	成功则返回 0；出错则返回–1
rename	int remove(oname,nname); char *oname,*nname;	把 oname 所指的文件名改为由 nname 所指的文件名	成功则返回 0；出错则返回–1
rewind	void rewind(fp); FILE *fp;	将 fp 指定的文件指针置于文件头，并清除文件结束标志和错误标志	无
scanf	int scanf(format,args,…); char *format;	从标准输入设备按 format 指定的格式，输入数据给 args 所指的单元。args 为指针	读入并赋给 args 数据个数。若文件结束，则返回 EOF；出错则返回 0
write	int write(fd,buf,count); int fd; char *buf; unsigned count;	从 buf 指定的缓冲区中输出 *count* 个字符到 fd 所指的文件中（非 ANSI 标准）	返回实际写入的字节数，若出错，则返回–1

（5）动态存储分配函数

当使用动态存储分配函数时，应在源文件中使用命令：#include "stdlib.h"，如表 C–5 所示。

表 C-5　动态存储分配函数

函 数 名	函数和形参类型	功　能	返 回 值
calloc	void *calloc(n,size); unsigned n; unsigned size;	分配 *n* 个数据项内存的连续空间，每个数据项的大小为 *size*	分配内存单元的起始地址。若分配不成功，则返回 0
free	void free(p); void *p;	释放 p 所指的内存区	无
malloc	void *malloc(size); unsigned SIZE;	分配 *size* 个字节的内存区	返回所分配的内存区地址，若内存不够，则返回 0
realloc	void *realloc(p,size); void *p; unsigned size;	将 p 所指的分配内存区的大小改为 *size*。*size* 相比原来的分配空间可大可小	返回指向该内存区的指针。若重新分配失败，则返回 NULL

参 考 文 献

[1] 克尼汉，里奇．C 程序设计语言［M］．徐宝文，李志，译. 2 版. 北京：机械工业出版社，2019.

[2] 唐国民，王智群．C 语言程序设计［M］．北京：清华大学出版社，2009.

[3] 孙街亭．C 语言程序设计案例教程［M］．北京：中国水利水电出版社，2010.

[4] 谭浩强．C 程序设计［M］．3 版．北京：清华大学出版社，2005.

[5] 教育部考试中心．全国计算机等级考试二级教程——C 语言程序设计［M］．北京：高等教育出版社，2004.

[6] 孔娟．C 语言程序设计［M］．长春：吉林大学出版社，2009.

[7] 柳盛．C 语言通用范例开发金典［M］．北京：电子工业出版社，2008.

[8] 温海．C 语言精彩编程百例［M］．北京：中国水利水电出版社，2004.

[9] 姜灵芝．C 语言课程设计案例精编［M］．北京：清华大学出版社，2008.

[10] 张仁杰，王风茂．C 语言程序设计实训教程［M］．北京：中国电力出版社，2006.

[11] 李红，徐鹏．C 语言教程与试题解析［M］．北京：北京希望电子出版社，2003.

[12] 丁汀．C 语言程序设计实用教程［M］．北京：机械工业出版社，2007.